UNREAL ENGINE 5

ENGINE 5

蓝图可视化脚本
游戏开发完全学习教程

【游戏开发者之书】

[英] 马科斯·罗梅罗（Marcos Romero）
[英] 布伦登·塞韦尔（Brenden Sewell） 著
未蓝文化 译

中国青年出版社

图书在版编目（CIP）数据

Unreal Engine 5 蓝图可视化脚本游戏开发完全学习教程 /（英）马科斯·罗梅罗，（英）布伦登·塞韦尔著；
未蓝文化译. — 北京：中国青年出版社，2024.8
书名原文：Blueprints Visual Scripting for Unreal Engine 5: Unleash the true power of Blueprints to create
impressive games and applications in UE5
ISBN 978-7-5153-7305-8

I.①U… Ⅱ.①马… ②布… ③未… Ⅲ.①虚拟现实—程序设计—教材 Ⅳ.①TP391.98

中国国家版本馆CIP数据核字（2024）第099366号

版权登记号：01-2023-5551

侵权举报电话

全国"扫黄打非"工作小组办公室　　　　　中国青年出版社
010-65212870　　　　　　　　　　　　010-59231565
http://www.shdf.gov.cn　　　　　　　　E-mail: editor@cypmedia.com

Unreal Engine 5 蓝图可视化脚本
游戏开发完全学习教程

编　　著：[英]马科斯·罗梅罗，[英]布伦登·塞韦尔
译　　者：未蓝文化

出版发行：中国青年出版社	印　　刷：北京博海升彩色印刷有限公司
地　　址：北京市东城区东四十二条21号	开　　本：787mm×1092mm　　1/16
电　　话：（010）59231565	印　　张：24
传　　真：（010）59231381	字　　数：604千字
网　　址：www.cyp.com.cn	版　　次：2024年8月北京第1版
企　　划：北京中青雄狮数码传媒科技有限公司	印　　次：2024年8月第1次印刷
责任编辑：邱叶芃	书　　号：978-7-5153-7305-8
策划编辑：张鹏　张沣	定　　价：168.00元
封面设计：乌兰	

本书如有印装质量等问题，请与本社联系
电话：（010）59231565
读者来信：reader@cypmedia.com
投稿邮箱：author@cypmedia.com

前言

回到2015年初，我有幸成为第一批为Epic Games和虚幻引擎工作的人员，专注于帮助学术界了解虚幻引擎对教育工作者、学生、游戏开发者和电影制作人的价值和力量。这段经历非凡，让我能够环游世界并传播关于虚幻引擎4的信息。然而，当时大多数大学都在教授Unity或其他游戏引擎，只有少数早期采用者接受了使用蓝图设计和原型游戏的概念和工作流程，因为当时的虚幻引擎和蓝图仍处于起步阶段。

在2015年春天，我有幸接触到了马科斯·罗梅罗（Marcos Romero）的作品，尤其是他的Romero Blueprints博客。突然间，网上出现了一种在线资源，它可以帮助开发者对蓝图的核心节点进行整合，使得开发人员不仅可以学习这些节点，甚至可以教授它们。尽管Epic和虚幻引擎4内部团队正在为蓝图构建各种学习资源，但马科斯所创建的内容非常清晰，并且对培训新用户非常有帮助。在我看来，马科斯·罗梅罗的蓝图博客以一种易于理解和掌握的方式为蓝图的概念奠定了基础。

我毫不犹豫地联系了马科斯，向他介绍了自己，并鼓励他继续努力。我还给Epic领导层发送了一封电子邮件，介绍了他的相关工作，并建议领导层考虑将马科斯·罗梅罗纳入当时第一批Education Dev Grants（教育开发补助计划）。马科斯·罗梅罗于2015年8月获得了这份资助。2016年初，我仍然对马科斯·罗梅罗蓝图印象深刻，于是我请求他允许我制作他的Blueprints Compendiun（蓝图纲要）的印刷版本，以便在我主持的游戏开发者大会（Game Developer Conference，GDC）上分发。不用说，这些印刷的蓝图纲要非常受欢迎，在Epic、虚幻引擎教育和培训团队主办的许多活动中都很受欢迎且供不应求，至今仍备受青睐。

随着世界各地越来越多的大学开始采用虚幻引擎4，并开始尝试使用蓝图教授游戏开发，在2018年，我再次向马科斯·罗梅罗提出请求，希望他编写一份正式的蓝图讲师指南。我问马科斯是否愿意编写一份在课堂上正式使用的教学手册，以术语表、练习、讲座等方式，指导学生学习使用蓝图的核心原则，马科斯再一次提供了一份惊人的资源，该资源现在仍在使用中，并且可以在unrealengine.com网站下载。

在过去的六七年里，我非常享受与马科斯的合作。2020年夏天，我邀请马科斯参加我在虚幻引擎Twitch频道主持的教育直播活动。马科斯对虚幻引擎和蓝图的理解，以及他愿意分享知识的精神，一直都是一份宝贵的礼物！每次和他合作都是一次愉快的经历。

当马科斯告诉我他正在撰写一本关于虚幻引擎5蓝图的新书时，我很兴奋也很荣幸能够全力支持他的努力。我很荣幸能和马科斯一起工作，并且也很感激他愿意与虚幻引擎社区和世界分享他的知识。我衷心地希望每个人都喜欢这本书！

路易斯·卡塔尔迪（Luis Cataldi）

Quixel/Epic Games首席传播者

撰稿人

关于作者

马科斯·罗梅罗（Marcos Romero）是罗梅罗蓝图博客的创始人，该博客是互联网上了解蓝图的主要参考之一。Epic Games邀请马科斯参与虚幻引擎4的封闭测试项目，并对这些工具的发展进行实验和合作。马科斯·罗梅罗也是第一批获得虚幻引擎教育开发补助金的教育者之一。马科斯是虚幻社区的知名人物，他为Epic Games编写了官方蓝图纲要和蓝图讲师指南。

我要感谢Epic Games的Luis Cataldi和Tom Shannon，感谢他们向世界各地的开发者分享并推荐我的蓝图材料。

我还要感谢Elinaldo Azevedo、Filipe Mendes和Ingrid Mendes，感谢他们对Beljogos的贡献。Beljogos是我创立的巴西北部贝伦市的一个本地游戏开发团队。

——马科斯·罗梅罗

布兰登·西维尔（Brenden Sewell）是一位经验丰富的创意总监，拥有十年的团队领导经验，带领团队开发了引人入胜的互动体验项目，这些体验寓教于乐，激发灵感。在加入E-Line之前，布兰登·西维尔探索了教育实践和行业游戏开发的交叉领域，并在游戏与影响力中心担任首席游戏设计师。在那里，他专门开发用于STEM教育和教师专业开发的沉浸式游戏。加入E-Line团队以来，布兰登·西维尔领导开发了从概念、原型和生产到发布的各种项目，涉及范围从脑力训练第一人称射击游戏到探索数字制造未来的建筑沙盒等。

关于审稿人

阿格妮·斯克利普凯特（Agne Skripkaite）是一位虚幻引擎软件工程师，拥有物理学方面的深厚背景（爱丁堡大学物理理学学士学位），喜欢探索事物的本质以及游戏中代码的整体结构。阿格妮·斯克利普凯特曾参与过虚幻引擎的VR应用开发，包括房间规模和坐式游戏，并成为这些领域中具有丰富经验的用户舒适度和晕动病缓解专家。作为技术编辑评审，本书是阿格妮为Packt出版社审查的第五本关于虚幻引擎的书籍。

序言

　　虚幻引擎的蓝图可视化脚本系统可以让设计师非常便捷地为游戏编写脚本，同时允许程序员创建可由设计师扩展的基本元素。在这本书中，我们将探索蓝图编辑器的所有功能，并了解相关的专家提示、快捷方式和最佳实践。

　　本书将指导我们使用变量、宏和函数，并帮助我们学习面向对象编程（OOP）。我们将了解游戏框架，并深入学习如何通过蓝图通信使一个蓝图访问另一个蓝图的信息。后面的章节将重点介绍如何一步一步地构建一个功能齐全的游戏。我们将从一个基本的第一人称射击游戏模板开始，每一章都以此为基础，创建出越来越复杂和强大的游戏体验。然后，我们将从创建基本的射击机制发展到更复杂的系统，如用户界面元素和智能敌人行为等。本书演示了如何使用数组、映射、枚举和向量运算，并介绍了虚拟现实游戏开发所需的元素。在最后的章节中，我们将学习如何实现过程生成和创建产品配置器。

　　在本书的结尾，我们将学会如何构建一款功能完备的游戏，并具备为用户开发有趣体验所需的技能。

这本书适合谁

　　本书适用于所有对虚幻引擎5游戏开发或应用程序感兴趣的人。无论您是游戏开发的新手，还是从没接触过虚幻引擎5蓝图视觉编程系统的人，这本书都是很适合您的。从这本书里您可以学会在不编写任何文本代码的情况下快速、轻松地构建复杂的游戏机制，而无须任何编程经验！

本书内容

　　第1章　探索蓝图编辑器，介绍蓝图编辑器和集成的所有面板。我们将探索"组件"面板、"我的蓝图"面板、"细节"面板以及"视口"和"事件图表"选项卡。最后，还会介绍什么是组件以及如何将它们添加到蓝图关卡中。

　　第2章　使用蓝图编程，介绍蓝图中使用编程的概念。我们将学习虚幻引擎中如何使用变量、运算符、事件、动作、宏和函数等。

　　第3章　面向对象编程和游戏框架，介绍面向对象的概念并探讨游戏框架。

　　第4章　理解蓝图通信，介绍了不同类型的蓝图通信方式，这些通信方式允许一个蓝图访问另一个蓝图的信息。

　　第5章　与蓝图的对象交互，介绍如何将新对象引入关卡中以帮助构建游戏的世界。我们将继续操作对象上的材质，首先通过对象编辑器，然后在运行时通过蓝图触发从而改变对象的材质。

第6章　增强玩家能力，介绍如何在游戏过程中使用蓝图生成新的对象，以及如何将蓝图中的动作与玩家控制输入联系起来。除此之外，还介绍如何创建蓝图，允许对象与我们生成的投射物发生碰撞并做出反应。

第7章　创建屏幕UI元素，介绍了如何设置一个图形用户界面（GUI）来检测玩家的生命值、耐力、弹药和当前目标。在这里，我们将学习如何使用虚幻的GUI编辑器设置一个基本的用户界面，以及如何使用蓝图将界面与游戏的设置值进行链接。

第8章　创造约束和游戏目标，介绍了如何约束玩家的能力，定义关卡的游戏目标，并检测这些目标。我们将通过设置可收集的弹药包来补充玩家枪支的弹药，以及使用关卡蓝图来定义游戏的胜利条件。

第9章　用人工智能构建智能敌人，这是一个重要的章节，介绍了如何创建一个敌人（僵尸AI），它将在关卡中追逐玩家。我们将通过在关卡上设置一个导航网格，展示如何使用蓝图让敌人在巡逻点之间移动。

第10章　升级AI敌人，介绍如何通过修改僵尸AI的状态来创造引人入胜的体验，从而赋予僵尸更多智能的功能。在本章中，我们将通过使用视觉和听觉检测来设置僵尸的巡逻、搜索和攻击状态。此外，我们将探索如何在游戏中不断地生成新的敌人。

第11章　游戏状态和收尾工作，在我们最终完成游戏发行之前，添加了制作完整游戏体验所需的收尾工作。在这一章中，我们将创造能够让游戏变得越来越困难的回合，能够让玩家保存进程并返回的游戏，以及实现玩家死亡机制，以使游戏的挑战变得有意义。

第12章　构建和发行，介绍了如何优化图像设置，使我们的游戏发挥最佳性能和外观，以及如何设置项目信息进行发布，然后，我们将学习如何为各种平台创建可共享的游戏构建版本。

第13章　数据结构和流控制，介绍了什么是数据结构以及如何在蓝图中使用它们来组织数据。我们将学习容器的概念，以及如何使用数组、集和映射对多个元素进行分组。本章还展示了使用枚举、结构和数据表来组织数据的方法。在本章中，我们还将介绍如何通过使用各种类型的流控制节点来控制蓝图的执行流。

第14章　检测节点，介绍了三维游戏所需的一些数学概念。我们将学习世界坐标和局部坐标之间的区别，以及在处理组件时如何使用它们。本章向我们展示了如何使用向量来表示位置、方向、速度和距离。还介绍了检测的概念，以及各种类型的检测。我们还将介绍如何使用检测来测试游戏中的碰撞。

第15章　蓝图技巧，介绍了几种提高蓝图质量的技巧。我们将学习如何使用各种编辑器的快捷方式来提高工作效率。本章演示了一些蓝图的最佳实践，这些实践将帮助我们决定应该在何处以及采用何种类型来实现游戏。最后，我们学习更多有用的蓝图其他节点。

第16章　虚拟现实开发，介绍了一些虚拟现实概念，并探讨了虚拟现实模板。本章探讨了虚拟现实模板中VRPawn蓝图的功能，并介绍了如何创建可以由玩家使用运动控制器抓取对象。我们将学习用于实现传送的蓝图函数以及如何使用蓝图通信接口，还学习了虚拟现实模板中菜单的工作原理。

第17章　动画蓝图，介绍了虚幻引擎动画系统的主要元素，包括骨骼、骨骼网格、动画序列和混合空间。它展示了如何使用"事件图表"和AnimGraph选项卡编写动画蓝图的脚本，还介绍了如何在动画中使用状态机，以及如何为动画创建新状态。

第18章 创建蓝图库和组件，介绍了如何创建具有通用功能的蓝图宏和函数库，这些功能可以在整个项目中使用，还更详细地介绍了组件的概念。最后，介绍如何创建具有封装行为的Actor组件和具有基于位置行为的场景组件。

第19章 程序化生成，介绍了自动生成关卡内容的几种方法。我们可以使用蓝图的构造脚本来编写程序化生成脚本，并使用样条线工具来定义路径，该路径将用作实例位置的参考。另外，我们可以创建编辑器工具蓝图，在编辑模式下操作资产和角色。

第20章 使用变体管理器创建产品配置器，介绍了如何创建产品配置器，这是工业中用于吸引消费者使用特定产品的一种应用程序。我们将学习如何使用"变体管理器"面板和变体集来定义产品配置器。"产品配置器"模板是在实践中学习各种蓝图概念的优秀资源。我们还分析了BP_Configurator蓝图，它使用带有变体集的UMG控件蓝图动态创建用户界面。

附录、测试答案（包含所有测试问题的答案）都按章节排列。

充分利用本书

学习本书内容虽然需要一些Windows或macOS操作系统的基本知识，但不需要编程或虚幻引擎5的经验。

本书的重点是虚幻引擎5，这意味着我们只需要安装一个虚幻引擎5应用程序就可以了。虚幻引擎5可以从https://www.unrealengine.com免费下载，并附带随书所需的一切资源。

下载示例代码文件

本书的代码包也托管在软件项目托管平台（GitHub）上，网址为https://github.com/PacktPublishing/-Blueprints-Visual-Scripting-for-Unreal-Engine-5。如果对代码进行了更新，将在现有的GitHub存储库上进行更新。

我们还有很多丰富的书籍和视频，可以在下面的网址中获取它们的代码包：需要访问https://github.com/PacktPublishing网址。快来看看吧！

下载彩色图像

我们还提供了一个PDF文件，其中包含本书中使用的截图和彩色图像，可以通过以下网址下载：https://static.packt-cdn.com/downloads/9781801811583_ColorImages.pdf。

使用的约定

本书中使用了许多文本约定。

文本中的代码：表示文本中的代码片段、数据库表名、文件夹名、文件名、文件扩展名、路径名、虚拟URLs地址和用户输入等。例如："在关卡编辑器中，选择放置在关卡中的BP_EnemyCharacter实例。"

粗体：用于标示新术语或重要的字词等。例如，菜单或对话框中的参数名称以**粗体**显示。以下是一个例子："将**参数名称**更改为Metallic，然后单击并将Metallic节点的输出引脚拖到Material definition节点的Metallic输入引脚上。"

> 重要提示或注意事项
> 以这种形式出现。

取得联系

欢迎读者提供反馈。

一般反馈：如果您对本书的任何方面有疑问，请发送电子邮件至customercare@packtpub.com，并在邮件主题中提到书名。

勘误表：虽然我们已经尽一切努力确保内容的准确性，但错误还是会发生。如果您在本书中发现了错误，请访问www.packtpub.com/support/errata网址并填写表格向我们反馈，我们将不胜感激。

盗版：如果您在互联网上遇到以任何形式非法复制我们的作品，希望您能够提供给我们位置（地址或网站名称），我们将不胜感激。请通过copyright@packt.com与我们联系，并提供该材料的链接。

如果您有志于成为一名作家：如果您在某一个领域有专长，并且对撰写书籍或为其贡献力量感兴趣，请访问authors.packtpub.com与我们联系。

目录

第1部分 蓝图的基本知识

第1章 探索蓝图编辑器

1.1 安装虚幻引擎 ⋯ 3

1.2 创建新项目和使用模板 ⋯ 3

1.3 蓝图可视化编程 ⋯ 6

    1.3.1 打开关卡蓝图编辑器 ⋯ 6

    1.3.2 创建蓝图类 ⋯ 7

1.4 蓝图类编辑器界面 ⋯ 8

    1.4.1 工具栏 ⋯ 9

    1.4.2 "组件"面板 ⋯ 10

    1.4.3 "我的蓝图"面板 ⋯ 10

    1.4.4 "细节"面板 ⋯ 11

    1.4.5 "视口"选项卡 ⋯ 11

    1.4.6 "事件图表"选项卡 ⋯ 12

1.5 在蓝图中添加组件 ⋯ 12

1.6 本章总结 ⋯ 14

1.7 测试 ⋯ 15

第2章 使用蓝图编程

2.1 使用变量存储数值 ⋯ 17

2.2 使用事件和动作定义蓝图的行为 ⋯ 18

    2.2.1 事件 ⋯ 19

2.2.2　动作 ·· 20

2.2.3　执行路径 ·· 21

2.3　使用运算符创建表达式　21

2.3.1　算术运算符 ·· 21

2.3.2　关系运算符 ·· 22

2.3.3　逻辑运算符 ·· 23

2.4　使用宏和函数组织编程　24

2.4.1　创建宏 ·· 24

2.4.2　创建函数 ·· 26

2.4.3　分步示例 ·· 27

2.4.4　宏、函数和事件 ·· 29

2.5　本章总结　29

2.6　测试　30

第3章　面向对象编程和游戏框架

3.1　熟悉面向对象编程（OOP）　32

3.1.1　类 ··· 32

3.1.2　实例 ·· 32

3.1.3　继承 ·· 33

3.2　管理Actor类　34

3.2.1　引用Actor ·· 34

3.2.2　催生和毁灭Actor ·· 37

3.3　构造脚本　39

3.4　探索其他游戏框架类　42

3.4.1　Pawn类 ·· 43

3.4.2　Character类 ··· 44

3.4.3　玩家控制器 ··· 45

3.4.4　游戏模式基础 ·· 45

3.4.5　游戏实例 ·· 46

3.5　本章总结　47

3.6　测试　48

第4章 理解蓝图通信

4.1 直接蓝图通信 50

4.2 蓝图的继承 54

4.3 关卡蓝图通信 58

4.4 事件分发器 60

4.5 绑定事件 63

4.6 本章总结 65

4.7 测试 66

第2部分 开发游戏

第5章 与蓝图的对象交互

5.1 创建项目和第一个关卡 69

5.2 在关卡中添加对象 70

5.3 探索材质 71

    5.3.1 创建材质 ·· 71

    5.3.2 材质的属性和节点 ·· 72

    5.3.3 为材质添加属性 ·· 74

5.4 创建目标蓝图 75

    5.4.1 检测命中 ·· 76

    5.4.2 交换材质 ·· 77

    5.4.3 升级蓝图 ·· 78

5.5 让目标圆柱体移动 79

    5.5.1 改变角色的移动和碰撞 ···································· 79

    5.5.2 分解目标 ·· 80

    5.5.3 准备计算方向 ·· 81

    5.5.4 使用Delta Seconds获取相对速度 ·························· 82

    5.5.5 更新位置 ·· 83

5.6 周期性改变目标的方向 85

5.7　本章总结　　　　　　　　　　　　　　　　　　　　87

5.8　测试　　　　　　　　　　　　　　　　　　　　　87

第6章　增强玩家能力

6.1　添加运动功能　　　　　　　　　　　　　　　　　89

　6.1.1　分解角色动作 ·· 89

　6.1.2　自定义控制输入 ·· 91

　6.1.3　添加冲刺功能 ·· 92

6.2　设置缩放视图的效果　　　　　　　　　　　　　　94

6.3　增加子弹的速度　　　　　　　　　　　　　　　　97

6.4　添加声音和粒子效果　　　　　　　　　　　　　　98

　6.4.1　用分支改变目标状态 ·· 98

　6.4.2　触发声音效果、爆炸和摧毁 ··································· 100

6.5　本章总结　　　　　　　　　　　　　　　　　　103

6.6　测试　　　　　　　　　　　　　　　　　　　　103

第7章　创建屏幕UI元素

7.1　使用UMG创建简单的UI　　　　　　　　　　　105

　7.1.1　使用控件蓝图绘制形状 ·· 106

　7.1.2　自定义仪表的外观 ·· 107

　7.1.3　创建弹药和目标摧毁计数 ···································· 110

　7.1.4　显示HUD ·· 112

7.2　将UI值连接到玩家变量　　　　　　　　　　　113

　7.2.1　为生命值和耐力创建绑定 ···································· 114

　7.2.2　为弹药和目标消除计数器创建文本绑定 ·················· 115

7.3　获取子弹和摧毁目标的信息　　　　　　　　　117

　7.3.1　减少子弹计数 ·· 117

　7.3.2　增加摧毁目标的计数 ·· 118

7.4　本章总结　　　　　　　　　　　　　　　　　　119

7.5　测试　120

第8章　创造约束和游戏目标

8.1　限制玩家的行为　122

8.1.1　消耗和恢复体力 ·················· 122

8.1.2　弹药耗尽时禁止开火 ·················· 131

8.2　创建可收集物品　132

8.3　设置游戏获胜条件　135

8.3.1　在HUD中显示目标 ·················· 135

8.3.2　创建获胜菜单屏幕 ·················· 137

8.3.3　显示WinMenu ·················· 140

8.3.4　触发胜利 ·················· 142

8.4　本章总结　144

8.5　测试　144

第3部分　增强游戏

第9章　用人工智能构建智能敌人

9.1　设置敌方角色的导航　147

9.1.1　从虚幻商城导入资源 ·················· 147

9.1.2　扩展游戏区域 ·················· 148

9.1.3　使用NavMesh制作导航 ·················· 152

9.1.4　创建AI资产 ·················· 153

9.1.5　设置BP_EnemyCharacter蓝图 ·················· 154

9.2　创建导航行为　155

9.2.1　设置巡逻点 ·················· 155

9.2.2　创建黑板键 ·················· 156

9.2.3　创建BP_EnemyCharacter中的变量 ·················· 157

9.2.4　更新当前巡逻键 ·················· 158

9.2.5　重叠巡逻点 ·················· 159

9.2.6　在AI控制器中运行行为树 ·················· 161

9.2.7 让AI通过行为树学会行走 ················· 162

9.2.8 选择BP_EnemyCharacter实例中的巡逻点 ················· 163

9.3 让智能敌人追逐玩家 164

9.3.1 赋予敌人视觉感知能力 ················· 164

9.3.2 创建行为树任务 ················· 165

9.3.3 向行为树添加条件 ················· 167

9.3.4 创造追逐行为 ················· 168

9.4 本章总结 169

9.5 测试 170

第10章 升级AI敌人

10.1 创建敌人的攻击功能 172

10.1.1 创建攻击任务 ················· 172

10.1.2 使用行为树中的攻击任务 ················· 174

10.1.3 更新生命值 ················· 175

10.2 让敌人听到声音并识别位置 176

10.2.1 将听觉添加到行为树 ················· 176

10.2.2 设置调查任务 ················· 177

10.2.3 创建变量和宏来更新黑板 ················· 178

10.2.4 解释和存储噪声事件数据 ················· 180

10.2.5 为玩家的动作添加噪声 ················· 181

10.3 摧毁敌人 183

10.4 在游戏过程中生成更多的敌人 185

10.5 创建敌人的巡逻行为 188

10.5.1 使用自定义任务识别巡逻点 ················· 188

10.5.2 在行为树中添加巡逻状态 ················· 189

10.5.3 最后的调整和测试 ················· 190

10.6 本章总结 192

10.7 测试 192

第11章 游戏状态和收尾工作

11.1 引入玩家死亡机制 194

11.1.1 设计游戏失败时显示的信息 194

11.1.2 显示失败时的屏幕 195

11.2 使用保存的游戏创建回合机制 196

11.2.1 使用SaveGame类存储游戏信息 196

11.2.2 保存游戏信息 197

11.2.3 加载游戏信息 199

11.2.4 增加目标 200

11.2.5 创建在回合之间显示的过渡画面 201

11.2.6 当前回合获胜时过渡到新回合 203

11.3 暂停游戏并重置保存文件 204

11.3.1 创建暂停菜单 204

11.3.2 恢复游戏 205

11.3.3 重置保存文件 206

11.3.4 触发暂停菜单 207

11.4 本章总结 208

11.5 测试 209

第12章 构建和发行

12.1 优化图形设置 211

12.2 与他人共享游戏 212

12.3 打包游戏 215

12.4 构建配置和打包设置 216

12.5 本章总结 217

12.6 测试 217

第4部分 高级蓝图

第13章 数据结构和流控制

13.1 探索不同类型的容器 221

13.1.1 数组 ··· 221

13.1.2 数组示例－创建BP_RandomShawer蓝图 ··············· 223

13.1.3 测试BP_RandomSpawner ································· 225

13.2 集 226

13.3 映射 228

13.4 探索其他数据结构 230

13.4.1 枚举 ··· 230

13.4.2 结构 ··· 232

13.4.3 数据表格 ··· 233

13.5 流控制节点 236

13.5.1 Switch节点 ·· 236

13.5.2 触发器 ··· 237

13.5.3 Sequence节点 ·· 237

13.5.4 For Each Loop节点 ··· 238

13.5.5 Do Once节点 ··· 238

13.5.6 Do N ··· 239

13.5.7 Gate节点 ··· 239

13.5.8 MultiGate节点 ··· 240

13.6 本章总结 241

13.7 测试 241

第14章 检测节点

14.1 世界变换和相对变换 243

14.2 点和向量 245

14.2.1 向量的表示 ·· 247

14.2.2 向量的运算 ·· 247

14.3 检测和检测功能 250

14.3.1 对象检测 ··· 251

14.3.2 检测通道 ··· 252

14.3.3 形状检测 ··· 253

14.3.4 调试线 ·· 253

14.3.5 向量和检测节点示例 ··· 254

14.4 本章总结 **256**

14.5 测试 **257**

第15章 蓝图技巧

15.1 蓝图编辑器的快捷方式 **259**

15.2 蓝图的最佳实践 **263**

15.2.1 蓝图职责 ·· 263

15.2.2 管理蓝图的复杂性 ·· 265

15.3 使用其他蓝图节点 **268**

15.3.1 Select节点 ·· 269

15.3.2 Teleport节点 ·· 269

15.3.3 Format Text节点 ·· 270

15.3.4 Math Expression节点 ··· 270

15.3.5 Set View Target with Blend节点 ······························ 271

15.3.6 AttachActorToComponent节点 ······························· 271

15.3.7 Enable Input和Disable Input节点 ····························· 272

15.3.8 Set Input Mode节点 ··· 273

15.4 本章总结 **274**

15.5 测试 **274**

第16章 虚拟现实开发

16.1 探索虚拟现实模板 **276**

16.2 VRPawn蓝图 **277**

16.3 传送 **278**

16.4 抓取对象 **282**

16.5　蓝图使用接口进行通信　284

16.6　与菜单交互　286

16.7　本章总结　288

16.8　测试　288

第5部分　其他有用的工具

第17章　动画蓝图

17.1　动画概述　291

17.1.1　动画编辑器　291

17.1.2　骨骼和骨骼网格体　292

17.1.3　动画序列　292

17.1.4　混合空间　294

17.2　创建动画蓝图　295

17.2.1　事件图表　295

17.2.2　AnimGraph　297

17.3　探索状态机　299

17.4　导入动画初学者内容包　301

17.5　添加动画状态　302

17.5.1　修改角色蓝图　303

17.5.2　修改动画蓝图　305

17.5.3　定义过渡规则　309

17.6　本章总结　311

17.7　测试　311

第18章　创建蓝图库和组件

18.1　蓝图宏和函数库　313

18.1.1　蓝图函数库示例　313

18.1.2　创建第3个函数并进行测试　316

18.2 创建Actor组件 319

18.3 创建场景组件 325

18.4 本章总结 328

18.5 测试 328

第19章 程序化生成

19.1 使用构造脚本进行程序化生成 330

19.2 创建蓝图样条曲线 335

19.3 编辑器工具蓝图 340

19.4 本章总结 343

19.5 测试 344

第20章 使用变体管理器创建产品配置器

20.1 产品配置器模板 346

20.2 变体管理器和变体集 347

20.3 BP_Configurator蓝图 349

20.4 UMG控件蓝图 353

20.5 本章总结 356

20.6 测试 357

后记 358

附录 359

第 *I* 部分

蓝图的基本知识

本部分将介绍蓝图的基本组成模块及应用，通过这些内容的学习，我们将对蓝图的工作原理有深入的理解，并且可以开始创建自己的游戏。

第1部分包括以下4章：

- ⊙ 第1章 探索蓝图编辑器
- ⊙ 第2章 使用蓝图编程
- ⊙ 第3章 面向对象编程和游戏框架
- ⊙ 第4章 理解蓝图通信

第 *1* 章

探索蓝图编辑器

欢迎来到虚幻引擎5的游戏开发世界。在本书中，我们将学习如何使用蓝图可视化编程语言在虚幻引擎中开发游戏，这种蓝图可视化编程语言是由Epic Games公司为虚幻引擎开发的。

在了解蓝图之前，第一步需要准备我们的开发环境。用户可以在官方网站免费下载不同版本的虚幻引擎。本章将学习如何安装虚幻引擎5并创建一个新项目，然后介绍蓝图的一些基本概念，并探索蓝图编辑器的每个面板。

本章我们将介绍以下内容：

- ⦿ 安装虚幻引擎
- ⦿ 创建新项目和使用模板
- ⦿ 蓝图可视化编程
- ⦿ 蓝图类编辑器界面
- ⦿ 在蓝图中添加组件

1.1 安装虚幻引擎

要使用虚幻引擎，必须先安装Epic游戏启动器，具体步骤如下：

（1）访问网站https://www.unrealengine.com。

（2）注册账号并下载Epic Games启动程序。

（3）安装并启动Epic Games启动程序。

（4）切换至左侧的"**虚幻引擎**"选项面板。

（5）切换至顶部的"**库**"选项卡。

（6）单击"**引擎版本**"右侧的■图标，将虚幻引擎的版本添加到启动程序中。这里我们下载最新版5.3.0。

（7）单击"**安装**"按钮，Epic Games启动程序开始下载安装，可能需要很长时间才能完成。

（8）单击"**启动**"按钮，启动安装该版本的虚幻引擎应用程序，如图1-1所示。这里需要说明的是，用户可以在同一台计算机上安装多个不同版本的虚幻引擎，但只能将其中一个设置为当前版本。

图1-1 启动虚幻引擎

蓝图可视化编程系统已经是一种成熟且稳定的技术。本书是基于5.3.0版本的Epic Games启动程序创建示例，这些示例在之后的新版本中应该不会出现问题。

1.2 创建新项目和使用模板

启动虚幻引擎编辑器后，将出现"**虚幻项目浏览器**"对话框。左上角的"最近打开的项目"中显示了最近打开的项目，左侧的其他区域显示了用于创建新项目的模板类别。例如选择"**游戏**"选项，即可显示"**游戏**"类别的模板，如下页图1-2所示。

图1-2 "游戏"类别的模板

　　模板是包含一些关键文件和关卡的基本容器，为不同类型的项目提供了一个基本的起点。使用模板对于快速制作原型或学习特定类型项目的基本机制是非常有用的。用户可以根据实际需要选择使用模板，或者选择"空白"（不使用模板）来开始项目。以下是"游戏"类别中每个模板的使用说明。

- **第一人称游戏：**适用于具有第一人称视角的游戏。这个模板包含一个玩家角色和一对装备，该装备由可以发射简单球体炮弹的枪的手臂来代表。玩家可以使用键盘、手柄或触摸设备上的虚拟摇杆控制角色在关卡中移动。

- **手持式AR应用：**适用于安卓和iOS设备的增强现实应用程序。该模板具有用于打开和关闭AR模式的运行逻辑、关于平面检测的调试信息、用于命中检测和处理预计光照的示例代码。

- **第三人称游戏：**该模板包含一个带有摄像机的可操控的角色。摄像机位于角色的后方，并稍高于角色。角色具有行走、奔跑和跳跃动画，玩家可以使用键盘、手柄或触摸设备上的虚拟摇杆控制角色在关卡中移动。

- **俯视角游戏：**该模板包含一个可游玩的角色，其上方有一个摄像机。玩家可以通过鼠标或触摸屏单击目的地，也可以使用导航系统来辅助角色移动到达目的地并避开障碍物。这种自上而下的视角通常用于动作角色扮演游戏中。

- **虚拟现实：**该模板包含虚拟现实游戏的基本功能。虚拟现实模板具有传送运动、抓取对象、对象交互和VR观众摄像机等，该模板有一个关卡，玩家可以在其中移动，并可以抓取和交互对象。

○ **载具：** 包含普通载具和高级载具。这个模板的关卡包含一个简单的轨道和障碍，玩家可以通过键盘、手柄或触摸设备上的虚拟摇杆来控制载具移动。

在"**虚幻项目浏览器**"界面的右下角，包含"**项目默认设置**"区域以及可用于所选模板的项目配置选项。在我们的示例中暂且使用默认值，这些选项也可以在项目后期修改。下面介绍各选项的含义：

◎ **蓝图/C++：** 我们可以选择使用蓝图或C++编程语言来制作模板，在本书中，我们只使用蓝图模板。虚幻引擎5的项目可以使用蓝图和C++组合的方式进行开发。我们可以将C++代码添加到蓝图项目，也可以将蓝图添加到C++项目。

◎ **目标平台：** 包括"桌面"和"移动平台"两个选项。如果我们开发用于计算机或游戏机的项目，需要选择"桌面"选项。如果我们开发的项目将在移动设备上查看，则需要选择"移动平台"选项。在本书中的示例，我们选择"桌面"选项。

◎ **质量预设：** 包括"可缩放"或"最大"两个选项。这些选项会影响项目的性能。"可缩放"选项禁用了一些复杂的功能；"最大"选项启用了目标平台中可用的所有功能。在本文的示例中，将使用"可缩放"选项。

◎ **初学者内容包：** 勾选该复选框，项目中将包含一个简单网格、材质和粒子效果的内容包。本书中的示例将使用该功能。

◎ **光线追踪：** 如果勾选该复选框，项目中将使用实时光线追踪，这是一项性能密集型功能。本书中的示例将不使用光线追踪功能。

这里选择"**第三人称游戏**"模板，在"项目位置"中设置项目的存储位置，然后填写项目的名称。在"**项目默认设置**"区域中设置相关参数，然后单击"**创建**"按钮。项目加载后，将显示虚幻引擎关卡编辑器，如图1-3所示。

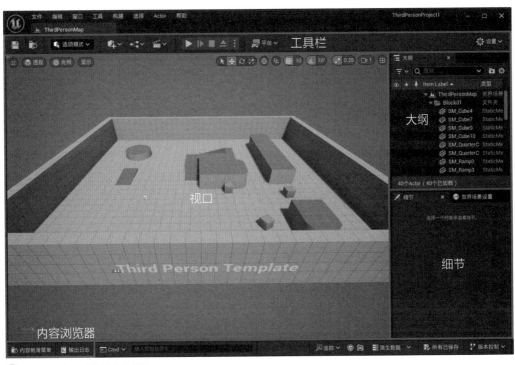

⬆ 图1-3 虚幻引擎关卡编辑器

- **工具栏：** 位于关卡编辑器的顶部，包含常用操作的按钮，这些按钮可分为4组。左边的第1组按钮提供了快速访问的相关功能，例如项目保存以及向项目中添加各种对象和代码；第2组按钮用于更改关卡编辑器的编辑模式；第3组按钮可以播放当前关卡，并提供各种特定平台的选项；右侧的第4组按钮可以轻松访问项目设置。

- **视口：** 位于关卡编辑器的中心，显示了正在创建的关卡。我们可以在视口区域移动关卡或在关卡上添加对象。在视口中按住鼠标右键并移动，可以旋转相机，按键盘上的W、S、A、D键可以前后左右移动来查看视图。

- **内容浏览器：** 用户可以通过单击关卡编辑器左下角的"内容侧滑菜单"按钮来访问内容浏览器，从而管理项目的资产。资产就是虚幻引擎项目中的内容，例如"材质""静态网格"和"蓝图"等都是资产。如果从内容浏览器中拖拽一个资产到关卡中，编辑器将创建该资产的副本并将其放置在关卡中。

- **大纲：** 位于关卡编辑器的右上方，按名称列出关卡中的所有对象，并以树状图显示。

- **细节：** 位于关卡编辑器的右侧，在"大纲"面板的下面。"细节"面板中显示了在视口中选择的对象的可编辑属性。

现在，我们已经熟悉了虚幻引擎关卡编辑器的组成以及各部分的功能，下面将重点介绍蓝图可视化编程。

1.3 蓝图可视化编程

关于蓝图可视化编辑，你可能会问：什么是蓝图？

"蓝图"一词在虚幻引擎中有多种含义。首先，它是Epic Games为虚幻引擎开发的可视化编程语言的名称；其次，它可以指代使用蓝图语言创建的一种新型游戏对象。

蓝图主要有两种类型：**关卡蓝图**和**蓝图类**。游戏的每个关卡都有自己的关卡蓝图，用户不可能创建单独的**关卡蓝图**。另一方面，**蓝图类**用于为游戏创建交互式对象，并且可以在任何关卡中重用。

1.3.1 打开关卡蓝图编辑器

要打开**关卡蓝图编辑器**，用户可以单击位于虚幻引擎关卡编辑器工具栏左侧一组按钮中的**蓝图下三角按钮**，从下拉列表中选择"**打开关卡蓝图**"选项，如下页图1-4所示。

⬆ 图1-4　打开关卡蓝图编辑器

打开当前关卡的**关卡蓝图**编辑器后，我们可以看到关卡蓝图编辑器的界面比**蓝图类**编辑器的界面更简单，只有"**我的蓝图**"面板、"**细节**"面板和"**事件图表**"选项卡。**关卡蓝图**编辑器如图1-5所示。

⬆ 图1-5　关卡蓝图编辑器

目前，我们不会对**关卡蓝图**进行任何操作，打开它只是熟悉一下界面，然后关闭**关卡蓝图**编辑器返回关卡编辑器窗口。下面我们将创建一个**蓝图类**来打开**蓝图类**编辑器，并查看所有可用的面板。

1.3.2 创建蓝图类

下面介绍3种创建蓝图类的方法。

◉ 在工具栏中单击用来打开关卡蓝图编辑器的按钮，在下拉列表中选择"新建空白蓝图类"选项。

◉ 单击"内容侧滑菜单"按钮，打开内容浏览器，然后单击"添加"按钮，在列表的"创建基础资产"类别下选择"蓝图类"选项，如图1-6所示。

◉ 在内容浏览器中的空白处单击鼠标右键，然后从快捷菜单中选择"蓝图类"命令。

打开"选取父类"对话框，选择新建蓝图的父类。现在，我们将父类也视为蓝图类型。该窗口显示了最常见的类，如果需要选择其他的父类，则只需展开"所有类"选项列表，然后选择相关选项即可。选择父类后，此窗口将关闭，并且在内容浏览器中显示一个要重命名的新蓝图资产。我们可以直接单击"取消"按钮不选择父类，因为现在只是在熟悉流程。打开的"选取父类"窗口如图1-7所示。

⬆ 图1-6　创建蓝图类

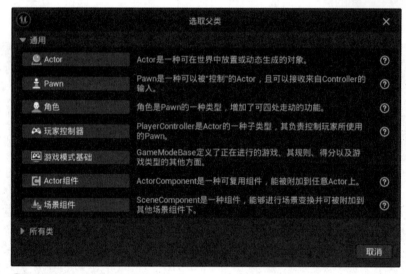

⬆ 图1-7　"选取父类"对话框

现在我们已经学会了如何打开当前关卡蓝图以及如何创建蓝图类，下面将探索蓝图类编辑器的面板应用。通过在内容浏览器中右击蓝图资产，并在快捷菜单中选择"编辑"命令，或者双击蓝图资产，可以打开蓝图类编辑器。

1.4　蓝图类编辑器界面

蓝图类编辑器包含几个面板，每个面板分别用于编辑蓝图的某一个方面。蓝图类编辑器通常简称为蓝图编辑器。蓝图编辑器的主要面板如下页图1-8所示。

- 工具栏
- 组件
- 我的蓝图
- 细节
- 视口
- 事件图表

我们将以第三人称游戏模板的BP_ThirdPersonCharacter蓝图为例，对面板的应用进行介绍。首先打开位于内容浏览器的"内容/ThirdPerson/Blueprints"文件夹，双击BP_ThirdPersonCharacter蓝图，打开蓝图类编辑器。

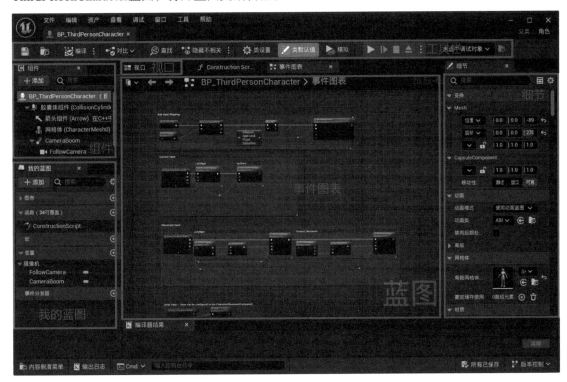

🔼 图1-8　蓝图编辑器界面

1.4.1 工具栏

工具栏位于蓝图类编辑器的顶部，包含一些用于编辑蓝图的基本按钮，如图1-9所示。

🔼 图1-9　工具栏

工具栏中各按钮的含义介绍如下。

- **编译：** 将蓝图脚本转换为可执行的较低级别格式。这意味着在运行游戏之前必须编译蓝图，否则所做的更改将得不到反应。单击此按钮可编译当前蓝图。如果没有错误，将显示一个绿色复选图标。
- **保存：** 保存对当前蓝图所做的所有更改。
- **浏览：** 在内容浏览器中显示当前蓝图类。
- **查找：** 在蓝图中搜索。
- **隐藏不相关：** 激活时，自动隐藏与选定节点无关的节点。

- ⊙ **类设置**：允许在"细节"面板中编辑类的设置。"类设置"包含"类选项""高级"和"父类"等特性。
- ⊙ **类默认值**：允许编辑"细节"面板中的类默认值。类默认值是蓝图变量的初始值。
- ⊙ **播放**：允许播放当前关卡。
- ⊙ **调试对象**：在下拉列表中选择要调试的对象。如果没有选择，它将调试用当前蓝图类创建的任何对象。

I.4.2 "组件"面板

"组件"面板显示作为当前蓝图一部分的所有组件，如图1-10所示。

组件是可以添加到蓝图中的现成对象。要执行此操作，单击"组件"面板中的"添加"按钮，在列表中选择需要添加的组件名称选项即可。只需使用组件就可以创建具有各种功能的蓝图。

所选组件的属性将显示在"细节"面板中并且可以编辑，一些组件可以在"视口"选项卡中显示。

静态网格、灯光、声音、盒子碰撞、粒子系统和摄像机都是"组件"面板中的组件。

⬆ 图1-10 "组件"面板

I.4.3 "我的蓝图"面板

用户可以在"我的蓝图"面板中为蓝图创建变量、宏、函数和图表等，如图1-11所示。

在"我的蓝图"面板中，我们可以通过单击面板顶部的"添加"按钮或单击每个类别旁边的加号按钮，在列表中选择要添加的新元素。

要想编辑面板中元素的属性，则首先选择元素，然后在"细节"面板中进行编辑。

⬆ 图1-11 "我的蓝图"面板

1.4.4 "细节"面板

"细节"面板中显示的特性是按类别进行组织的。在"细节"面板中可以编辑蓝图中选定元素的属性，所选元素可以是组件、变量、宏或函数等。

图1-12的"细节"面板中显示的是"胶囊体组件"的属性。我们可以通过"细节"面板顶部的"搜索"框筛选元素的属性。

图1-12 "细节"面板

1.4.5 "视口"选项卡

"视口"选项卡用于显示蓝图及其组件的可视化效果。

"视口"选项卡具有类似"关卡编辑器"的控件，我们可以使用该控件来调整组件的位置，或对控件进行旋转和缩放等操作。

图1-13显示了"视口"选项卡。在"视口"选项卡下有一个表示玩家的网格体组件、一个定义玩家视图的摄像机组件，以及一个用于碰撞检测的胶囊体组件。

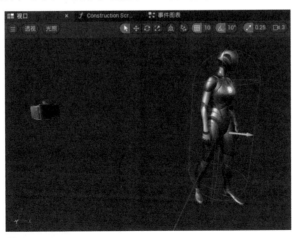

图1-13 "视口"选项卡

1.4.6 "事件图表"选项卡

在"事件图表"选项卡中，我们可以对蓝图的行为进行编程。"事件图表"包含由节点表示并通过导线连接的事件和操作。

事件由红色节点表示，并由玩法事件触发。一个蓝图可以有几个动作，这些动作将被执行以响应一个事件。图1-14中显示了两个事件：InputAxis TurnRate和InputAxis LookUpRate。

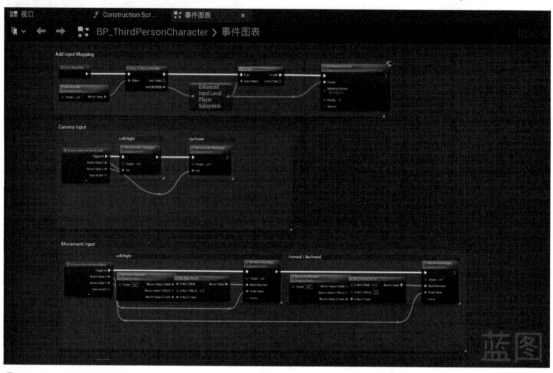

⬆图1-14 "事件图表"选项卡

我们可以通过鼠标右键单击并拖动事件图来移动它，以查看其他事件。

其他节点是表示函数、操作符或变量的操作。我们将在"第2章 使用蓝图编程"中学习这些元素。

在介绍了蓝图编辑器各个面板之后，我们现在能够创建属于自己的第一个蓝图了。关闭蓝图类编辑器，回到关卡编辑器。

1.5 在蓝图中添加组件

现在，让我们来创建第一个蓝图。这将是一个非常简单的蓝图，只包含组件。目前，我们不涉及事件或操作。

（1）单击"内容侧滑菜单"按钮，打开内容浏览器，然后单击"添加"按钮，在列表中选择"蓝图类"选项。

（2）在打开的"选取父类"对话框中选择Actor作为父类。

（3）将刚才创建的蓝图重命名为BP_Rotating-Chair。在定义蓝图的名称时不能有空格，并且蓝图的名称一般以"BP_"开头。

（4）双击创建的蓝图，打开蓝图编辑器。

（5）在"组件"面板上单击"添加"按钮，然后在列表中选择"静态网格体组件"选项，如图1-15所示。此静态网格将直观地表示此蓝图。

⬆ 图1-15　添加静态网格体组件

（6）在"细节"面板的"静态网格体"区域中，单击右侧的下三角按钮，在下拉列表中选择"SM_Chair"选项。即在"视口"选项卡中显示该组件的内容，这个静态网格体是入门内容的一部分。图1-16显示了选定"SM_Chair"选项。

⬆ 图1-16　选择静态网格资源

（7）下面再添加另一个组件。单击"组件"面板中的"添加"按钮，然后在"搜索"框中输入"旋转移动组件"文本。

（8）选择"旋转移动组件"选项，完成该组件的添加。默认情况下，这个组件会围绕Z轴旋转蓝图，我们不需要改变它的属性。

（9）单击"编译"按钮并保存蓝图。

（10）切换到关卡编辑器，从内容浏览器中拖动BP_RotatingChair蓝图，然后放到关卡的某个位置。

（11）按下关卡编辑器的播放按钮，查看旋转的椅子效果。我们可以使用键盘上的W、A、S、D键来移动角色，也可以使用鼠标来旋转摄像机。按Esc键可以退出正在播放的关卡。下页的图1-17显示了本示例的部分图像。

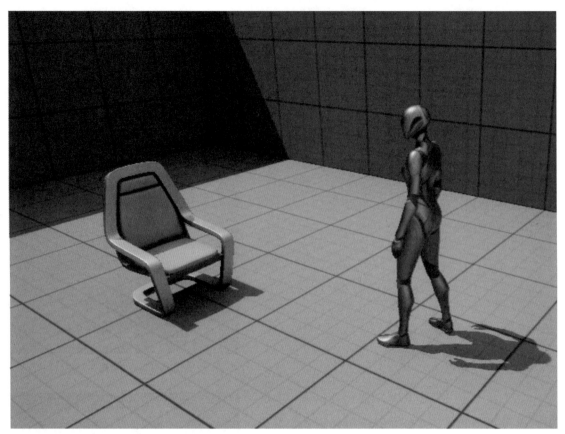

⬆ 图1-17　旋转椅子

1.6 本章总结

　　在本章中，我们学习了如何安装虚幻引擎，并介绍了如何使用可用模板创建新项目。我们介绍了蓝图主要的两种类型：关卡蓝图和蓝图类。

　　接着，我们学习了蓝图编辑器中几个主要面板的应用，熟练使用这些面板有助于蓝图开发。最后，我们还使用组件创建了一个简单的蓝图。

　　在下一章中，我们将学习如何使用事件和动作来进行蓝图编程。

I.7 测试

（1）我们可以在一台计算机上安装多个版本的虚幻引擎。（　　）

  A. 对   B. 错

（2）关卡蓝图编辑器比蓝图类编辑器有更多的面板。（　　）

  A. 对   B. 错

（3）哪种类型的蓝图适合创建可以在任何关卡中重用的对象?（　　）

  A. 关卡蓝图   B. 蓝图类

（4）蓝图编辑器中的哪个面板可以添加事件和动作?（　　）

  A."组件"面板   B."事件图表"选项卡

  C."我的蓝图"面板   D."细节"面板

（5）蓝图编辑器中的哪个面板显示当前蓝图的变量和函数?（　　）

  A."细节"面板   B."组件"面板

  C."我的蓝图"面板   D."事件图表"选项卡

第 2 章

使用蓝图编程

编程本质上是一种编写指令的方式，这些指令将被计算机理解和执行。大多数编程语言都是基于文本的，但蓝图通过使用基于节点的接口提供了一种不同形式的可视化编程。本章将介绍蓝图中使用的基本编程概念。

当一些编程语言存在于特殊环境中或具有明确定义的目的时，它们被称为编程语言。例如，蓝图是虚幻引擎的可视化编程语言。

在本章中，我们将介绍以下内容：

- ⊙ 使用变量存储数值
- ⊙ 使用事件和动作定义蓝图的行为
- ⊙ 使用运算符创建表达式
- ⊙ 使用宏和函数组织编程

2.1 使用变量存储数值

变量是一个编程概念，由标识符组成，该标识符指向可以存储值的内存位置。例如，游戏中的角色可能具有存储其生命值、速度和弹药数量的变量。

在蓝图中可以有许多不同类型的变量。蓝图的变量在"我的蓝图"面板中显示。单击**"变量"**类别右侧的加号按钮，可以创建一个变量，如图2-1所示。

⬆ 图2-1　创建变量

变量的类型定义了变量可以存储内容的种类。蓝图是一种强类型语言，这意味着我们在创建变量时必须定义变量类型，并且在程序执行期间不能修改此类型。

创建变量时，其属性将显示在**"细节"**面板中。变量的第一个属性是**"变量命名"**，第二个属性是**"变量类型"**。各种变量类型如图2-2所示。

每种变量类型都由一种颜色表示。下面介绍各种变量类型的含义：

⬆ 图2-2　变量类型

- ◉ **布尔**：该变量类型只能保存真或假的值。
- ◉ **字节**：该变量类型是一个8位的数字，可以存储0到255之间的整数值。
- ◉ **整数**：该变量类型是一个32位数字，可以存储-2,147,483,648到2,147,483,647之间的整数值。
- ◉ **Integer64**：该变量类型是一个64位数字，可以存储-9,223,372,036,854,775,808到9,223,372,036,854,775,807之间的整数值。
- ◉ **浮点**：该变量类型是一个32位浮点数，可以存储带有小数部分的数值，并且具有7位十进制数值的精度。
- ◉ **命名**：该变量类型是作为对象标识符的一段文本。

- ⦿ **字符串**：该变量类型可以存储一组字母数字字符。
- ⦿ **文本**：该变量类型用于本地化文本，以便更轻松地实现不同语言的翻译。
- ⦿ **向量**：该变量类型包含表示三维向量的X、Y和Z浮动值。
- ⦿ **旋转体**：该变量类型包含X（滚动）、Y（俯仰）和Z（偏航）浮点值，表示三维空间中的旋转。
- ⦿ **变换**：该变量类型可以存储对象的位置、旋转和缩放。

结构、接口、对象类型和枚举等其他类型的变量，我们将在接下来的章节中继续学习。

图2-3显示了"**细节**"面板中可以修改的变量属性。

下面分别介绍各变量属性的含义。

⬆ 图2-3　变量的属性

- ⦿ **变量命名**：设置变量的名称。
- ⦿ **变量类型**：指定可以存储在该变量中的值的类型。
- ⦿ **描述**：对变量进行描述。
- ⦿ **可编辑实例**：勾选该复选框时，放置在关卡中的蓝图的副本可以在此变量中存储不同的值。否则，所有副本（称为实例）共享相同的初始值。
- ⦿ **只读蓝图**：勾选该复选框，变量将不能被蓝图节点修改。
- ⦿ **生成时公开**：勾选该复选框，变量可以在生成蓝图时设置。
- ⦿ **私有**：勾选该复选框，子蓝图不能修改。
- ⦿ **向过场动画公开**：勾选该复选框，这个变量将公开给Sequencer。
- ⦿ **类别**：用来组织蓝图中的所有变量。
- ⦿ **滑条范围**：设置用户界面（UI）滑块的最小值和最大值。

变量用于表示蓝图的当前状态，而行为是由事件和动作定义的，这将在下一节中进行讨论。

2.2　使用事件和动作定义蓝图的行为

大多数情况下，我们会使用蓝图来创建新的Actor。在虚幻引擎中，Actor是可以添加到关卡的游戏对象。

虚幻引擎使用事件通知Actor游戏的状态。我们通过使用动作来定义Actor如何响应事件。事件和动作都由"事件图表"选项卡中的节点表示。

2.2.1 事件

若要向蓝图中添加事件，可以使用"**事件图表**"选项卡。在"**事件图表**"选项卡的空白处右击，在打开的上下文菜单中包含可用的事件和操作命令。如果需要在"**事件图表**"选项卡中提供更多空间，可以右键单击并拖动，将其移动到"**事件图表**"选项卡的空白区域。上下文菜单中有一个搜索栏，可用于筛选节点列表。"**情境关联**"复选框则用于根据所选节点筛选可能的操作。图2-4显示了上下文菜单和一些可用的事件。

图2-4　快捷菜单中的事件

我们可以在"**事件图表**"选项卡中添加多个事件，但每个事件只能添加一次。除了虚幻引擎提供的事件之外，还可以通过选择"**添加自定义事件...**"选项来创建自己的事件。图2-5显示了一个自定义事件（Custom Event）节点及其"**细节**"面板，我们可以在该面板中重命名自定义事件并添加输入参数，在本章后面的创建宏章节中我们将学习相关参数的应用。

图2-5　创建自定义事件

以下是可以使用的事件：

◉ **碰撞事件：** 当两个Actor发生碰撞或重叠时执行。

◉ **输入事件：** 事件由输入设备触发，如键盘、鼠标、触摸屏或游戏手柄。

◉ **事件开始运行：** 在关卡编辑器中已经出现的Actor开始游戏时执行，或者在运行时生成Actor后立即执行。

◉ **事件结束播放：** Actor即将被删时，该操作将在运行时执行。

◉ **事件频率：** 即游戏的每一帧。例如，如果游戏以每秒60帧的速度运行，那么这个事件将在一秒钟内被调用60次。

接下来，我们将学习如何创建连接到事件的动作。

2.2.2 动作

事件被触发时，我们使用动作来定义蓝图对事件的响应。我们可以通过相应的操作来获取或设置蓝图变量中的值，也可以调用函数来修改蓝图状态。

图2-6显示了一个蓝图**"事件开始运行"** 事件的实现方式，可以看到蓝图包含一个名为Bot Name的字符串变量。

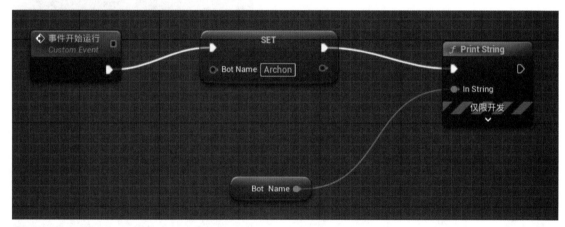

⬆ 图2-6 "事件开始运行"事件的一系列动作

（1）SET动作将Archon的值赋予Bot Name变量。

（2）下一步操作是Print String节点（打印字符串）将在屏幕上显示**In String输入**引脚上接收到的值。传递给函数的这些值称为参数。

（3）**In String输入**引脚连接到返回的Bot Name变量的GET节点获取Bot Name变量的值，并将其传递给Print String函数，如图2-6所示。

（4）要将变量的GET和SET操作添加到**"事件图表"** 选项卡中，只需从**"我的蓝图"** 面板拖动变量并将其放入"事件图表"选项卡，然后在列表中显示GET和SET选项，根据需要选择即可。其他节点的添加方法，如**Print String节点**（打印字符串）是在**"事件图表"** 选项卡的空白处右击，从打开的窗口中进行添加，也可以在窗口的搜索框中搜索并添加。

连接动作的白线称为执行路径。

2.2.3 执行路径

节点的白色引脚称为执行引脚。其他颜色的引脚是数据引脚。蓝图节点的执行从一个红色事件节点开始，然后从左到右沿着白色连线执行，直到到达最后一个节点。

有一些节点控制蓝图的执行流程，这些节点根据条件确定执行路径。例如，Branch节点有两个输出执行引脚，分别为True和False。执行引脚的触发取决于条件输入参数的布尔值。图2-7为Branch节点的示例。

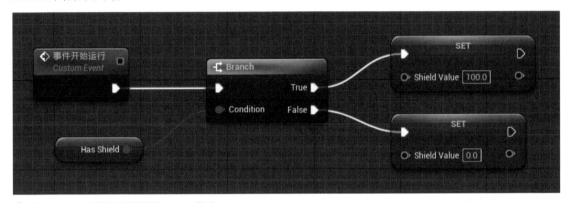

图2-7 具有两条执行路径的Branch节点

在这个例子中，当**"事件开始运行"**事件触发时，Branch节点计算Has Shield布尔变量的值。如果该值为True，则执行True引脚，并在Shield Value变量中将该值设置为100.0。如果该值为False，则在Shield Value变量中设置值为0.0。

目前，我们学习了如何使用动作修改变量的值。接下来我们将学习如何使用运算符创建表达式。

2.3 使用运算符创建表达式

运算符用于使用变量和值创建表达式。在**"事件图表"**选项卡的空白处右击，在打开的窗口中展开"工具"列表，在**"运算符"**中显示了可以使用的运算符。

运算符的主要类型有算术运算符、关系运算符和逻辑运算符。

2.3.1 算术运算符

在蓝图中，我们可以使用算术运算符（＋、－、×、÷）创建数学表达式。这些运算符在左边接收两个输入值，在右边给出运算结果。算术运算符可以有两个以上的输入参数，只要单击节点右下角的"添加引脚"（加号）按钮，就可以添加另一个输入参数。输入值可以从数据线上获得，也可以直接在节点上输入。下页图2-8显示算术运算符的节点。

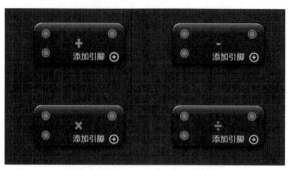

⬆ 图2-8 算术运算节点

重要提示

"*"符号是编程语言中的乘法运算符，蓝图也将"*"识别为乘法运算符，但使用字母"X"作为乘法节点的标签。在上下文菜单中搜索乘法节点时，需要使用"*"符号或输入单词multiply。

图2-9为一个简单的算术表达式。图上的数字显示了节点的完成顺序。执行从"**事件开始运行**"节点开始。SET节点为Magic Points变量分配一个新值，但该值必须使用连接到乘法节点输出的数据线获得，乘法节点需要使用另一条数据线获得Willpower变量的值，并乘以20.0。

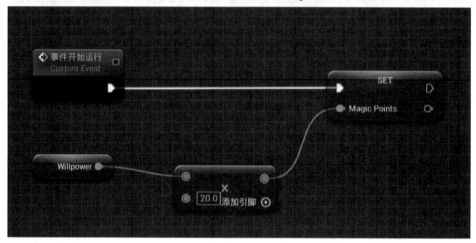

⬆ 图2-9 乘法运算

2.3.2 关系运算符

关系运算符执行两个值之间的比较，并作为比较结果返回布尔值（True或False）。图2-10显示了蓝图中的关系运算符。

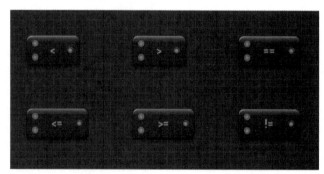

⬆ 图2-10 关系操作节点

图2-11展示了一个使用关系运算符的示例，假设这些操作是在游戏对象受到伤害时执行的。Branch节点用于测试Health变量值是否小于或等于"0.0"，如果返回True，则游戏对象将被销毁；如果返回False，则不会发生任何事情（因为没有与False执行分支相关联的操作）。

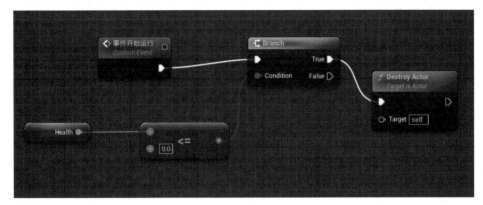

⬆ 图2-11　使用关系运算符测试条件

2.3.3 逻辑运算符

逻辑运算符在布尔值之间执行操作，并返回一个布尔值（True或False）作为操作的结果。图2-12为蓝图中的逻辑运算符。

⬆ 图2-12　逻辑操作节点

以下是对这些运算符的介绍。

- ⊙ **OR：** 如果任何输入值为True，则返回True值。
- ⊙ **AND：** 当且仅当所有输入值均为True，返回True值。
- ⊙ **NOT：** 只接收一个输入值，结果是相反的值。
- ⊙ **NOR：** 是NOT和OR运算符的组合。如果两个输入都为False，则返回值True，否则返回值为False。
- ⊙ **NAND：** 是NOT和AND运算符的组合。如果两个输入都为True，则返回值为False，否则返回值为True。
- ⊙ **XOR：** 此运算符称为异或。如果两个输入不同（一个为True，另一个为False），则返回True值。如果两个输入相同，则返回值为False。

图2-13为使用AND运算符的示例。只有Health的值大于70.0且Shield Value的值大于50.0时，才会执行Print String节点。

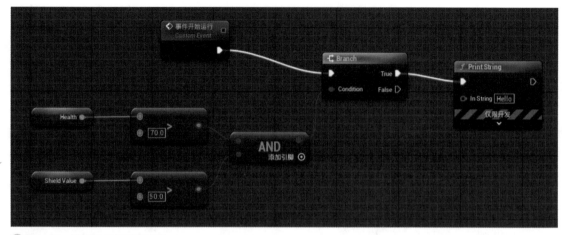

⬆ 图2-13　使用AND运算符示例

我们已经知道如何使用动作和运算符，下一步是学习如何在宏和函数中组织它们。

2.4 使用宏和函数组织编程

在创建蓝图编程时，有时会在蓝图中的多个位置使用一组动作。这些动作可以转换为宏或函数，简化了初始编程，因为这组动作只需被一个节点替换。此外，如果需要更改这组动作中的某些内容，则此更改将仅在宏或函数中实现，而不必在使用这组动作的每个地方进行搜索。这是一种很好的编程实践，因为它简化了代码和调试。

2.4.1 创建宏

在"**我的蓝图**"面板中单击"**宏**"类别中的加号按钮，可以创建宏。图2-14显示了在"**我的蓝图**"面板中创建的名为SetupNewWave的宏。

⬆ 图2-14　创建一个宏

创建宏时，会在"**事件图表**"选项卡相同的位置打开一个新选项卡（Setup New Wave）。此选项卡看起来和"**事件图表**"选项卡一样，但仅包含与宏相关的节点。我们可以在此选项卡中添加宏操作，也可以关闭该选项卡。再次双击"**我的蓝图**"面板上的宏名称，可以再次打开它。我们可以单击"**事件图表**"标签，切换到"**事件图表**"选项卡，如图2-15所示。

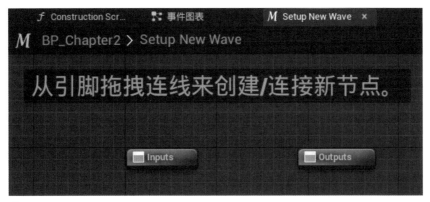

图2-15　宏的相关选项卡

宏的属性显示在"**细节**"面板中。在此面板中，我们可以定义输入和输出参数。输入参数是传递给宏或函数的值，输出参数是宏或函数返回的值。图2-16显示了SetupNewWave宏的"**细节**"面板，其中包含两个输入参数和一个输出参数。在宏中，白色执行引脚被定义为"**执行**"类型的输入或输出参数，我们可以随意添加。示例中，我们将创建一个名为In的输入执行引脚和一个名称为Out的输出执行引脚。

图2-16　宏的属性

图2-17显示了Setup New Wave宏的内容，这个宏的作用是为游戏中的下一波敌人设置一些变量。宏接收当前Current Wave作为输入参数，将该值存储在Current Wave变量中，并通过将当前波数乘以5来确定敌人的数量。

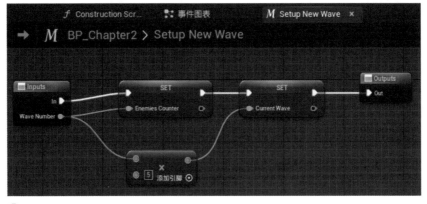

图2-17　宏应用示例

若要将宏添加到**"事件图表"**选项卡，需要从**"我的蓝图"**面板中拖动宏的名称到**"事件图表"**选项卡中，或者在**"事件图表"**空白处中右击，在打开的窗口中查找它。当宏被执行，其中的操作将被执行。图2-18显示了Setup New Wave宏在**"事件开始运行"**节点中被调用，在Wave Number输入参数中值为1。

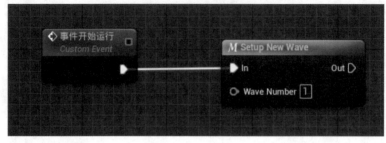

⬆ 图2-18　调用宏

2.4.2 | 创建函数

我们可以在一个蓝图中创建函数，然后从另一个蓝图中调用该函数。要创建函数，需要在**"我的蓝图"**面板中单击**"函数"**类别中的加号按钮。图2-19显示了**"我的蓝图"**面板，其中包含一个名为CalculateWaveBonus的函数。

和宏一样，函数的属性显示在"细节"面板中，我们可以在其中定义输入和输出参数。图2-20显示了CalculateWaveBonus函数的"细节"面板，其中包含两个输入参数和一个输出参数。

⬆ 图2-19　创建一个函数

⬆ 图2-20　函数的属性

创建一个函数时，我们可以定义它是否为纯函数。我们只要检查纯函数的属性，因为纯函数没有执行引脚，因此可以用在表达式中。纯函数不应该修改其蓝图中的变量，因此它们大多用作获取型函数，即只返回值的函数。下页图2-21显示了标准函数和纯函数之间的视觉差异。

图2-21　标准函数和纯函数

图2-22显示了Calculate Wave Bonus函数的内容。该函数可以根据波数和剩余时间计算奖励积分，找到的值通过Bonus Points输出参数返回。

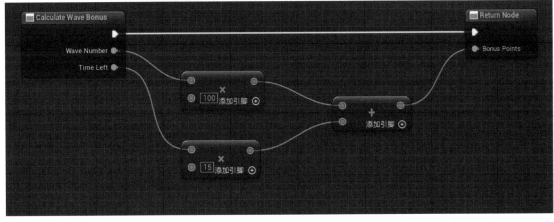

图2-22　函数应用示例

图2-23展示了Calculate Wave Bonus函数的节点。我们可以鼠标右键单击"**事件图表**"空白处，在打开的窗口中将函数节点添加到"**事件图表**"选项卡中，或从"**我的蓝图**"面板中拖动函数名并将其放入"**事件图表**"选项卡中。

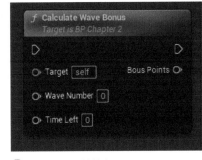

图2-23　函数节点

2.4.3 分步示例

下面让我们一步一步地创建一个名为CalculatePower函数，并执行它，看看它在实践中的效果。CalculatePower函数接收玩家的等级作为输入参数，并使用以下表达式返回它们的能量值：

PowerValue = (PlayerLevel × 7) + 25

（1）单击"**内容侧滑菜单**"按钮，打开内容浏览器，然后单击"**添加**"按钮，在列表中选择"**蓝图类**"选项。

（2）在打开的"**选取父类**"对话框中选择Actor作为父类。

（3）将创建的蓝图重命名为FunctionExample。

（4）双击此蓝图，打开蓝图编辑器。

（5）在"**我的蓝图**"面板中单击"**函数**"类别中的加号按钮创建函数，设置函数名称为CalculatePower。

（6）选择创建的函数，在"**细节**"面板中设置名为PlayerLevel的输入参数，并设置类型为"**整数**"。

（7）在创建的**CalculatePower**函数的选项卡上，创建图2-24的表达式。我们可以通过右键单击空白处，在打开的快捷菜单中搜索加法和乘法来添加运算符的节点。若要连接节点，则单击其中一个节点，拖动并将其放在另一个节点上。最后在操作符节点中输入数值7和25。

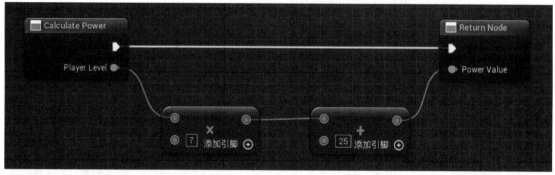

⬆图2-24　CalculatePower函数

（8）在"事件图表"选项卡中有一个灰色的Event BeginPlay节点，该节点现在是灰色，是因为它没有连接任何动作。当任何节点连接到Event BeginPlay节点时，该节点将点亮。创建图2-25的节点，在Calculate Power节点的Player Level参数中输入数值3。这些节点将使用Player Level的值3计算PowerValue。

（9）单击Print String（打印字符串）节点的箭头，可以查看更多输入参数。

（10）单击Text Color参数右侧的颜色色块，打开"取色器"面板，单击色轮上的红色区域，然后单击"确定"按钮关闭"取色器"面板。

（11）将Duration参数值更改为10.0。

（12）将Power Value引脚连接到Append节点的B输入引脚，可以自动创建从整数到字符串的转换节点。在A参数文本框中键入"POWER："，在"："后加一个空格。

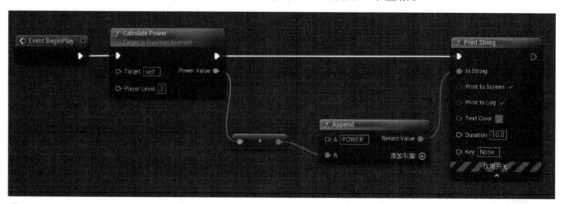

⬆图2-25　事件开始运行

（13）编译并保存蓝图。在关卡编辑器中将FunctionExample蓝图拖放到关卡中。

（14）播放关卡，可以看到屏幕上打印的Power Value的值，如图2-26所示。

↑ 图2-26 CalculatePower函数的结果

2.4.4 宏、函数和事件

有时，我们不清楚什么时候创建宏、函数或自定义事件，因为它们有一些共同的特性。下表显示了它们之间的异同点，用以帮助我们选择最适合自己的需求。

	宏	函数	事件
输入参数	是	是	是
输出参数	是	是	是
多个执行路径（输入/输出）	是	否	否
可由另一蓝图调用	否	是	是
潜在动作（例如延迟）	是	否	是
时间节点	否	否	是

2.5 本章总结

在本章中，我们学习了如何在蓝图的变量中存储值，以及如何使用操作来定义蓝图对事件的响应。之后，我们介绍了如何使用运算符创建表达式，以及如何使用宏和函数组织编程。这些是定义蓝图应该如何在游戏中发挥作用的关键元素。

在下一章中，我们将学习**游戏框架**（Gameplay Framework），这是一组在游戏开发中常用的具有通用功能的类。

2.6 测试

（1）什么类型的变量只能保存真或假的值？（　　）

    A. 向量　　　　　　　　　　　　　　B. 文本

    C. 布尔　　　　　　　　　　　　　　D. 字节

（2）以下哪个事件不是碰撞事件？（　　）

    A. Hit　　　　　　　　　　　　　　B. Tick

    C. ActorBeginOverlap　　　　　　　D. ActorEndOverlap

（3）Branch（分支）节点可以用于创建不同的执行路径。（　　）

    A. 对　　　　　　　　　　　　　　B. 错

（4）以下哪个逻辑运算符只有在所有输入值为真时才返回真值？（　　）

    A. NOT　　　　　　　　　　　　　B. OR

    C. AND

（5）以下哪一项不能被其他蓝图调用？（　　）

    A. 宏　　　　　　　　　　　　　　B. 函数

    C. 自定义事件

第3章

面向对象编程
和游戏框架

蓝图是基于面向对象的编程（OOP）原则。面向对象编程的目标之一是使编程概念更接近现实世界。

虚幻引擎游戏框架包含了游戏所需的所有核心系统，例如游戏规则、玩家输入和控制、摄像机和用户界面。

在本章中，我们将学习以下内容：

⊙ 熟悉面向对象编程（OOP）

⊙ 管理Actor类

⊙ 构造脚本

⊙ 探索其他游戏框架类

3.1 熟悉面向对象编程（OOP）

首先，学习一些面向对象编程的基本概念，比如类、实例和继承。这些概念可以帮助我们了解蓝图可视化编程的各种元素。

3.1.1 类

在面向对象编程中，类是用于创建对象并提供状态（变量或属性）和行为（事件或函数）实现提供初始值的模板。

许多现实世界中的事物都可以用同样的方式思考，即使它们是独一无二的。例如在一个"人"的类中，人拥有姓名和身高等属性，以及走动和进食等动作。使用"人"类，可以创建这个类的几个对象，每个对象代表一个具有不同姓名和身高属性的人。

当我们创建蓝图时，也正在创建一个新的类，该类可用于在游戏关卡中创建对象。单击内容浏览器中"添加"按钮，在列表中选择"**蓝图类**"选项，可以创建新蓝图资产，如图3-1所示。

⬆ 图3-1　创建蓝图类

封装是另一个重要概念。在面向对象编程中，封装是将对象运行所需的资源封装在程序对象中，隐藏了对象的属性和实现细节。蓝图类的变量和函数可以是**私有的**，这意味着它们只能在其创建的蓝图类中访问和修改。公共变量和函数是其他蓝图类可以访问的变量和函数。

3.1.2 实例

从类创建的对象也称为该类的**实例**。每次从**内容浏览器**中拖动蓝图类并将其放入关卡中时，都会创建此蓝图类的新实例。

所有的实例都是用与蓝图类中定义的变量相同的默认值创建的。然而，如果一个变量被标记为**可编辑实例**，则该变量的值可以在每个实例的关卡中修改，而不会影响其他实例的值。

例如，我们创建了一个蓝图来表示游戏中的角色类型。下页图3-2显示了这个蓝图类的3个实例被添加到关卡中的效果。

⬆ 图3-2　蓝图类的实例

3.1.3 继承

在面向对象编程中，类可以从其他类中继承变量和函数。我们创建一个蓝图时，要做的第一件事就是选择这个蓝图的父类。一个蓝图类只能有一个父类，但可以有多个子类。父类也称为**超类**。

下面举一个使用继承的例子，假设现在需要创建几个蓝图，代表游戏中不同类型的武器。我们可以创建一个名为Weapon的基础蓝图类，其中包含游戏中所有武器共有的东西。然后，我们可以使用Weapon类作为父类来创建代表每个武器的蓝图。图3-3显示了这些类之间的层次结构。

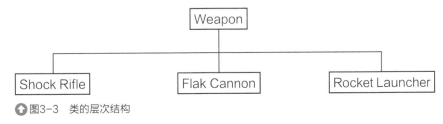

⬆ 图3-3　类的层次结构

继承的一个优点是，在父类中创建的函数，我们可以在子类中用不同的实现方式重写它。例如，在Weapon父类中有一个名为Fire的函数。子类继承Fire函数，因此Shock Rifle类用一个发射能量束的版本重写Fire函数，而Rocket Launcher类重写Fire函数来发射火箭。在运行时，如果我们有一个对武器类的引用并调用Fire函数，实例类就会被识别出来以运行其Fire函数的版本。

继承还用于定义一个类的类型，因为它积累了其父类的所有类型。例如，我们可以说 Shock Rifle类的一个实例是属于Shock Rifle类型和Weapon类型。正因为如此，如果我们有一个带有Weapon输入参数的函数，则该函数可以接收Weapon类的实例或其子类的任何实例。

虚幻引擎有一些用于游戏开发的基本类，这些类是游戏框架的一部分。面向对象编程的这些基本概念将帮助我们理解游戏框架。游戏框架的主要类是**Actor**。

 3.2 管理Actor类

Actor类包含了一个对象在关卡中存在所需要的所有功能，是所有可以在关卡中放置或生成对象的父类。换句话说，任何可以在关卡中放置或生成的对象都是Actor类的子类。我们创建的大多数蓝图是基于Actor类本身或它的子类，本节我们将介绍一些对这些蓝图特别有用的功能。

|*3.2.1*| 引用Actor

整数、浮点和布尔等变量类型被称为基本类型，因为它们只存储指定类型的简单值。在使用对象或Actor类时，我们使用一种称为**对象引用**（Object Reference）的变量。蓝图中的引用允许不同的对象相互通信。我们将在"第4章 理解蓝图通信"中详细学习这种通信。

图3-4为内存中两个蓝图类的实例。BP_Barrel蓝图类的实例有一个名为Hit Counter的整数变量，当前值为2。另一个变量名为BP_Fire，是一个对象引用，引用的是蓝图效果Fire的实例。我们可以使用对象引用变量访问另一个蓝图的公共变量和函数。

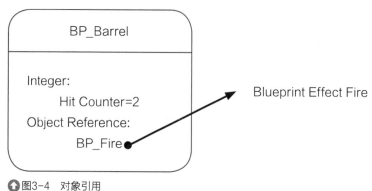

⬆图3-4　对象引用

在蓝图中，可以创建引用其他对象或Actor的变量。下面我们将通过创建一个循序渐进的功能示例，看看这个概念在实际应用中的作用。

（1）首先基于第一人称游戏模板创建一个项目，同时勾选"初学者内容包"复选框。

（2）单击**"内容侧滑菜单"**按钮，打开**内容浏览器**，然后单击**"添加"**按钮，在下拉列表中选择**"蓝图类"**选项。

（3）在打开的**"选取父类"**对话框中选择Actor作为父类。

（4）将蓝图命名为BP_Barrel并双击，打开蓝图编辑器。

（5）单击**"组件"**面板中的"添加"按钮，在打开的列表中选择**"静态网格体组件"**选

项。选择创建的静态网格体组，在"**细节**"面板中，选择Shape_Cylinder静态网格体，如图3-5所示。

（6）在"**我的蓝图**"面板中创建一个名为BP_Fire的变量。在"**细节**"面板中单击"**变量类型**"下三角按钮，**变量类型**类别列表中列出了虚幻引擎中可用的类和我们在项目中创建的**蓝图类**。在搜索框中输入"fire"并将光标悬停在"**Blueprint Effect Fire**"列表中，然后在子列表中选择"**对象引用**"选项，如图3-6所示。

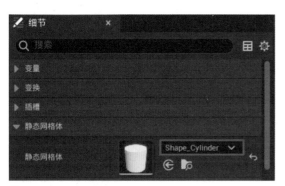

⬆图3-5　设置静态网格

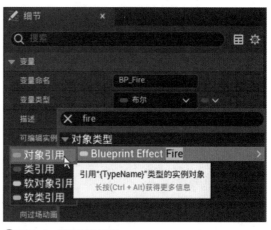

⬆图3-6　创建对象引用

（7）**对象引用**变量的默认值是None（也称为null），这意味着该变量没有引用任何实例。我们可以在关卡编辑器中勾选"**可编辑实例**"复选框，为这个变量分配一个实例，以便可以在关卡编辑器中访问它，如图3-7所示。

⬆图3-7　使变量在关卡实例中可编辑

（8）在"**我的蓝图**"面板中拖动BP_Fire变量至"**事件图表**"选项卡，在打开的上下文菜单中选择"获取BP_Fire"选项，创建节点。从Get BP_Fire节点的蓝色输出引脚拖动，在图表的空白处释放鼠标左键，打开对应的窗口。在**搜索框**中输入"hidden"，选择"**设置游戏中隐藏（P_Fire）**"选项，如图3-8所示。

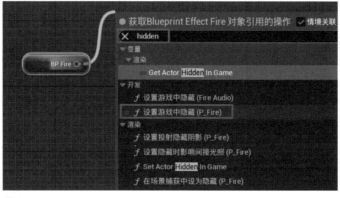

⬆图3-8　搜索所需功能

（9）在"**事件图表**"选项卡的空白处右击，然后在打开的上下文菜单中选择Event Hit节点选项。连接Event Hit节点到Set Hidden in Game节点，并取消勾选"New Hidden"参数复选框。击中BP_Barrel蓝图的实例时，这些操作将不隐藏BP_Fire引用的实例的粒子系统组件，如图3-9所示。

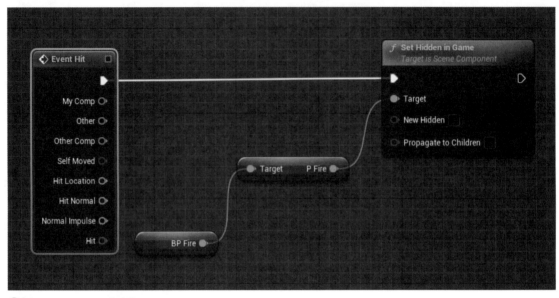

⬆ 图3-9　Event Hit的动作

（10）编译蓝图并返回关卡编辑器。从**内容浏览器**中拖动BP_Barrel蓝图并放入关卡中合适的位置。

（11）在**内容浏览器**中打开"内容/StarterContent/Blueprints"文件夹，拖动Blueprint_Effect_Fire，然后将其放在添加到关卡中BP_Barrel蓝图的上方，效果如图3-10所示。

⬆ 图3-10　BP_Barrel和Blueprint_Effect_Fire的效果

（12）在Blueprint_Effect_Fire实例的"**细节**"面板中选择P_Fire组件，在下方的搜索框中输入"hidden"，然后在"渲染"区域中勾选"游戏中隐藏"复选框，如下页图3-11所示。

（13）切换到BP_Barrel实例的"**细节**"面板，单击"默认"类别中BP_Fire变量的下三角按钮，在列表中选择关卡中属于Blueprint_Effect_Fire实例的Actor，如图3-12所示。然后选择并放置在BP_Barrel的实例上方，将其实例分配给BP_Fire变量。

⬆ 图3-11 隐藏Blueprint_Effect_Fire的粒子系统

⬆ 图3-12 在关卡编辑器中指定一个实例

（14）单击关卡编辑器中的"**播放**"按钮，测试设置的关卡内容。观察放在关卡上的BP_Barrel实例，现在Blueprint_Effect_Fire实例是隐藏的。单击鼠标左键射击BP_Barrel实例，当被击中时，Blueprint_Effect_Fire实例将出现。

3.2.2 催生和毁灭Actor

我们可以使用Spawn Actor from Class函数创建Actor实例。首先右击"**事件图表**"选项卡的空白处，在打开窗口的搜索框中输入"Spawn"，在列表中选择Spawn Actor from Class函数选项，把这个函数添加到"**事件图表**"选项卡中，如图3-13所示。

⬆ 图3-13 添加Spawn Actor from Class函数

Spawn Actor from Class函数可以接收Actor的Class和Spawn Transform作为输入参数。Transform用于定义新Actor的位置、旋转和缩放。另一个输入参数称为**碰撞处理覆盖**（Collision handing Override），定义了在创建时如何处理碰撞的问题。Return Value输出参数中提供了对新实例的引用，并且可以存储在变量中。

要从关卡中移除一个Actor实例，需要使用**Destroy Actor**函数。目标输入参数表明哪个实例将被删除。下页图3-14为使用**Spawn Actor from Class**和**Destroy Actor**函数的示例。

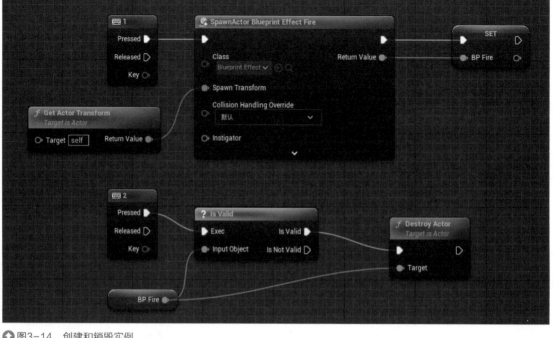

⬆图3-14　创建和销毁实例

- 要添加1键的输入事件，可以在"事件图表"选项卡的空白处右击，在打开窗口的搜索框中输入"1"。1键输入事件可以在**"输入>键盘"**事件中找到。

- 按下1键会使用包含此脚本的蓝图实例的相同变换，创建Blueprint Effect Fire（蓝图效果火花）的实例。例如，如果上述代码添加到FirstPersonCharacter的事件图表中（可在第一人称游戏模板中的"内容/FirstPerson/Blueprints"找到），一旦游戏启动，按下键盘上的1键就会在玩家角色的当前位置创建火焰效果。

- 对新的Blueprint Effect Fire实例的引用，会存储在BP_Fire变量中。如果我们没有存储该实例的变量，可以很容易地将SpawnActor函数的返回值提升为变量，然后自动赋予它正确的变量类型。操作方法是：拖动Return Value输出引脚到"事件图表"选项卡的空白处，在打开的搜索框中输入"提升"，然后选择Promote to variable（提升为变量）选项，如图3-15所示。

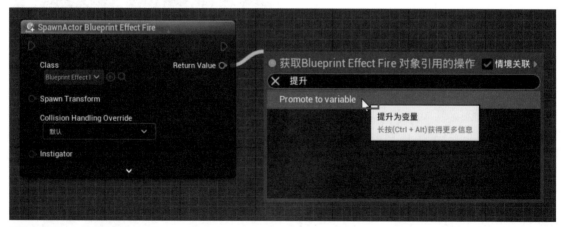

⬆图3-15　将返回值提升为变量

⊙ 按下2键时，使用**Is Valid**宏进行测试，检查BP_Fire变量是否引用了一个有效的实例。该检查可以避免使用一个空的引用来调用一个函数。如果BP_Fire的值是**None**，则是无效的。如果有效，则调用**Destroy Actor**函数，该函数接收BP_Fire变量作为目标输入参数，并删除之前创建的实例（蓝图效果火花）。

⊙ 需要注意，按2键只能删除最后创建的**Blueprint Effect Fire**实例。如果我们在删除之前创建了一个以上的蓝图火花的实例，其他的将保留在关卡中，因为在创建**Blueprint Effect Fire**实例时，BP_Fire变量被覆盖了。

3.3 构造脚本

蓝图编辑器中有一个名为Construction Script（**构造脚本**）的面板，如图3-16所示。构建脚本是一种特殊函数，首次将蓝图添加到关卡时，在关卡编辑器中可以对其属性进行更改，或者当这个蓝图的实例在运行时产生时，所有角色蓝图都会执行。

⬆图3-16　Construction Script选项卡

使用构造脚本，我们可以在关卡编辑器中配置蓝图实例的某些功能，对于创建灵活的蓝图非常有用。

例如，让我们用一个带有**可编辑实例静态网格体**的蓝图，以便为关卡上的蓝图的每个实例选择不同的静态网格体。

（1）创建或使用具有初学者内容包的项目或者打开现有的项目。

（2）单击"**内容侧滑菜单**"按钮，在打开的**内容浏览器**中单击"**添加**"按钮，在列表中选择"**蓝图类**"选项。

（3）在打开的"**选取父类**"对话框中选择Actor作为父类。

（4）将蓝图命名为BP_Construction并双击，打开蓝图编辑器。

（5）单击"**组件**"面板中的"**添加**"按钮，然后在列表中选择"**静态网格体组件**"命令。重命名组件为StaticMeshComp，如下页图3-17所示。

（6）在"**我的蓝图**"面板中创建一个名为**SM_Mesh**的新变量。选择创建的变量，在"**细**

节"面板中单击"**变量类型**"下三角按钮，然后在搜索框中输入"静态网格体"，将光标悬停在"静态网格体"选项上以显示子选项，然后选择"对象引用"选项。接着勾选"可编辑实例"复选框，如图3-18所示。

↑图3-17　添加静态网格体组件

↑图3-18　SM_Mesh变量的详细信息

重要提示

　　对象引用变量也可以引用在运行时创建的实例。

　　（7）单击工具栏上的"**编译**"按钮。接着，在"**细节**"面板底部的"**默认值**"区域单击SM_Mesh变量下三角按钮，在打开的列表中选择SM_TableRound静态网格体，为SM_Mesh变量定义一个初始静态网格体。

　　（8）切换至Construction Script选项卡。从"**组件**"面板中拖动StaticMeshComp组件并放到Construction Script选项卡中，创建一个节点。

　　（9）按住StaticMeshComp节点的蓝色输出引脚并拖拽到空白处，在打开的上下文菜单搜索框中输入set static mesh，然后在"静态网格"列表选择Set Static Mesh Comp函数，如图3-19所示。

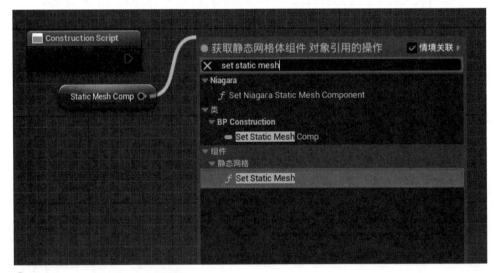

↑图3-19　在打开的窗口中选择功能

　　（10）从"**我的蓝图**"面板中拖动SM_Mesh变量，然后放入Construction Script面板中，在显示的列表中选择"**获取SM_Mesh**"选项。将SM_Mesh节点连接到Set Static Mesh的New Mesh输入引脚，如图3-20所示。当Construction Script节点的白色引脚连接到Set Static Mesh节点时，它会从SM_Mesh变量中获取静态网格体，并将其设置在静态网格体组件上。

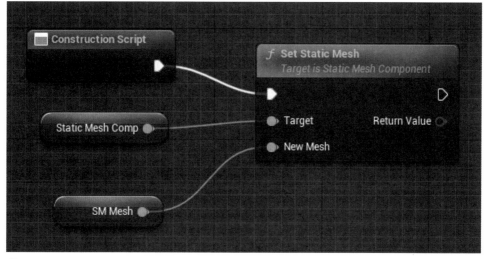

⬆图3-20　构造脚本动作

（11）编译蓝图。在关卡编辑器中，从"**内容浏览器**"中拖动BP_Construction并放入关卡中以创建实例。再次拖放BP_Construction以创建另一个实例。选择关卡上的一个实例，在关卡编辑器的"**细节**"面板中，检查SM_Mesh变量是否可见且可编辑，如图3-21所示。

⬆图3-21　BPConstruction实例详细信息

（12）单击**SM_Mesh**变量的下三角按钮，在列表中选择另一个静态网格体，例如选择**SM_Couch**，构造脚本将立即执行并更改所选实例的静态网格体。下页图3-22显示了BPConstruction类的两个实例。一个实例使用的是默认的静态网格体，另一个实例将其静态网格修改为**SM_Couch**。

⬆ 图3-22 BPConstruction的两个实例

Actor类是游戏框架的主要类，接下来我们将了解其他用于不同目的的类。

3.4 探索其他游戏框架类

创建新蓝图的第一步是选择用作模板的父类。图3-23显示了用于选择父类的对话框。在"**通用**"类别下显示的类称为通用类，是游戏框架的一部分。要使用其他类作为父类，需要展开"**所有类**"类别并搜索所需的类。

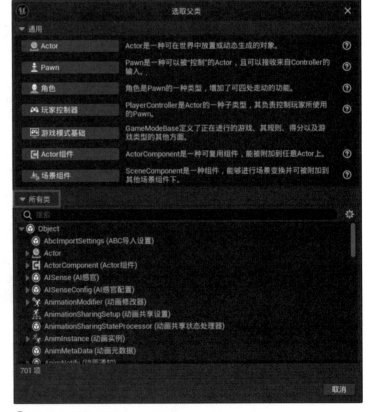

⬆ 图3-23 选择父类

图3-24显示了通用类的层次结构。在虚幻引擎中，有一个名为**Object**的父类，类继承它父类的特征。基于面向对象编程的继承概念，我们可以声明**Character**类的实例类型为**Character**、**Pawn**和**Actor**。

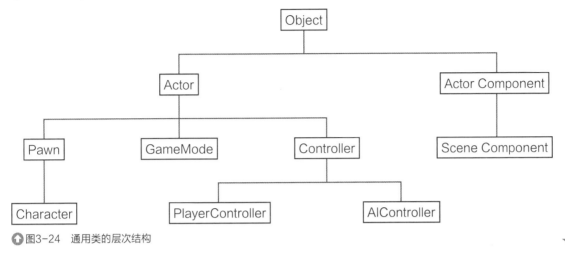

⬆图3-24　通用类的层次结构

通过分析这个层次结构，我们可以看到Actor Component和Scene Component类都不是Actor。这些类用于创建可以添加到Actor的组件。两个组件的示例是我们在之前例子中使用的静态网格体组件和旋转运动组件。我们将在"第18章 创建蓝图库和组件"中介绍组件创建的相关内容。

下面将介绍一些**通用类**。

|3.4.1|Pawn类

Pawn是Actor的子类。**Pawn**是一个可以在游戏中被操控者占有的**角色**。**Controller**类代表**玩家**或**人工智能**（AI）。从概念上讲，**Pawn**类的实例是游戏角色的身体，而拥有它的**Controller**类的实例是角色的大脑，允许它在关卡中移动并执行其他操作。

基于**Pawn**类创建一个蓝图，并单击工具栏中"**类默认值**"按钮，将其显示在"**细节**"面板上。从**Pawn**类继承的参数如图3-25所示。

⬆图3-25　Pawn的"细节"面板

在Pawn的"细节"面板中，一些参数表明Pawn类可以使用拥有它的Controller类的旋转值，其他参数表明Pawn类被Controller类占有的方式。

Pawn的两个主要子类是Character和WheeledVehicle。

|*3.4.2*| Character类

Character（**角色**）类是Pawn类的子类，因此Character类的实例也可以被Controller类的实例所拥有。创建Character类的角色能够走、跑、跳、游泳和飞行等。

基于Character类的蓝图将继承以下特定于角色的组件。

- ⊙ **胶囊体组件**（CollisionCylinder）：用于进行碰撞测试。
- ⊙ **箭头组件**（Arrow）：表示角色的当前方向。
- ⊙ **网格体：** 这个组件是一个骨骼网络，可以直观地表示角色。网格组件的动画由动画蓝图控制。
- ⊙ **角色移动**（CharacterMovement）：该组件用于定义各种类型的角色运动，如行走、跑步、跳跃、游泳和飞行等。

角色类组件如图3-26所示。

角色移动组件用于在多人游戏中处理角色的移动、复制和预测，包含了许多定义角色各种运动类型的参数，如图3-27所示。

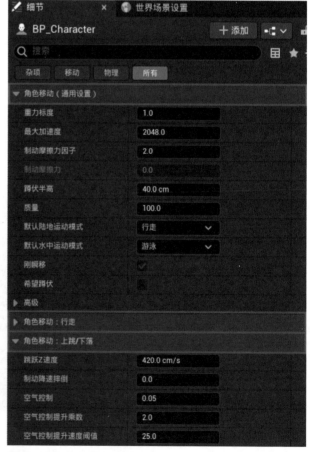

⬆图3-26　角色类组件　　　　　　　　⬆图3-27　角色移动变量

3.4.3 玩家控制器

Controller类有两个主要的子类：**玩家控制器**（PlayerController）和AIController。**玩家控制器**类由人类玩家使用，而AIController类使用AI来控制Pawn。

Pawn和Character类的实例只能通过实例化玩家控制器来接收输入事件。在"事件图表"选项卡中，输入事件可以放置在**玩家控制器**或Pawn。将输入事件放在玩家控制器中的优点是这些事件独立于Pawn，这使得更改由Controller类控制的Pawn类更加容易。无论我们选择哪种方式，请在项目中保持一致。

图3-28展示了如何在游戏中改变由**玩家控制器**控制的Pawn，并展示了Possess函数的应用。在这个例子中，关卡中的两个角色可以通过按1或2键来控制。只有当前被**玩家控制器**控制的Character实例才能接收玩家控制器的命令。

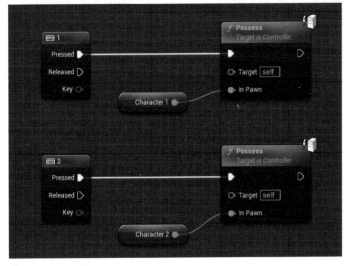

⬆图3-28 控制Pawn

3.4.4 游戏模式基础

游戏模式基础类是创建游戏模式的父类。游戏模式类用于定义游戏规则，并指定用于创建Pawn、**玩家控制器**、GameStateBase、HUD和其他类的默认类。要更改游戏模式中的这些类，需要单击"**类默认值**"按钮，在"**细节**"面板中进行显示，如图3-29所示。

⬆图3-29 游戏模式类默认值

要指定项目的默认**游戏模式基础**类，则在关卡编辑器中单击右上角的**"设置"**按钮，在列表中选项**"项目设置……"**选项（也可在关卡编辑器的菜单栏中执行**"编辑>项目设置"**命令），然后在打开的窗口中选择**"地图和模式"**选项。在**"默认模式"**区域中单击**"默认游戏模式"**下三角按钮，在列表中选择游戏模式对应的选项，如图3-30所示。在选定的游戏模式类别中，可以覆盖一些默认游戏模式使用的类。

⬆图3-30　指定项目的游戏模式

每个关卡都有不同的**游戏模式**。关卡的**游戏模式**覆盖项目的**默认游戏模式**，要指定关卡的游戏模式，需要单击关卡编辑器中的**"设置"**按钮，在列表中选择**"世界场景设置"**选项。然后单击**"游戏模式"**类别下的**"游戏模式重载"**下三角按钮，在列表中选择游戏模式的选项即可，如图3-31所示。

⬆图3-31　指定关卡的游戏模式

|3.4.5| 游戏实例

游戏实例虽然不是**通用类**，但是了解这个类的存在是有必要的。因为**游戏实例**类的实例是在游戏开始时创建的，所以**游戏实例**类和它的数据在关卡之间保持不变，只有在游戏关闭时才会被删除。

每次加载关卡时，关卡中的所有角色和其他对象都会被销毁并重新生成。因此，如果我们需要在关卡转换中保留一些变量值，可以使用**游戏实例**类。

要分配**游戏实例**类在游戏中使用，可以在关卡编辑器上单击"**设置**"下三角按钮，在下拉列表中选择"**项目设置**"选项，在打开的窗中选择"**地图和模式**"，在右侧区域修改项目的设置，如图3-32所示。

⬆ 图3-30　指定项目的游戏模式

 ## 3.5　本章总结

在本章中，我们学习了面向对象编程的一些原则，这些原则有助于我们理解蓝图是如何工作的。我们知道了Actor类是如何作为可以放置或生成到关卡中的对象的父类。

我们还了解了游戏框架所包含的用于表示某些游戏元素的类，并学习了如何基于一些通用类创建蓝图。

我们将在下一章中学习蓝图之间是如何相互通信的。

3.6 测试

（1）用于创建角色实例的函数是什么?（   ）

    A. Create Actor   B. Spawn Actor from Class

    C. Generate Actor instance

（2）当关卡开始播放时，构造脚本会运行?（   ）

    A. 对   B. 错

（3）Character类是Actor类的一个子类。（   ）

    A. 对   B. 错

（4）Pawn类的一个实例代表大脑，Controller类的一个实例代表身体?（   ）

    A. 对   B. 错

（5）以下哪个类用于定义游戏规则?（   ）

    A. Game Instance   B. Game Session

    C. Game Mode   D. Game State

第4章

理解蓝图通信

蓝图通信允许一个蓝图访问另一个蓝图中的信息，并调用其函数或事件。在本章中，我们将对直接蓝图通信进行介绍，并展示如何在关卡蓝图中引用角色。此外，我们会对继承的概念进行深入的解释，因为它是蓝图通信的重要组成部分。我们还将学习事件分发器的应用，它支持蓝图类和关卡蓝图之间的通信，以及如何绑定事件。

对于每一个主题，我们都将进行逐步演示，以促进对概念的理解，并练习创建蓝图脚本。

本章将介绍下列内容：

- ⊙ 直接蓝图通信
- ⊙ 蓝图的继承
- ⊙ 关卡蓝图通信
- ⊙ 事件分发器
- ⊙ 绑定事件

4.1 直接蓝图通信

直接蓝图通信是蓝图与角色之间的一种简单的通信方法。它通过创建一个对象引用变量来存储对另一个Actor和蓝图的引用。然后使用这个对象引用变量作为目标输入参数来调用操作。

例如，我们创建一个名为BP_LightSwitch的蓝图。BP_LightSwitch蓝图有一个**点光源**类型的对象引用变量，该变量引用放置在关卡中的**点光源**。当玩家在关卡上重叠BP_LightSwitch蓝图时，它会切换**点光源**的可见性。

我们可以根据以下步骤创建蓝图。

（1）打开包含初学者内容包的任何现有项目，或者根据需要创建新项目。

（2）单击**"内容侧滑菜单"**按钮，在打开的内容浏览器中单击**"添加"**按钮，选择**"蓝图类"**选项。

（3）在打开的**"选取父类"**对话框中选择Actor作为父类。

（4）将蓝图命名为BP_LightSwitch并双击，打开蓝图编辑器。

（5）单击**"组件"**面板中的**"添加"**按钮，选择**"静态网格体组件"**选项。在**"细节"**面板的**"静态网格体"**类别中选择SM_CornerFrame静态网格体，如图4-1所示。这个静态网格体是我们灯的开关的一个简单的视觉表现。另外，将**"碰撞预设"**更改为OverlapAllDynamic，这样静态网格就不会阻碍玩家的移动。

（6）切换至**"我的蓝图"**面板，创建一个名为Light的新变量，如图4-2所示。

图4-1 创建变量

图4-2 创建变量

（7）切换到**"细节"**面板，在**"变量"**类别中单击**"变量类型"**下三角按钮，然后在搜索框中输入**"点光源"**，将光标悬停在**"点光源"**选项上以显示子列表，选择**"对象引用"**选项，再勾选**"可编辑实例"**复选框，如图4-3所示。

⬆ 图4-3 设置"点光源"的变量类型

（8）从**"我的蓝图"**面板中拖拽Light变量到**"事件图表"**选项卡中的空白处。

（9）在列表中选择**"获取Light"**选项以创建节点。拖动**Light**节点的蓝色输出引脚到空白处，然后释放鼠标左键，显示可与**点光源**对象引用一起使用的动作，如图4-4所示。

⬆ 图4-4 可以与点光源对象引用一起使用的动作

（10）在搜索框中输入toggle，在列表中选择**"切换可视性（PointLightComponent）"**功能选项，如图4-5所示。

⬆ 图4-5 添加"切换可见性"功能

（11）在"**事件图表**"选项卡的空白处右击，添加"**Event ActorBeginOverlap**"事件。拖动Light节点的蓝色输出引脚到空白处，在打开的窗口中添加Is Valid宏（带有白色问号的宏）。此宏用于测试Light变量是否正在引用实例。连接节点，如图4-6所示。编译本蓝图。

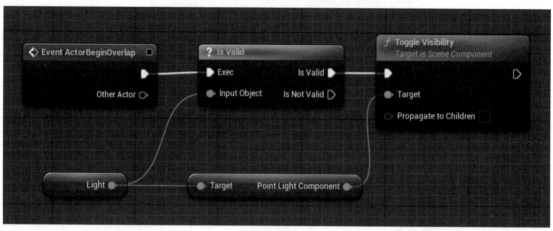

⬆ 图4-6　添加事件动作

重要提示

在使用对象引用变量执行函数之前，需要始终使用Is Valid宏。由于多种原因，变量可能无效。使用无效变量执行函数将在运行时出错。

（12）在关卡编辑器中，单击工具栏中的"**快速添加到项目**"下三角按钮，在列表中选择"**光源**"选项，在子列表中选择"**点光源**"选项，如图4-7所示。然后将添加的点光源拖动到关卡的某个位置，创建一个实例。

⬆ 图4-7　创建一个点光源

（13）在"**细节**"面板中选择PointLight实例的名称，将其重命名为Lamp。然后在"**变换**"类别中将"**移动性**"设置为"**可移动**"，以便能够在运行时更改灯光属性，如下页图4-8所示。

（14）从**内容浏览器**中拖动BP_LightSwitch蓝图类，放置在关卡靠近添加的**Point Light**实例的位置。下页图4-9显示了BP_LightSwitch的"**细节**"面板。因为勾选Light变量的"**可编辑实**

例"复选框，所以在"**细节**"面板"**默认**"类别中单击**Light**变量的下三角按钮，可以显示关卡中所有点光源的实例，选择我们在上一步中重命名为Lamp的点光源实例。从本质上讲，这就是直接蓝图通信。BP_LightSwitch具有对另一个角色或蓝图的对象引用，并且可以调用其行为。

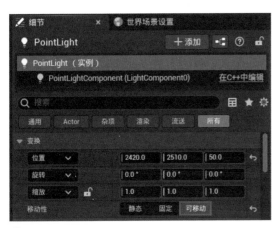

图4-8　PointLight实例的"细节"面板　　　　图4-9　引用关卡中的实例

（15）单击"**播放**"按钮，查看正在运行的BP_LightSwitch蓝图。每次角色与BP_LightSwitch实例重叠时，都会切换选定**点光源**的可见性。图4-10显示了一个使用第三人称游戏模板的示例。Point Light变量在墙上，BP_LightSwitch蓝图在地板上。

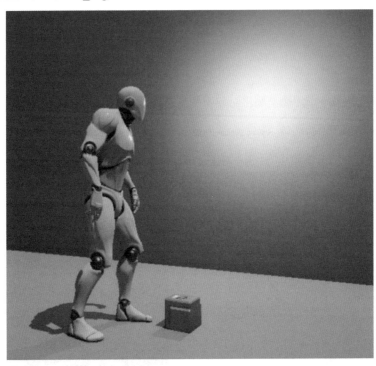

图4-10　触摸BP_LightSwitch时打开灯

在本节中，我们学习了如何创建一个引用另一个蓝图实例的变量。当我们需要访问被引用实例的子类属性时，需要强制转换引用。

4.2 蓝图的继承

当我们需要将引用变量类型转换为新的指定类型时，可以使用Cast To节点。为了理解Actor转换，我们有必要学习类之间的继承的相关概念。我们在"第3章 面向对象编程和游戏框架"中也介绍了这一概念。

图4-11为BP_GameModeWithScore的蓝图，**游戏模式基础**是此蓝图的父类。基于继承的概念，我们可以使用**游戏模式基础**对象引用类型的变量引用BP_GameModeWithScore的实例。但是，此变量无法访问变量和类似于在BP_NameModeWithScore蓝图中定义的子类的函数，因为**游戏模式基础**引用只知道在**游戏模式基础**类中定义。

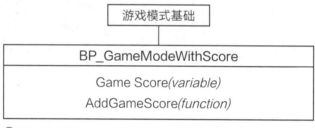

⬆图4-11　BP_GameModeWithScore继承自Game Mode Base

因此，如果我们有一个**游戏模式基础**对象引用，可以尝试使用Cast to BP_GameModeWithScore函数来投射此引用。如果实例是BP_GameModeWithScore类型，则Cast To将成功返回BP_GameModeWithScore对象引用，我们可以使用该引用访问BP_GameMode WithScore的变量和函数。

Cast To节点的另一个用途是测试对象引用是否为所需类型，下面将通过具体的操作示例逐步说明这两种用例。

（1）打开包含初学者内容包的任何现有项目，或者根据需要创建新项目。

（2）单击"**内容侧滑菜单**"按钮，在内容浏览器中单击"**添加**"按钮，在打开的列表中选择"**蓝图类**"选项。

（3）在打开的"**选取父类**"对话框中选择"**游戏模式基础**"作为父类。

（4）将蓝图命名为BP_GameModeWith-Score并双击，打开蓝图编辑器。

（5）在"**我的蓝图**"面板中创建一个名为GameScore的变量，设置"变量类型"为"整数"，并创建一个名称为AddGameScore函数，如图4-12所示。

⬆图4-12　创建函数和变量

（6）在AddGameScore函数的"**细节**"面板中添加一个名为Score的**输入参数**，其类型为"**整数**"，如图4-13所示。此函数用于向GameScore变量添加点数。

⬆图4-13　添加参数

（7）在函数的图形中，添加图4-14中显示的行为。要添加Game Score变量的**GET**和**SET**节点，只需拖动变量，将其放入图表的空白处，然后在列表中选择"获取GameScore"或"设置GameScore"选项即可。Print String节点用于在屏幕上显示Game Score变量的当前值。

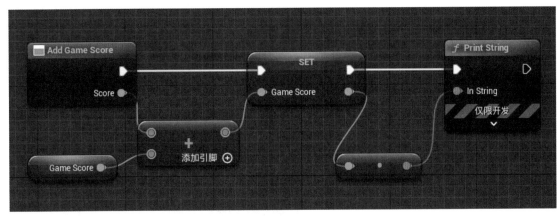

⬆图4-14　添加游戏得分功能的动作

重要提示

SET和Print String之间的节点是一个转换器。要创建它，只需将SET输出参数连接到Print String节点的In String输入参数即可。由于参数的类型不同，会自动创建转换器。

（8）编译并保存BP_GameModeWithScore蓝图。下一步是将关卡设置为使用BP_GameModeWithScore作为**游戏模式**。

（9）在关卡编辑器中，单击工具栏右侧的"设置"按钮，然后选择"世界场景设置"选项，如图4-15所示。

⬆图4-15　选择"世界场景设置"选项

（10）在"**游戏模式**"类别中单击"**游戏模式重载**"下三角按钮，在打开的列表中选择BP_GameModeWithScore选项，如图4-16所示。

⬆图4-16　设置关卡使用的游戏模式

（11）创建一个蓝图并使用Actor作为父类，将其命名为BP_Collective并双击，打开蓝图编辑器。

（12）单击"**组件**"面板中的"**添加**"按钮，在列表中选择"**静态网格体组件**"选项。在"**细节**"面板中的"**静态网格体**"类别中选择SM_Statue静态网格体。然后编译蓝图，在"**材质**"类别中，设置"**元素0**"为"**M_Metal_Gold**"材质。在"**碰撞**"类别中设置"**碰撞预设**"为"**OverlapAllDynamic**"，如图4-17所示。

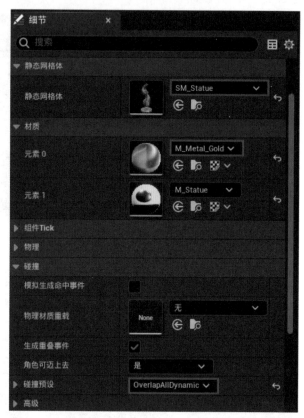

⬆图4-17　设置静态网格体

（13）在"**事件图表**"选项卡的空白处右击，在打开的窗口中添加Event ActorBeginOverlap。Other Actor参数是与BP_Collectable Blueprint重叠的实例。拖动Other Actor的蓝色引脚并放入图表中打开的窗口。

（14）选择Cast To ThirdPersonCharacter事件，如下页图4-18所示。ThirdPersonCharacter在第三人称游戏模板中代表玩家的蓝图，我们使用Cast To动作来测试Other Actor引用的实例是否是玩家。

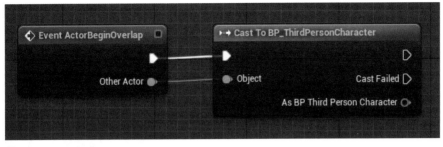

⬆ 图4-18 转换其他角色引用

（15）在**"事件图表"**选项卡的空白处右击，添加Get Game Mode功能。拖动Return Value的蓝色引脚并放到图表中，然后添加Cast To BP_GameModeWithScore节点。

（16）拖动As BP Game Mode With Score的蓝色引脚并放到图表中，然后在打开的窗口中添加Add Game Score节点，设置Score参数的值为50。

（17）在**"事件图表"**选项卡的空白处右击，添加DestroyActor函数，连接节点的白色引脚。Event ActorBeginOverlap的内容，如图4-19所示。

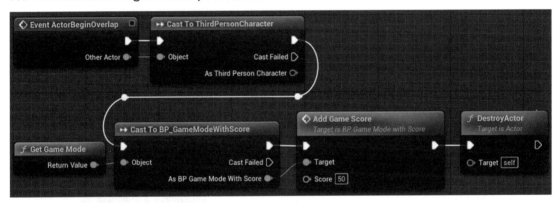

⬆ 图4-19　Event ActorBeginOverlap的内容

重要提示

Get Game Mode函数返回当前关卡使用的是游戏模式的引用，但Return Value的类型是Game Mode Base。使用这种类型的变量，我们无法访问Add Game Score功能，因此，有必要使用Cast to BP_GameModeWithScore。

（18）编译BP_Collectable。在关卡编辑器中，拖放BP_Collectable的实例到关卡的某个位置。单击**"播放"**按钮测试关卡。使用设置的角色收集相关数据，并在屏幕上查看当前的分数。

重要提示

图4-19中出现的两个白色连接引脚称为重新路由节点，用于组织蓝图。在**"事件图表"**选项卡的空白处右击，在打开的窗口中可以添加它们。

这个实用的示例展示了使用**Cast To**节点的两种常见方法：一种方法是测试实例是否属于特定类型；另一种方法是访问子类的变量和函数。现在我们学会了如何使用**Cast to**，接下来让我们学习如何在关卡蓝图中添加角色的引用和事件。

4.3 关卡蓝图通信

关卡蓝图是虚幻引擎中的一种特殊类型的蓝图。游戏的每个关卡都有一个默认的关卡蓝图，它们对于创建仅在当前关卡发生的事件和操作非常有用。要访问**关卡蓝图**，可以单击关卡编辑器工具栏上的蓝图下三角按钮，然后在列表中选择"**打开关卡蓝图**"选项，如图4-20所示。

⬆图4-20 打开关卡蓝图

在关卡蓝图中，我们可以很容易地创建对关卡中角色的引用。为了在实践中学习这一操作，接下来我们将通过具的示例，介绍如何将**触发框**添加到关卡中，实现当角色与触发器重叠时，Blueprint_Effect_Sparks被激活，产生火花的效果。

（1）创建基于第三人称游戏模板的项目，或者打开现有的项目。

（2）在关卡编辑器中，单击工具栏上的"**快速添加到项目**"下三角按钮，在列表中选择"**基础**"选项，子列表中包含"**触发框**"选项，如图4-21所示。拖动"**触发框**"选项，将其放置在关卡的合适位置。

⬆图4-21 创建触发框

（3）调整**触发框**的大小并放置在玩家必须经过的关卡位置，如图4-22所示。**触发框**隐藏在游戏中。

⬆图4-22 设置触发框的大小

（4）确认**触发框**为选中状态，单击关卡编辑器工具栏上的蓝图按钮![icon]，在列表中选择**"打开关卡蓝图"**选项，打开关卡蓝图。

（5）在**"事件图表"**选项卡的空白处右击，在打开的窗口中添加**Add On Actor Begin Overlap**事件，该事件属于**"碰撞"**中的类别，如图4-23所示。

⬆ 图4-23　为触发框添加事件

（6）返回关卡编辑器。在**"内容浏览器"**中展开"内容/StarterContent/Blueprints"文件夹，双击打开Blueprint_Effect_Sparks（蓝图类）。

（7）在**"组件"**面板上选择Sparks，然后在**"细节"**面板的搜索框中输入**"auto activate"**，并取消勾选**"激活"**类别中**"自动启用"**复选框，如图4-24所示。我们这样做是为了让Sparks在开始时不活动，运行时再激活。最后编译Blueprint_Effect_Sparks。

⬆ 图4-24　禁用Sparks组件的自动激活功能

（8）切换至关卡编辑器，从**"内容浏览器"**中拖动**Blueprint_Effect_Sparks**，放在关卡中靠近**触发框**的地方，以创建一个实例。

（9）保持选中Blueprint_Effect_Sparks并打开关卡蓝图。在**"事件图表"**选项卡的空白处右击，在打开的窗口中选择Create a Reference to Blueprint_Effects_Sparks，如图4-25所示。

⬆ 图4-25　创建Blueprint_Effect_Sparks的引用

（10）拖动Blueprint_Effect_Sparks节点的蓝色输出引脚，并将其放入图表空白处，在打开的窗口中搜索Activate并选择**"激活（Sparks）"**事件。将**On Actor Begin Overlap(TriggerBox)**事件的白色引脚连接到**Activate**函数的白色引脚，如图4-26所示。

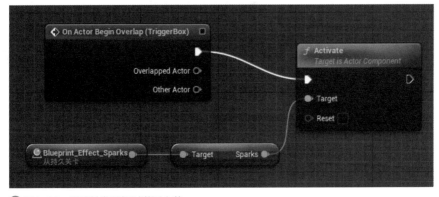

⬆ 图4-26　重叠触发器框时激活火花

（11）编译关卡蓝图，单击关卡编辑器的"**播放**"按钮来测试关卡。移动角色到**触发框**的位置，即可激活火花。

在这个例子中，我们看到了如何在关卡蓝图中添加角色的引用和事件，这就是**关卡蓝图通信**的精髓。蓝图和关卡蓝图之间还有另一种通信形式，称为**事件分发器**（Event Dispatchers）。

 # 4.4 事件分发器

事件分发器允许蓝图在事件发生时通知其他蓝图。关卡蓝图和其他蓝图类可以监听这个事件，当事件被触发时，它们可能有不同的动作运行。

我们可以在"**我的蓝图**"面板中创建**事件分发器**。例如，我们创建了一个名为BP_Platform的蓝图，当角色与BP_Platform蓝图重叠时，它会调用名为PlatformPressed的事件分发器，关卡蓝图正在监听PlatformPressed事件，并且触发此事件时引发爆炸。

（1）创建或使用基于第三人称游戏模板的现有项目，该模板包含初学者内容包。

（2）创建一个命名为BP_Platform的蓝图并使用Actor作为父类，双击创建的蓝图，打开蓝图编辑器。

（3）单击"**组件**"面板中的"**添加**"按钮，然后选择"**静态网格体组件**"选项。在"**细节**"面板中，设置"**静态网格体**"为Shape_Cylinder，并将"**变换**"中的"**缩放**"属性的Z值更改为0.1。然后在"**碰撞**"区域中将"**碰撞预设**"更改为"**OverlapAllDynamic**"，如图4-27所示。

⬆图4-27 设置静态网格体

（4）要编译蓝图，则在"**我的蓝图**"面板中创建一个**事件分发器**，并将其命名为PlatformPressed。要想设置事件分发器的输入参数，则首先创建一个用来发送重叠的BP_Platform实例的引用。在"**细节**"面板的"输入"类别中创建一个新参数，将其命名为BP_Platform，并设置为BP Platform类型对象引用，如图4-28所示。

⬆图4-28　创建输入参数

（5）在"**事件图表**"选项卡的空白处右击，在打开的窗口中添加Event ActorBegin-Overlap节点。拖拽PlatformPressed事件分发器到"事件图表"空白处，在打开的列表中选择"**调用**"选项。在"**事件图表**"的空白处右击，在窗口中搜索"**self**"，然后选择Get a reference to self操作。Self Action返回当前实例的引用。连接节点调用事件分发器，如图4-29所示。

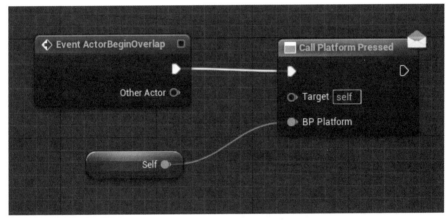

⬆图4-29　调用事件分发器

（6）编译蓝图。在关卡编辑器中，从**内容浏览器**中拖动BP_Platform并放到关卡中，创建一个实例。

（7）确保BP_Platform实例为选中状态，单击关卡编辑器工具栏上的蓝图按钮 ，在列表中选择"**打开关卡蓝图**"选项。在"**事件图表**"选项卡的空白处右击，在打开的窗口中添加Add Platform Pressed节点，如图4-30所示。

⬆图4-30　在关卡蓝图中添加Add Platform Pressed节点

（8）在**"事件图表"**选项卡的空白处右击，在打开的窗口中搜索并添加Spawn Actor from Class。单击Class参数中的下三角按钮，在列表中选择Blueprint Effect Explosion。拖动PlatformPressed(BP_Platform)事件的蓝色引脚到图表的空白处，在打开的窗口中选择GetActorTransform Action。连接节点，如图4-31所示。

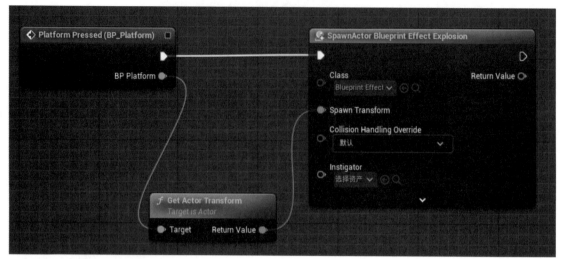

⬆图4-31　生成一个蓝图效果爆炸实例

（9）编译关卡蓝图，单击关卡编辑器的"播放"按钮来测试关卡。移动角色到BP_Platform所在的位置。当角色与它重叠时，关卡蓝图将在同一位置发生爆炸，如图4-32所示。

⬆图4-32　触碰BP_Platform发生爆炸

本节介绍了关卡蓝图是如何监听事件分发器，下一节我们将介绍如何通过绑定事件，使蓝图监听另一个蓝图的事件分发器。

4.5 绑定事件

蓝图中"**绑定事件**"的节点，可以将一个事件绑定到另一个事件或事件分发器，后者可以在另一个蓝图中。当一个事件被调用时，绑定到它的所有其他事件也会被调用。

下面，我们将创建Blueprint_Effect_Sparks的蓝图的子类。这个新建的蓝图将一个事件绑定到上一节创建的BP_Platform蓝图的PlatformPressed事件分发器，具体操作如下。

（1）打开使用事件分发器示例的项目。

（2）创建一个蓝图，展开"**所有类**"菜单，搜索Blueprint_Effect_Sparks并用作父类。将其命名为BP_Platform_Sparks，并在蓝图编辑器中打开。

（3）在"**组件**"面板上选择Sparks组件，在"**细节**"面板中搜索auto activate属性，取消勾选"自动启用"复选框。这里应当是取消勾选"自动启动"复选框的，因为我们在Blueprint_Effect_Sparks中更改了它，此操作为了确认是否取消勾选。

（4）在"**我的蓝图**"面板中创建BP_Platform的变量，设置变量的类型为BP_Platform类型对象引用。保持创建的变量为选中状态，在"**细节**"面板中勾选"**可编辑实例**"复选框，如图4-33所示。

⬆ 图4-33　创建BP_Platform类型的变量

（5）在"**事件图表**"选项卡的空白处右击，在打开的窗口中添加**Event BeginPlay**事件。从"**我的蓝图**"面板中拖动BP_Platform变量到"**事件图表**"选项卡中，在列表中选择"**获取BP_Platform**"选项来创建节点。

（6）拖动BP_Platform节点的蓝色引脚并放到图表中，在打开的窗口中添加**Is Valid**宏来测试BP_Platform变量是否引用实例。将**Event BeginPlay**的白色引脚连接到**Is Valid**宏的Exec输入引脚。

（7）拖动BP_Platform节点的蓝色输入引脚，在打开的窗口中添加**Bind Event to Platform Pressed**，完成将绑定事件添加到PlatformPressed的操作。将**Is Valid**引脚连接到**Bind Event to Platform Pressed**节点的白色引脚上，如下页图4-34所示。

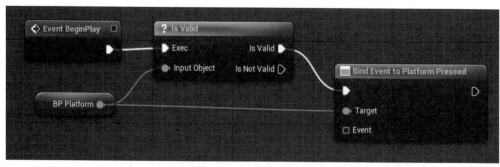

⬆图4-34　将事件绑定到PlatformPressed

（8）拖动Bind Event to Platform Pressed节点的红色引脚到图表空白处，在打开的窗口中添加"自定义事件"节点。

（9）从"**组件**"面板中拖动Sparks组件到图表中。拖动Sparks节点的蓝色引脚到图表中，在打开的窗口中添加Activate。

（10）连接节点，如图4-35所示。然后编译BP_Platform_Sparks。

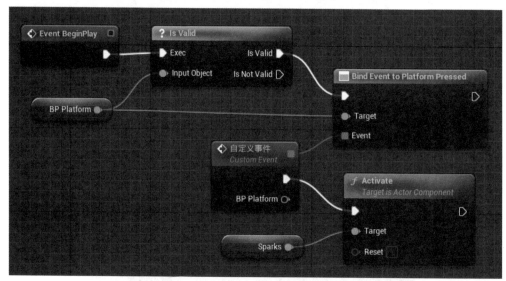

⬆图4-35　绑定Platform的自定义事件

（11）在关卡中已经存在的BP_Platform实例附近添加一个BP_Platform_Sparks实例。在关卡编辑器"**细节**"面板的"**默认**"类别中，单击BP_Platform变量的下三角按钮，在列表中选择BP_Platform实例，如图4-36所示。

⬆图4-36　引用关卡中的实例

（12）单击关卡编辑器的播放按钮来测试关卡。移动角色到BP_Platform的位置，当角色与它重叠时，PlatformPressed事件分发器被触发，执行BP_Platform_Sparks的自定义事件，激活火花效果，如图4-37所示。

⬆图4-37　触发BP_Platform_Sparks事件

 本章总结

本章内容很实用，我们为每种类型的蓝图通信创建了分步示例。在本章中，我们学习了一个蓝图如何使用直接蓝图通信来引用另一个蓝图，以及如何在关卡蓝图中引用角色。还学习了如何使用强制转换来访问子类的变量或函数，以及如何测试实例引用是否属于某个类。

本章介绍了如何使用事件分发器在事件发生时通知我们，以及如何在关卡蓝图中响应此事件分发器。我们还学习了如何将另一个蓝图的事件绑定到事件分发器。

至此，我们结束了第1部分内容的学习，了解了在虚幻引擎5中开始编写游戏和应用程序所需的蓝图基础知识。

4.7 测试

（1）我们可以使用对象引用变量调用另一个蓝图的函数。（　　）

    A. 对　　　　　　　　　　　　　　B. 错

（2）Cast To节点用于将对象引用转换为任何其他蓝图类的引用。（　　）

    A. 对　　　　　　　　　　　　　　B. 错

（3）在关卡蓝图中，可以创建对关卡中角色的引用。（　　）

    A. 对　　　　　　　　　　　　　　B. 错

（4）关卡蓝图无法监听蓝图类的事件分发器。（　　）

    A. 对　　　　　　　　　　　　　　B. 错

（5）绑定事件节点可用于将一个蓝图的事件绑定到另一个蓝图的事件分发器。（　　）

    A. 对　　　　　　　　　　　　　　B. 错

第 2 部分

开发游戏

在本部分，我们将从头开始构建一款第一人称射击游戏。蓝图将用于开发游戏机制和用户界面。

第2部分包括以下4章：

⊙ 第5章 与蓝图的对象交互

⊙ 第6章 增强玩家能力

⊙ 第7章 创建屏幕UI元素

⊙ 第8章 创造约束和游戏目标

与蓝图的对象交互

在游戏开发初期，创建原型是探索想法的第一步。幸运的是，虚幻引擎5和蓝图可以让我们比以往任何时候都更容易快速获得基本的游戏功能，以便更快地开始测试我们的想法。我们首先使用一些默认资产和几个蓝图来制作简单的游戏机制原型。

本章我们将介绍以下内容：

- ⊙ 创建新项目和关卡
- ⊙ 在关卡中放置对象
- ⊙ 通过蓝图更改物体的材质
- ⊙ 使用蓝图移动世界中的物体

在本章结束时，我们将学会如何创建一个蓝图目标，该目标在两点之间来回定期移动，并且在被击中时改变其材质。关卡中蓝图目标的每个实例都可以设置为不同的速度、方向和改变方向的时间。

5.1 创建项目和第一个关卡

在本节中,我们首先使用虚幻引擎模板创建一个项目,然后探索该模板提供了哪些游戏元素和功能。

我们的游戏是第一人称射击游戏,因此,使用"游戏"类别中的"第一人称游戏"模板创建一个项目,如图5-1所示。

⬆ 图5-1 选择"第一人称游戏"模板

在第一人称游戏模板下,可以看到一个文件夹路径字段,用于指定想要存储项目的位置。我们可以使用默认文件夹或选择所需的文件夹。图5-2显示了在此项目中使用的项目默认值。"项目默认设置"选项区域已经在"第1章 探索蓝图编辑器"中介绍过了。我们在"项目名称"文本框中输入项目的名称,此处将项目命名为"UE5BpBook"。

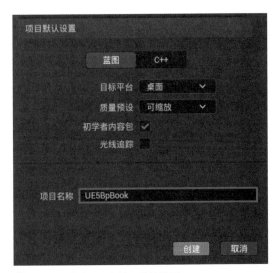

⬆ 图5-2 游戏项目中使用默认设置

选择模板并按照自己喜欢的方式设置项目后,接下来就可以创建项目了。

请按照以下步骤执行创建项目的操作。

(1)单击蓝色的"**创建**"按钮。在引擎完成初始化资产和项目设置后,虚幻编辑器将打开关卡编辑器。

(2)单击"**播放**"按钮,尝试第一人称游戏模板中内置的默认游戏。必须切换至"**视口**"选项卡,游戏才能开始对输入做出反应。

我们可以使用键盘上的W、A、S和D键移动玩家角色,通过移动鼠标可以环顾四周,也可以按下鼠标左键发射炮弹。炮弹会影响到关卡中物体的位置，我们可以尝试射击散落在关卡周围的白色盒子，观察它们的移动。

（3）在播放模式下，**"播放"** 按钮组将变为 **"暂停" "停止"** 和 **"弹出"** 按钮。我们可以按Shift+F1组合键来启用鼠标光标，然后单击 **"暂停"** 按钮暂时停止播放，当想要探索刚刚在游戏中遇到的交互或角色的属性时，这会很有用。

单击 **"停止"** 按钮则结束游戏，并回到编辑模式。单击 **"弹出"** 按钮，可以将摄像机从玩家身上分离出来，允许玩家在关卡中自由移动。在我们继续后面的操作之前，先试着玩这个游戏。

5.2 在关卡中添加对象

现在，我们将介绍如何在关卡中添加自己想要的对象。我们的目标是创建一个简单的目标角色，当使用包含弹药的枪射击目标时，目标会改变颜色。我们可以按照以下步骤创建一个简单的角色。

（1）在关卡编辑器中单击工具栏上的 **"快速添加到项目"** 按钮。将光标悬停在 **"形状"** 选项上，然后将子列表中的 **"圆柱体"** 拖放到关卡的某个位置，从而创建实例，如图5-3所示。

⬆ 图5-3　添加圆柱体到关卡中

此时，创建了一个新的圆柱体角色并放置在关卡中。我们可以通过拖放圆柱体来调整它的位置。在 **"视口"** 选项卡和 **"大纲"** 面板中可以看到创建的角色的名称，圆柱体默认的名称为Cylinder。在 **"大纲"** 面板中查看创建的角色，如图5-4所示。

⬆ 图5-4　在 "大纲" 面板中显示创建的圆柱体

（2）在"细节"面板中，将Cylinder实例的名称更改为"CylinderTarget"，如图5-5所示。

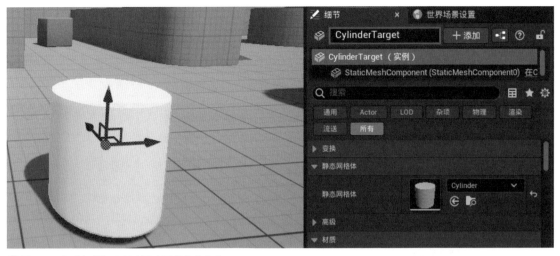

🔼 图5-5　在"细节"面板中更改圆柱体的名称

现在，我们已经在关卡中添加了一个角色作为目标，接下来将学习如何创建一个材质并应用到角色中。

5.3 探索材质

上一节，我们在关卡中添加了一个圆柱体角色，要实现当圆柱体被炮弹击中时，圆柱体的颜色会改变，我们需要更改角色的**材质**。材质是一种资产，可以添加到一个角色上来创建它的外观。我们可以把材质想象成一层涂在角色网格或形状上的油漆。因为角色的材质决定了它的颜色，所以改变角色颜色的一种方法是用不同的颜色替换它的材质。要做到这一点，首先要创建一个材质，本节将实现目标被击中后显示为红色的效果。

5.3.1 创建材质

根据以下步骤创建材质。

（1）单击**"内容侧滑菜单"**按钮打开**内容浏览器**，打开FirstPerson文件夹，然后单击**"添加"**按钮，在列表中选择**"新建文件夹"**选项，并将创建的文件夹重命名为"Materials"。此步骤不是必需的，但保持项目文件层次结构清晰，这是一种很好的做法。

（2）打开新创建的文件夹，在**内容浏览器**中的空白处单击鼠标右键，然后在快捷菜单中选择**"材质"**命令，创建**"材质"**资源，如图5-6所示。然后将创建的材质命名为"M_TargetRed"。

🔼 图5-6　创建材质

5.3.2 材质的属性和节点

现在，我们打开**"材质编辑器"**，学习如何修改材质的节点。以下是定义简单材质外观的步骤。

（1）双击M_TargetRed材质，打开一个新的编辑器窗口来编辑材质，如图5-7所示。

图5-7 打开材质编辑器

图5-7是材质编辑器，它与蓝图共享许多特性和约定。图的中心区域称为**图表**，是放置定义材质逻辑的所有节点的地方。图表中心标有材质名称的节点称为材质的结果节点，这个节点有一系列输入引脚，其他材质节点可以附加这些引脚来定义这个材质的属性。

（2）为了赋予Material颜色，我们需要创建一个节点，该节点将为M_TargetRed节点上"基础颜色"输入提供有关颜色的信息。为此，在节点附近的空白处右击，会弹出一个带有搜索框和一长串可扩展选项的窗口，如图5-8所示。

图5-8 材质节点菜单

窗口中展示了可以添加到该材质的所有可用材质节点选项。搜索框对文本很敏感的，因此，我们只要键入有效节点名称的前几个字母，搜索字段下面的列表将会自动筛选出只包含输入的这些字母的节点。这里我们搜索的节点为VectorParameter，所以在搜索框中输入这个名称，然后将VectorParameter节点添加到"事件图表"选项卡中，如图5-9所示。

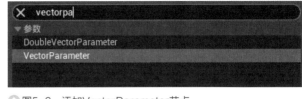

⬆ 图5-9　添加VectorParameter节点

（3）将添加的节点重命名为"Color"。材质编辑器中的VectorParameter可以定义颜色，我们可以将其附加到材质编辑器的**"基础颜色"**输入引脚。

（4）接下来给节点选择一个颜色。双击Color节点中间的黑色方块，打开**"取色器"**对话框。我们希望目标被击中时显示一个明亮的红色，此时，要么拖动色轮的中心点到色轮的红色部分，要么手动输入RGB或十六进制的颜色值。当我们选择了想要使用的红色后，单击**"确定"**按钮。此时，VectorParameter节点的黑框变成了红色，如图5-10所示。

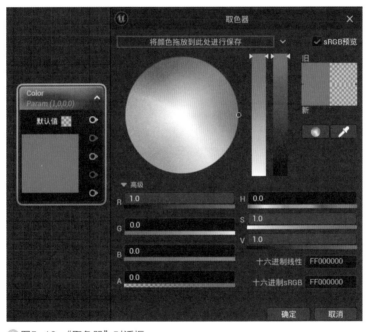

⬆ 图5-10　"取色器"对话框

最后一步，连接Color节点与M_TargetRed节点中的"基础颜色"节点。和蓝图一样，我们可以通过单击并拖动一个节点的输出引脚到另一个节点来连接两个节点。输入引脚位于节点的左侧，而输出引脚总是位于节点的右侧。连接两个节点的线称为引线。从**Color**节点的顶部输出引脚拖出一根引线到M_TargetRed节点的**"基础颜色"**输入引脚，如图5-11所示。

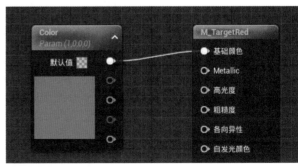

⬆ 图5-11　设置材质的基础颜色

完成使用**"基础颜色"**输入引脚定义一个简单的材质后，接下来将介绍如何使用材质节点的其他输入引脚。

5.3.3 为材质添加属性

如果仅使用单一的颜色和表面平整的材质，3D物体看起来就不真实，我们可以通过设置材质的金属质感和粗糙度来增加反射率和深度。我们可以利用M_TargetRed节点上的其他输入引脚来为材质添加一些光泽，下面介绍具体的操作方法。

（1）在**"事件图表"**选项卡的空白处右击，并在搜索框中键入"scalarpa"，在下方列表中选择名为ScalarParameter的节点，如图5-12所示。

⬆图5-12　添加ScalarParameter节点

（2）选择添加的ScalarParameter节点，切换至**"细节"**面板。ScalarParameter采用单个浮点值，将**"默认值"**设置为0.1，因为我们希望材质上的任何附加效果都是微妙的。

（3）将**"参数名"**更改为**"Metallic"**，然后拖动输出引脚从Metallic节点到材质节点的Metallic输入引脚。

（4）接下来与**"粗糙度"**参数建立一个连接，在刚刚创建的Metallic节点上右击，在快捷菜单中选择**"复制"**命令，将生成该节点的副本，而不包含引线。

（5）选择复制的Metallic节点，然后在**"细节"**面板中设置**"参数名"**为**"Roughness"**，同样为该节点设置**"默认值"**为0.1。

（6）拖动Roughness节点的输出引脚到M_TargetRed节点的**"粗糙度"**输入引脚。

至此，材质设置完成，最终的效果如图5-13所示。

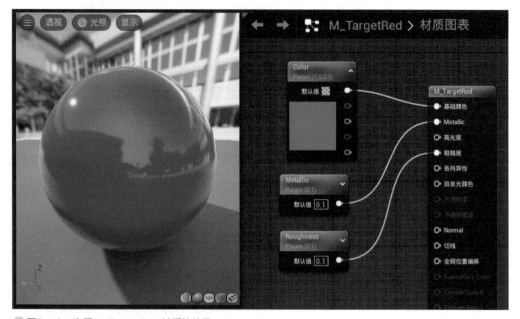

⬆图5-13　查看M_TargetRed材质的效果

至此，我们制作了一种闪亮的红色材质，确保目标被击中时能够突出显示。单击编辑器左上角的"**保存此资产**"按钮来保存资产，然后关闭材质编辑器返回关卡编辑器。

我们已经学习了如何使用"材质编辑器"中的"**基础颜色**"、**Metallic**和"**粗糙度**"的输入引脚创建简单的材质。在下一节中，我们将学习如何在运行时更改Actor的材质。

5.4 创建目标蓝图

现在游戏场景中有一个圆柱体，以及圆柱体被击中时应用的材质。最后一个交互是游戏逻辑判断圆柱体是否被击中，然后将圆柱体上的材质更改为上一节创建的红色材质。要实现这样的操作，我们必须要创建一个蓝图，下面介绍具体操作方法。

（1）确保关卡中选择了圆柱体对象。在"**细节**"面板中单击"**添加**"按钮右侧的图标，如图5-14所示。

图5-14　"细节"面板

（2）打开"**从选项创建蓝图**"对话框，将蓝图重命名为"BP_CylinderTarget"。在"**路径**"中选择"/All/Game/FirstPerson/Blueprints"文件夹。在"**创建方法**"区域中选择"**新建子类**"选项。StaticMeshActor父类已经被选中，因为它是圆柱体**Actor**的父类。单击"**选择**"按钮，创建蓝图，如图5-15所示。

图5-15　从关卡中的Actor创建蓝图

"蓝图编辑器"将在"**视口**"选项卡中打开BP_CcylinderTarget。我们可以看到蓝图已经有一个静态网格体组件，该组件分配了一个圆柱体网格。

我们将在"第6章 增强玩家能力"中探讨组件的使用，现在，只需要创建一个简单的蓝图，实现角色被命中后做出相应的反应。要执行此操作，需要切换至"**事件图表**"选项卡。

5.4.1 检测命中

根据以下操作，创建命中检测机制。

（1）要创建命中检测机制，首先在"**事件图表**"选项卡的空白处右击，在打开窗口的搜索框中键入"hit"，选择Event Hit节点，如图5-16所示。当另一个角色碰到这个蓝图角色时，就会触发Event Hit事件。

图5-16　添加Event Hit节点

（2）现在我们有了Event Hit节点，接下来需要添加一个动作，使其能够改变角色的材质。按住Event Hit节点的白色引脚并拖到空白位置，在打开窗口的搜索框中输入set meterial，在列表中选择"**设置材质（StaticMeshComponent）**"选项，如图5-17所示。

图5-17　按命名设置材质节点

重要提示

如果勾选"情境关联"复选框后搜索不到想要的节点，可以取消勾选该复选框重新搜索。即使找不到该节点，它仍可能被添加到蓝图逻辑当中。

此时，我们已经添加了Set Material节点，接下来需要调整它的输入参数。

5.4.2 交换材质

当把Set Material节点放置到蓝图后，就已经通过其输入引脚连接到Event Hit节点的输出引脚。这个蓝图现在会在玩家击中另一个角色时触发设定材质动作。但是，我们还没有设置调用Set Material时将要使用的材质。如果不设置材质，角色开火的动作可以触发，但不会对目标圆柱体产生任何可观察到的效果。

（1）要设置将要使用的材质，则单击位于Set Material节点内Material右侧的下三角按钮，在打开的资源**查找器**窗口的搜索框中输入"red"，查找之前创建的M_TargetRed材质。单击该材质，将该资源添加到Set Material节点中的**Material**字段，如图5-18所示。

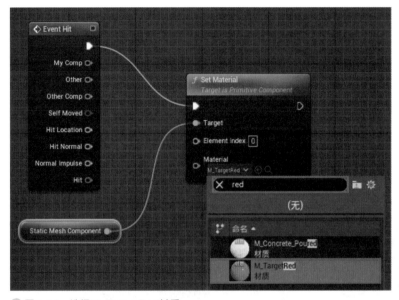

⬆ 图5-18　选择M_TargetRed材质

（2）现在我们已经用蓝图完成了将目标圆柱体变为红色的一切准备。**编译**并**保存**蓝图。

设置好基本的游戏交互后，接下来测试游戏，以确保一切都按照我们想要的方式发生。我们可以单击蓝图编辑器的"**播放**"按钮来测试游戏。尝试射击和运行创建的BP_CylinderTarget角色，如图5-19所示。

在下一节中，我们将学习如何升级BP_CylinderTarget蓝图。

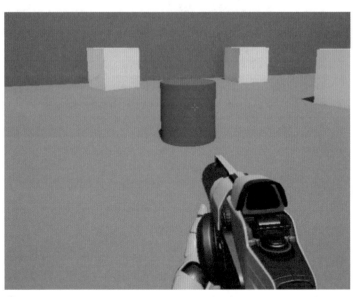

⬆ 图5-19　如果有东西碰到圆柱体，圆柱体就会变红

5.4.3 升级蓝图

运行游戏时，我们看到圆柱体在被玩家的枪击中后会改变颜色。这是游戏玩法框架的开始，可以用来接收敌人对玩家的行动做出反应。然而，我们也注意到玩家如果碰到圆柱体，目标圆柱体也会改变颜色。但是，我们希望目标圆柱体只在被玩家击中时变成红色，而不是任何其他物体与之碰撞都变红色。每当涉及编程时，这些不可预见的结果都很常见，避免这种情况的最佳方法是在构建游戏时尽可能多地玩游戏来检查工作。为了修正我们的蓝图，使目标圆柱体只在被击中时改变颜色，返回**BP_CylinderTarget**选项卡并再次查看**Event Hit**节点。

Event Hit节点上剩余的输出引脚是存储可以传递给其他节点的事件数据的变量。引脚的颜色表示它们传递的数据变量的类型。蓝色引脚传递对象，比如Actor；红色引脚包含一个布尔值（True或False）变量。

Event Hit节点中的**Other**的蓝色输出引脚，包含对击中目标圆柱体的其他角色的引用。这对本示例来说很有用，可以确保目标圆柱体只在被玩家发射的炮弹击中时才会改变颜色，而不是被任何其他物体撞到后改变颜色。

接下来需要升级蓝图，以确保目标圆柱体只对玩家发射的子弹做出响应。为了方便添加另一个节点，拖动**Event Hit**节点到左侧，然后拖拽**Other**输出引脚的引线到空白位置。在打开窗口的搜索框中输入"projectile"，在列表中选择**Cast To BP_FirstpersonProjectile**选项，如图5-20所示。

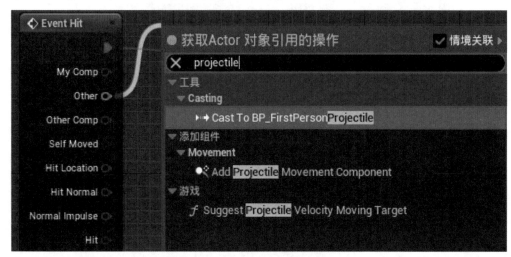

⬆️ **图5-20** 添加Cast To BP_FirstpersonProjectile节点

FirstPersonProjectile是虚幻引擎5的**第一人称游戏**模板中包含的一个蓝图，它控制从角色的枪发射的子弹的行为。**Cast To**节点用于确保只有击中目标圆柱体是FirstPersonProjectile的实例时，才会发生附加到此节点执行引脚的动作。

当节点出现时，我们可以看到**Event Hit**节点的**Other**输出引脚和转换节点的**Object**引脚之间有一条蓝色导线相连。将**Event Hit**的白色执行引脚连接到**Cast To BP_FirstPerson-Projectile**节点的执行引脚，将**Cast To First BP_PersonProjectile**的输出执行引脚连接至**Set Material**的执行引脚，如下页图5-21所示。

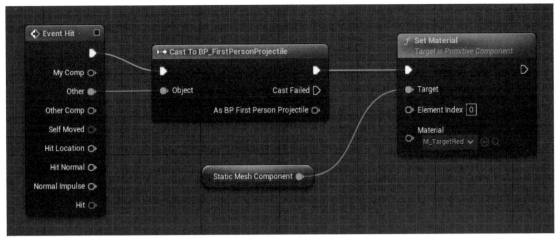

图5-21　连接相关引脚

编译、保存并关闭蓝图界面后，单击"**播放**"按钮再次测试游戏。这一次，我们注意到，当角色走近并触摸目标圆柱体时，圆柱体保持默认的颜色；当角色开枪射击圆柱体时，圆柱体会变成红色。

本节我们学习了如何使用Cast To BP_FirstPersonProjectile节点来确保只有在与蓝图交互的实例属于特定类时才会执行某些动作。在下一节中，我们通过相应的设置，实现目标圆柱体在关卡中来回移动。

5.5　让目标圆柱体移动

现在我们有了响应玩家射击的目标，接下来还可以添加一些挑战元素，增加项目游戏的趣味性。一个简单的方法是给目标物体添加一些运动，要实现这一点，我们首先必须声明目标物体是一个移动的对象，然后在蓝图中设置逻辑，让目标圆柱体在关卡中来回移动。

5.5.1　改变角色的移动和碰撞

为了让目标能够移动，首先需要改变角色的"**移动性**"（Mobility）为"**可移动**"（Moveable）。此操作需要设置允许角色在游戏中被操纵，操作步骤如下。

（1）再次打开BP_CylinderTarget。在"**组件**"面板上，选择"**静态网格体组件**"选项。在"**细节**"面板的"**变换**"区域中将"**移动性**"从"**静态**"设置为"**可移动**"，如图5-22所示。

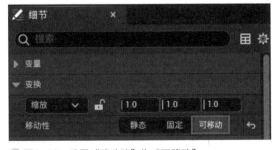

图5-22　设置"移动性"为"可移动"

因为我们想用枪瞄准这个目标物体，所以还需要确保目标能够被碰撞，而且子弹不会穿过它。

（2）在"细节"面板中展开"碰撞"类别，单击"碰撞预设"下三角按钮，在下拉列表中包含许多选项，通过选择Custom选项，单独设置对象与不同对象类型的碰撞交互。为了实现让目标圆柱体移动的目的，我们需要确保将"碰撞预设"参数设置为BlockAllDynamic，如图5-23所示。

图5-23　设置"碰撞预设"为BlockAllDynamic

重要提示

默认情况下，放置在场景中的角色是静态的（Static）。静态表示在游戏过程中物体不能移动或被操纵。静态对象的渲染资源消耗更少，这是将其作为非交互式对象的默认选择，可以最大限度地提高帧速率。

5.5.2 分解目标

目前，我们已经使目标圆柱体可以移动了，接下来设置圆柱体如何移动的动作。要移动圆柱体，我们需要以下四条数据。

◎ 圆柱体当前位于何处？

◎ 圆柱体应该朝哪个方向移动？

◎ 圆柱体移动的速度是多少？

◎ 什么时候应该切换移动的方向？

要使用返回圆柱体在世界坐标的函数来获得当前位置，需要提供圆柱体的速度、方向和时间的相关数值给蓝图，这些值要进行相应的计算才能得到，从而为蓝图可以移动对象提供有用的信息。

根据以下操作步骤，逐步实现以上操作。

（1）在"我的蓝图"面板中，创建一个名为Speed的变量。该变量将包含一个表示BP_CylinderTarget移动速度的数值。在"细节"面板中，将"变量类型"更改为"浮点"，然后勾选"可编辑实例"复选框，如图5-24所示。

图5-24　创建Speed变量

（2）编译蓝图以便能够设置默认值。在"默认值"区域设置Speed为200.0，如图5-25所示。

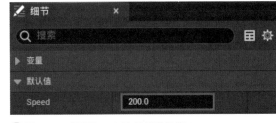

图5-25 设置Speed变量的默认值

（3）在"我的蓝图"面板中，创建另一个"浮点"类型的变量。在"细节"面板中设置"变量命名"为TimeToChange，并勾选"可编辑实例"复选框，如图5-26所示。编译蓝图并在"默认值"区域中设置Time To Change为5.0，这意味着圆柱体将每5秒钟改变一次方向。

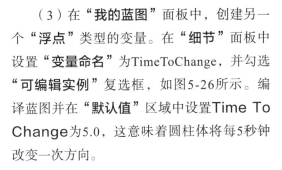

图5-26 设置TimeToChange变量

（4）在"我的蓝图"面板中，创建另一个名为"Direction"的变量。在"细节"面板中，将"变量类型"更改为"向量"，然后勾选"可编辑实例"复选框，如图5-27所示。

图5-27 创建并设置Direction变量

（5）向量包含X、Y和Z浮点值。编译蓝图，在"细节"面板的"默认值"区域将Y轴的默认值设置为1.0。这意味着它将沿着Y轴正方向移动，如图5-28所示。

图5-28 方向向量的默认值

5.5.3 准备计算方向

现在，让我们探讨必要的步骤，以获取我们需要指令所需的信息。乍一看可能有些复杂，但我们将分解每个功能并将各个节点组合起来，研究每个节点如何与更大的目标相协调。

我们需要执行的第一个计算是将向量值作为方向，并对其进行归一化。归一化是向量运算中的一个常见过程，可以确保向量转换为1个单位的长度，使其与其他计算兼容。幸运的是，有一个蓝图节点为我们解决了这一问题。

（1）从**"我的蓝图"**面板拖动Direction变量，放入**"事件图表"**选项卡中，并在列表中选择**"获取Direction"**选项，创建节点。

（2）按住Direction节点的输出引脚并拖动至图表中，在打开的窗口的搜索框中输入"normalize"，在列表中选择Normalize节点。将Direction变量连接到一个节点，该节点会自动进行规范化计算，如图5-29所示。选中需要注释的两个节点后按C键，即可添加注释。

图5-29　将方向向量归一化

重要提示

在创建蓝图时，最好在蓝图集上添加注释。注释可以描述一组特定蓝图打算完成什么目标，如果一段时间后返回蓝图，并且需要理解之前的工作，这将非常有用。要在蓝图上留下注释，可以在要创建注释的节点周围单击并拖动一个选择框，以便选择它们。然后右键单击其中一个节点，在快捷菜单中选择**"从选中项创建注释"**命令。

5.5.4 使用Delta Seconds获取相对速度

Delta Seconds是指绘制上一帧与当前帧之间的时间差。之所以使用Delta Seconds，是因为游戏框架之间的时间是不同的。通过将速度值与Delta Seconds相乘，可以确保游戏中的速度是一致的，与游戏的帧速率无关。

（1）从**"我的蓝图"**面板中拖动Speed变量，然后放到**"事件图表"**选项卡的空白处，在列表中选择**"获取Speed"**选项以创建节点。

（2）在**"事件图表"**选项卡的空白处右击，在打开窗口的搜索框中输入"delta"，在列表中选择Get World Delta Seconds选项。

（3）拖动Speed节点的输出引脚到**"事件图表"**选项卡的空白区域，在搜索框中键入*（星号。在大多数计算机上按Shift+8组合键），然后选择Multiply节点，如图5-30所示。

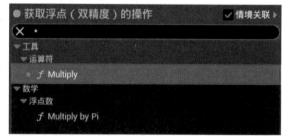

图5-30　添加Multiply节点

（4）拖动Get World Delta Seconds节点的输出引脚，然后放入Multiply节点的另一个输入引脚，将两个值相乘，如图5-31所示。

图5-31　Speed乘以Delta Seconds

5.5.5 更新位置

现在我们有了一个归一化的向量方向和一个相对于时间的速度值，接下来需要将这两个值相乘，并将它们添加到当前位置。

（1）按住Normalize节点的输出引脚并拖动，将其放入空白区域，在打开窗口的搜索框中键入*（星号），在列表中选择Multiply节点。

（2）前面的步骤创建了一个Vector x Vector节点，但是我们需要将向量与浮点数相乘。因此，右击第二个输入引脚，在打开快捷菜单的**"引脚转换"**区域选择**"至浮点（单精度）"**命令，如图5-32所示。

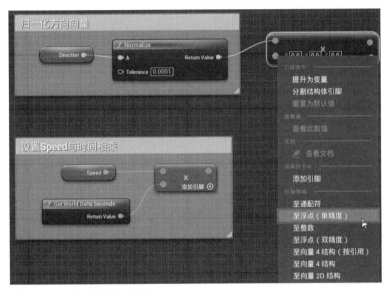

⬆ 图5-32 转换乘法输入引脚

（3）将Float x Float节点的输出引脚连接到转换为Float输入引脚，如图5-33所示。

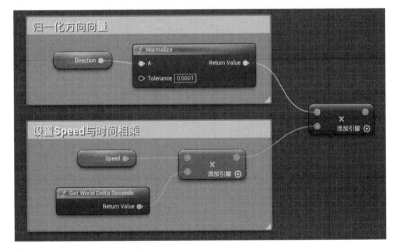

⬆ 图5-33 将向量与浮点相乘

（4）接下来将使用Event Tick节点来更新圆柱体的位置。在**"事件图表"**选项卡的空白处右击，在打开的窗口的搜索框中输入"tick"，在列表中选择Event Tick选项。

（5）为了移动角色，还需要使用Add Actor World Offset节点。该节点有一个名为Delta Location的输入参数，它是一个表示角色位置变化的向量。在**"事件图表"**选项卡的空白处右击，在打开的窗口中选择并添加AddActorWorldOffset节点。连接Event Tick到Add Actor World Offset节点，如图5-34所示。

图5-34　使用事件标记更新的位置

（6）将Vector x Float节点的输出引脚连接到Delta Location输入引脚，如图5-35所示。

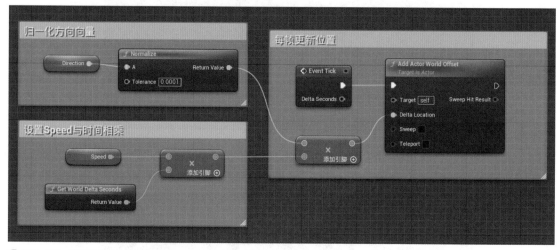

图5-35　事件的所有动作

　　本节，我们学习了如何使用归一化向量、Delta Seconds和Speed来移动目标圆柱体。编译并保存蓝图，然后单击**"播放"**按钮测试游戏。需要注意，游戏刚开始，目标圆柱体就会按照定义的速度和方向移动。然而，由于我们没有任何指令会导致目标停止移动，所以只要游戏运行，目标圆柱体就会朝着同一方向移动，甚至会穿过物体并离开创建的关卡。为了避免这个问题，在下一节中，将实现目标圆柱体周期性地改变其运动方向。

5.6 周期性改变目标的方向

在本节中，我们将实现让目标对象周期性地改变方向。这将会使目标物体在两个点之间有规律地来回移动，就像射击场上移动的标靶一样。

（1）在**"事件图表"**选项卡的空白处右击，在打开的窗口的搜索框中输入"custom event"，在列表中选择Add Custom Event选项。将事件重命名为"ChangeDirection"，如图5-36所示。

◆ 图5-36 创建自定义事件

（2）我们通过将Direction向量乘以-1来反转方向，如图5-37所示。

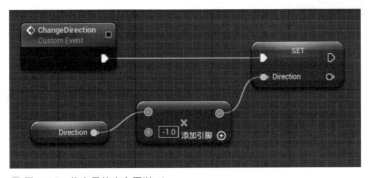

◆ 图5-37 将向量的方向乘以-1

（3）从**"我的蓝图"**面板中拖动Direction变量，并将其放入**"事件图表"**选项卡的空白处，在列表中选择**"获取Direction"**选项以创建节点。

（4）拖动Direction节点的输出引脚，然后放入空白区域。在搜索框中键入*（星号），然后选择并添加Multiply节点。

（5）上一步创建了一个Vector x Vector节点，但我们需要将该向量与浮点相乘。因此，右击第二个输入引脚，在快捷菜单的**"引脚转换"**区域选择**"至浮点（单精度）"**命令，并在第二个输入参数中输入-1。

（6）从**"我的蓝图"**面板拖动Direction变量，并放入"事件图表"选项卡的空白处，在列表中选择**"设置direction"**选项来创建节点。将Set Direction节点连接到Multiply节点和ChangeDirection事件的输出引脚，完成了ChangeDirection事件的设置。

（7）接下来将使用**计时器**周期性地运行ChangeDirection事件。在**"事件图表"**的空白处右击，在打开的窗口的搜索框中输入"timer by event"，选择Set Timer by Event选项。在添加的节点中勾选Looping复选框，如图5-38所示。

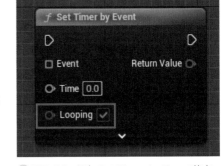

◆ 图5-38 添加Set Timer by Event节点

（8）在"**事件图表**"空白处右击，在打开的窗口中添加Event BeginPlay事件。从"**我的蓝图**"面板中拖动TimeToChange变量到"**事件图表**"的空白处，并在打开的列表中选择"**获取TimeToChange**"选项，最后连接节点，如图5-39所示。

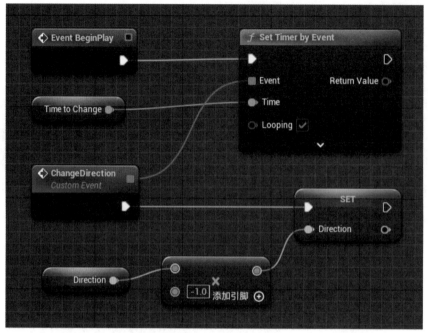

⬆ 图5-39　计时器将定期运行ChangeDirection事件

（9）编译并保存蓝图。

现在我们已经更新了蓝图，接下来进行测试以确保BP_CylinderTarget实例按预期进行移动。首先，我们必须将BP_CylinderTarget实例放置在允许其沿Y轴移动的位置而不会撞到其他物体。这里使用的坐标是（220,-600,220），具体数据仅供参考。

需要注意，这些值只适用于**第一人称游戏**模板的默认布局地图。如果已经调整了关卡，我们可以调整关卡中圆柱体的位置，或者在实例中编辑变量的值，如速度、改变的时间或方向，如

图5-40所示。然后测试，直到找到一个好的逻辑点。单击"**播放**"按钮，如果蓝图运行正常，那么目标圆柱体将以稳定的速率在两点之间来回移动。

我们还可以添加BP_CylinderTarget实例并尝试其他方向，例如沿X轴或Z轴（上下）移动。

⬆ 图5-40　这些变量可以在实例中编辑

5.7 本章总结

本章我们使用第一人称游戏模板创建了一个项目和一个初始关卡。然后设置一个目标对象，并通过改变其外观对玩家的射击做出反应。最后，创建一个蓝图，使我们能够快速地创建移动目标。在本章学到的技能将为后面章节，甚至是我们制作的整个游戏中构建更复杂的互动行为奠定坚实基础。我们可能希望花更多的时间修改原型，以包含更吸引人的布局或增加更快移动目标的功能。继续构建游戏体验时，需要记住，我们可以在某个部分停留，并尝试自定义功能。蓝图可视化编程的最大好处之一是可以快速测试新想法，而我们学到的每一项额外技能都将为探索和创造原型的游戏体验打开更多可能性。

在下一章，我们将更详细地研究第一人称游戏模板附带的玩家控制器。我们将扩展现有的蓝图，根据自己的喜好调整玩家移动和射击，产生更有趣的视觉影响和声音效果。

5.8 测试

（1）我们无法使用蓝图脚本更改网格的"材质"。（　　）

　　A. 对　　　　　　　　　　　　B. 错

（2）我们可以使用关卡中的Actor创建蓝图类。（　　）

　　A. 对　　　　　　　　　　　　B. 错

（3）Normalize函数的结果是长度等于1的向量。（　　）

　　A. 对　　　　　　　　　　　　B. 错

（4）计时器等待执行事件的时间称为Delta Seconds。（　　）

　　A. 对　　　　　　　　　　　　B. 错

（5）Event Tick每帧执行一次。（　　）

　　A. 对　　　　　　　　　　　　B. 错

第6章

增强玩家能力

在本章中，我们将通过修改玩家控制器蓝图，来扩展第5章创建的射击交互的核心部分。第一人称游戏模板附带的玩家角色蓝图最初看起来很复杂，特别是与我们已经从零开始创建的相对简单的圆柱体蓝图相比。我们将研究这个蓝图，并将其分解，看看它的每个部分如何为玩家的体验做出贡献，并允许他们控制自己的角色和射击。

使用现有的有效资产将是快速而且容易的，也就不需要花时间学习它是如何实现其功能的。然而，我们希望确保能够在出现问题时进行修复，并扩展玩家控制的功能，以更好地满足我们的需求。出于这个目的，我们有必要花一些时间调查和了解可能带入构建的项目中的任何外部资产。

在本章结束时，我们希望能够成功地修改玩家角色，增加冲刺、缩放视角和摧毁等功能，以及有趣的爆炸和音效射击的对象的能力。

在实现这些目标的过程中，我们将涉及以下内容。

- ◉ 添加运动功能
- ◉ 设置缩放视图的效果
- ◉ 增加子弹的速度
- ◉ 添加声音和粒子效果

6.1 添加运动功能

我们将通过添加简单的功能开始探索FirstPersonCharacter蓝图，为玩家提供更多在关卡中移动的战术选择。现在，玩家只能以单一速度移动。当玩家按下左键时，我们将调整蓝图以提高**角色移动**组件的移动速度，但首先让我们了解FirstPersonCharacter的"**事件图表**"中出现的动作。

$6.1.1$ 分解角色动作

首先我们打开FirstPersonCharacter蓝图。在**内容浏览器**中访问"内容/FirstPerson/Blueprints"文件夹，然后双击BP_FirstPersonCharacter(蓝图类)。在打开的"**事件图表**"选项卡中，可以看到一系列的蓝图节点。我们首先查看第一组节点（注释为Stick input的事件），如图6-1所示。

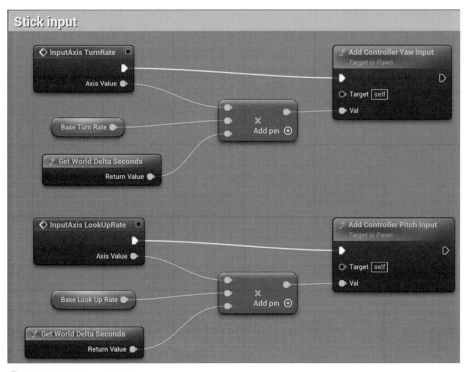

⬆图6-1　Stick input事件

红色事件节点在每一帧被触发，并将**TurnRate**和**LookUpRate**节点的值分别通过一个控制器输入传递出去。这些值通常映射到模拟摇杆与左、右、上、下轴相匹配。需要注意，这里只有两个轴触发器，却完成了向上看、向下看、向左转、向右转4个功能，因为向上看与向下看传递的**Axis Value**为正值和负值，向左转和向右转也是一样。

然后，两个轴触发器的值分别乘以一个变量，表示玩家希望能够转身、向上或向下看的基本速率。这些值还乘以**World Delta Seconds**来归一化，避免了不同的帧速率相互影响，尽管触发器每帧都调用，但是玩家速率保持不变。将3个输入引脚相乘得到的值再传递给Add Controller Pitch Input和Add Controller Yaw Input函数。这两个函数实现的是添加控制器输入和玩家摄像机效果之间的转换的功能。

在蓝图节点的Stick input下面，还有一个Mouse input注释块，如图6-2所示。

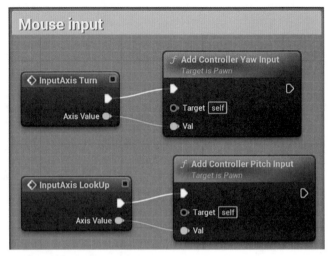

图6-2　Mouse input事件

Mouse input实现的是将鼠标移动（与轴向摇杆控制器不同）的输入转换为数据，然后将这些值直接传递给相应的Add Controller Yaw Input和Add Controller Pitch Input函数，无须进行与模拟输入相同的计算。

现在，让我们看看管理玩家移动的一组节点，如图6-3所示。

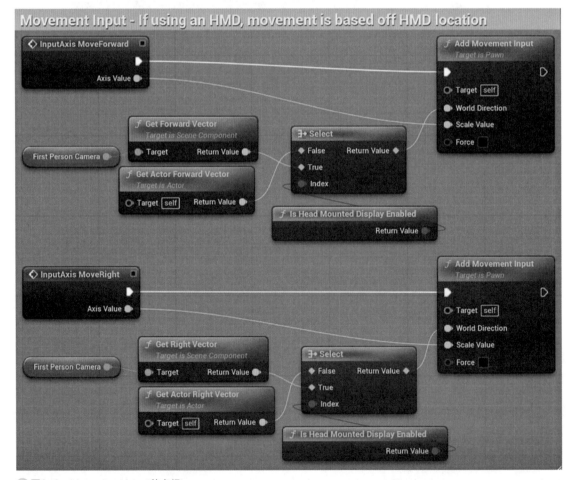

图6-3　Movement Input节点组

Select节点用于测试玩家是否正在使用**虚拟现实头戴式显示器**（VR HMD）。如果启用虚拟现实头戴式显示器，则使用的向量来自FirstPerson Camera；如果不是，则使用的向量来自Actor根组件。

在功能上，其他节点的设置与Stick input和Mouse input类似。轴值取自控制器或键盘上的向前或向右移动轴输入，同样，这些节点也以轴值输出的负值形式表示向后或向左的移动。运动平移的显著区别在于，我们需要Actor将要移动的方向，这样才能在正确的方向上应用运动的程度。方向是从Get Actor Vector节点（向前和向右）提取来的，并附加到Add Movement Input节点的World Direction输入引脚。

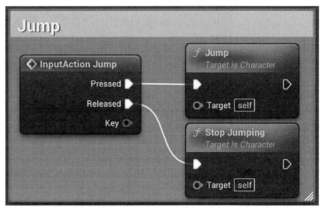

最后查看的一个与移动相关的节点组是注释为Jump的节点组，如图6-4所示。这个组只由一个触发器节点组成，该节点检测映射到跳跃的键的按下和释放，并从按下按钮到释放按钮应用跳跃功能。

⬆ 图6-4　Jump事件

本小节我们学习了控制角色移动的FirstPersonCharacter的**Actions**。下一小节我们将学习如何将一个按键映射到一个动作。

6.1.2 自定义控制输入

我们已经学习第一人称游戏模板如何将某些玩家输入动作（如向前移动或跳跃）映射到蓝图节点以产生动作的行为。为了创造新的行为类型，我们必须将新的物理控制输入映射到额外的玩家动作上。请根据以下步骤，执行这些操作。

（1）要更改游戏的输入设置，可以单击工具栏最右侧的"**设置**"下三角按钮，在列表中选择"**项目设置……**"选项，如图6-5所示。

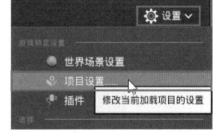

⬆ 图6-5　选择"项目设置"选项

（2）然后在打开的窗口左侧的"**引擎**"类别中选择"**输入**"选项。

（3）在"**引擎-输入**"区域的"**绑定**"类别下有两个部分，分别为"**操作映射**"和"**轴映射**"。单击每个部分左侧的加号按钮，可以添加对应的映射参数，单击">"符号可以显示现有的映射。

操作映射是触发玩家动作的按键和鼠标单击事件。**轴映射**是具有一定范围的玩家移动和事件，例如W键和S键都影响前进动作，但结果是不一样的。Sprint和Zoom函数都是激活或未激活的简单动作，所以我们将它们添加到**操作映射**中，如下页图6-6所示。

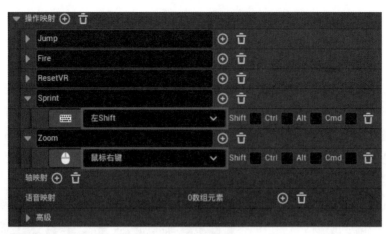

图6-6　创建操作映射

（4）单击**"操作映射"**右侧的加号⊕按钮两次，添加两个新的操作映射。

（5）命名第一个操作映射为**"Sprint"**，并从下拉列表中选择**"左Shift"**选项，将该键映射到Sprint事件。接着命名第二个Zoom动作并将其映射到**"鼠标右键"**。

最后，关闭窗口，同时会保存更改。

6.1.3 | 添加冲刺功能

已经学习了移动输入节点如何将控制器输入并应用于游戏角色后，本节我们将使用Sprint（冲刺）能力扩展该功能。我们将在FirstPersonCharacter蓝图中设置一系列新的节点，如图6-7所示。

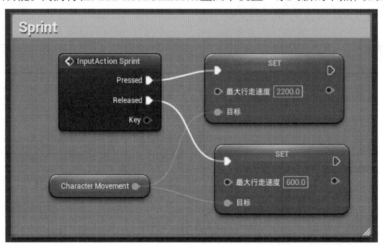

图6-7　Sprint蓝图

首先，我们需要添加激活Sprint动作的事件。在上一小节，我们已经将Sprint动作映射到**"左Shift"**。接下来遵循以下步骤，添加事件。

（1）在**"事件图表"**选项卡其他移动功能左侧的空白处右击，在打开的窗口的搜索框中搜索"sprint"，选择Sprint事件来放置节点，如图6-8所示。

图6-8　添加InputAction Sprint事件

（2）在蓝图编辑器的"**组件**"面板中选择"**角色移动（CharMoveComp）**"选项。在"**细节**"面板中显示了一系列变量，例如"**角色移动：行走**"类别，如图6-9所示。

🔺 图6-9　角色移动的变量

在"**角色移动：行走**"变量列表中包括"**最大行走速度**"参数，这个变量的值决定了玩家移动的最大速度，它应该是Sprint函数的目标。接下来，我们将从角色移动组件中获取这个值并添加到"**事件图表**"中。

（3）要实现以上操作，将"**组件**"面板中的"**角色移动（CharMoveComp）**"拖放到"**事件图表**"选项卡的空白处，靠近刚才添加的InputAction Sprint事件，如图6-10所示。本操作将产生一个角色移动节点。

🔺 图6-10　添加Set Max Walk Speed节点

（4）拖动"**角色移动（CharMoveComp）**"节点中的输出引脚至空白处，然后在打开的窗口中键入"walk speed"，选择Set Max Walk Speed选项。该操作是将Character Movement节点连接到新节点，设置最大行走速度值。

（5）将InputAction Sprint触发器的Pressed输出引脚连接到Set Max Walk Speed节点的输入执行引脚，实现按左键来达到最大移动速度。

（6）最后，将节点内的"**最大行走速度**"值从0.0更改为2200，以提供比默认值600更优越的速度增益。

此外，我们还需要确保玩家在松开Shift键后再次减速。

（7）要执行此操作，则再次从Character Movement节点拖拽输出引脚，在打开的窗口中搜索并选择另一个Set Max Walk Speed选项，将其放置在"**事件图表**"中。接着将InputAction Sprint节点的Released输出引脚连接到新节点的输入执行引脚。然后，将"**最大行走速度**"值从0.0更改为默认值600。为了使代码更清晰整洁，接下来将添加注释。首先选择创建的四个节点并在任意一个节点上右击，从快捷菜单中选择"**从选中项创建注释**"命令，然后将这组节点的注释标记为Sprint。

（8）编译、保存蓝图，返回关卡编辑器并单击"**播放**"按钮来测试创建的游戏。如果按下Shift键，可以看到角色的速度明显提高了。

本节我们学会了如何将按键映射到动作，并修改角色的最大速度来模拟冲刺能力。下一步我们将设置视图的缩放效果，让玩家能够更近距离地观察目标。

6.2 设置缩放视图的效果

现代第一人称射击游戏的一个核心要素是可变**视野**（FOV），即玩家能够透过瞄准镜更近距离地观察目标。这是现代射击游戏提供的精准性和控制性的重要组成部分。本节，我们将介绍如何把这个功能以一种简单的方式添加到原型中，具体实现步骤如下。

（1）在Mouse input节点旁边的空白区域右击，在打开的窗口的搜索框中输入"zoom"，在列表中选择Zoom事件节点。

（2）我们想要修改FirstPersonCamera组件中的FOV值，因此切换至"**组件**"面板并将FirstPersonCamera拖到"**事件图表**"中。

（3）拖动First Person Camera节点的输出引脚到空白处，在打开的窗口中搜索Set Field Of View节点，然后添加该节点。降低**视野**（FOV）会产生放大到屏幕中心较窄区域的效果。FOV的默认值为90，为了实现缩放效果，我们将Set Field Of View节点中的In Field of View值设置为45，如图6-11所示。

（4）将InputAction Zoom节点的输出执行引脚与Set Field of View节点的输入执行引脚相连。最后编译、保存蓝图，在关卡编辑器中单击"**播放**"按钮，测试设置缩放视图的效果。

我们会注意到，玩家在游戏中按下鼠标右键时，视

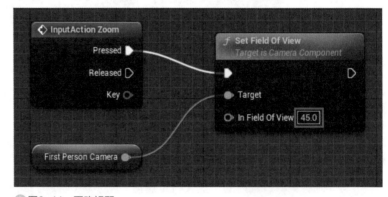

⬆ 图6-11　更改视野

野（FOV）将迅速切换到一个狭窄且放大的视图。任何主摄像机从一个位置拍摄到另一个位置的情况都可能对玩家造成干扰，因此我们必须进一步修改这种行为。另外，释放鼠标后，视野并不会恢复。接下来，我们将使用时间轴来解决这两个问题。

为了让视野平滑地转换，我们需要创建一个将变化逐渐显示出来的动作。为了实现这个效果，我们返回到FirstPersonCharacter蓝图中，并根据以下步骤进行操作。

（1）按Alt键，然后单击InputAction Zoom节点的Pressed输出执行引脚的引线以断开连接。

（2）再从Pressed输出引脚拖动一条新引线到空白处，在打开的窗口中搜索并选择Add Timeline节点，即可添加"时间轴"节点，如图6-12所示。

⬆ 图6-12　添加"时间轴"节点

重要提示

虚幻引擎5中有不同的实现动画的方法。使用时间轴可以非常方便地实现一些简单动画效果，例如门的旋转动画。而对于更复杂的、基于角色或电影的动画，可能希望查看Sequencer，这是引擎的内置动画系统。Sequencer和复杂的动画超出了本书的范围，但有许多专用的学习资源可用于使用Sequencer。推荐的网址为https://docs.unrealengine.com/en-us/Engine/Sequencer。

（3）时间轴允许我们在指定的时间内对一个数值（如摄像机的视野）进行调整。要更改时间轴中的值，则双击"时间轴"节点。

在打开的**时间轴编辑器**中单击左上角的**"轨道"**按钮 ，列表中包括4个选项。每一个选项都能添加不同类型的值，并且这些值可以在时间轴的过程中进行更改。因为视野是用数值表示的，所以我们在**"轨道"**列表中选择**"添加浮点型轨道"**选项，添加一个轨道到时间轴，并提示命名这个轨道。

（4）此处我们将时间轴标记为**Field of View**，如图6-13所示。接下来需要设置不同时间间隔的值。

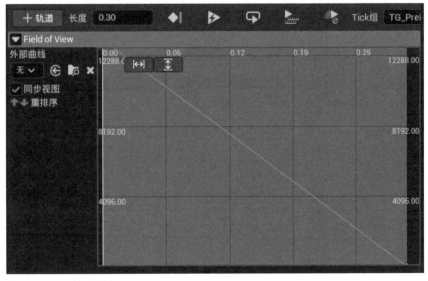

⬆ 图6-13　时间轴编辑器

（5）要完成以上操作，首先按住Shift键并单击图形上接近0.0位置的点。在图的左上角将显示"**时间**"和"**值**"字段，如图6-14所示。

这些功能允许我们精确调整时间轴，确保将"**时间**"设置为0.0，并将"**值**"设置为90，这是默认的视野。如果该点从视图中消失，可以使用图6-14左上角的两个小按钮来放大图像，使添加的关键帧可见。

（6）如果我们希望缩放动画更快，可以在时间轴编辑器的顶部，将"**长度**"值更改为0.3，表示将动画的范围限制为0.3秒。

（7）现在，按住Shift键，然后单击图形右侧浅灰色区域的末尾，将"**时间**"设置为0.3，将"**值**"设置为45。

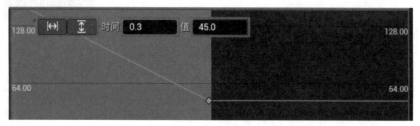

图6-14　设置第2个关键帧的"时间"和"值"

请注意表示该值的直线是如何从90度逐渐向下倾斜到45度的。这意味着当这个动画被调用，玩家的视野将平滑地放大，而不是在两个值之间出现不协调的切换。这是使用时间轴相比直接使用设置值来更改数值的优点。

（8）现在，返回到"**事件图表**"选项卡，将时间轴与视野操作连接起来，如图6-15所示。

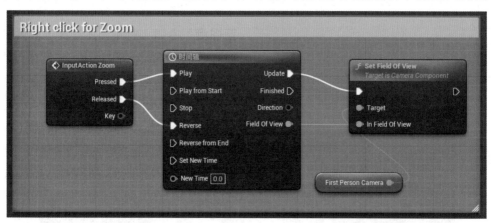

图6-15　使用时间轴修改视野

（9）在"**时间轴**"节点上有一个名为Field Of View的输出引脚，将此引脚连接到Set Field Of View节点的In Field Of View输入引脚。将"**时间轴**"节点的Update输出执行引脚连接到Set Field Of View节点。

通过这种方式，函数被设置为每次FOV值更新时，都会将新值传递给Set Field Of View函数。由于时间轴里已经设置过了，视野的值就不需要设置了，时间轴使得视野从90到45并在0.3秒内实现逐渐过渡。

（10）最后，我们希望在释放鼠标右键时结束缩放。为了实现这个效果，可以将InputAction

Zoom节点的Released引脚与"时间轴"节点的Reverse引脚连接。

本操作实现了释放鼠标右键时，时间轴动画以相反的顺序播放，从而确保我们能够顺利过渡到正常的视野。此外，需要对节点组添加注释，以便在以后重新访问时记住此功能的作用。

（11）编译、保存蓝图，在关卡编辑器中单击**"播放"**按钮进行测试，查看当按下或松开鼠标右键时，视野是否能相应地拉近或拉远。

至此，我们实现了对缩放视图进行动画化的效果。接下来，我们将对FirstPersonProjectile蓝图进行一些调整。

6.3 增加子弹的速度

目前，我们已经给玩家角色提供了导航世界的新游戏选项，现在我们的重点将更新回到射击机制。从刚才的测试来看，枪口射出的子弹是球体，在空中运行的轨迹是一条弧线，而且球体的速度较慢。我们希望适当增加子弹的速度，更接近真实的射击。

要更改子弹的**属性**，我们需要打开名为FirstPersonProjectile的蓝图，该蓝图位于"内容/FirstPerson/Blueprints"文件夹中。打开后，在**"组件"**面板中选择Projectile组件。这是一个添加在FirstPersonProjectile蓝图中的抛射运动组件，用于定义球体在场景中创建后的运动方式。

"细节"面板中包含了许多Projectile组件用于描述其运动的变量，目前我们需要设置的参数如图6-16所示。

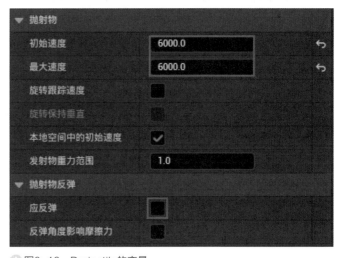

图6-16 Projectile的变量

首先设置**"初始速度"**和**"最大速度"**参数。**"初始速度"**决定了子弹最初的飞行速度；**"最大速度"**是在发射后施加额外的力使子弹能达到的最快速度。如果有一枚火箭，我们会希望在火箭发射后对其施加加速度，以表示推进器的工作。然而，由于我们表示的是一颗子弹从枪中射出，所以将其初始速度设为子弹的最快速度更有意义。这里我们将**"初始速度"**和**"最大速度"**都设置为6000。

接着将**"发射物重力范围"**的值从1.0更改为0.1。这样，子弹看起来很轻，不会受到太多重力的影响。

此外，我们注意到，当前的子弹会从墙壁和物体上反弹，就好像它是一个橡皮球一样。然而，我们想要模拟的是一个更硬、更有力的子弹，需要取消反弹效果，即在"**细节**"面板中展开"**抛射物反弹**"类别，然后取消勾选"**应反弹**"复选框。其他选项仅在勾选"**应反弹**"复选框时才起作用，因此不需要调整它们。

在"**事件图表**"中要做的最后一个更改是将Branch节点的False引脚连接到Destroy-Actor节点的输入引脚，实现当子弹与任何物体碰撞时总是被摧毁，如图6-17所示。

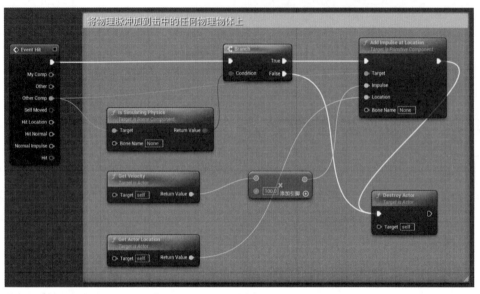

⬆ 图6-17　Projectile的"事件图表"

现在，编译、保存蓝图，在关卡编辑器中单击"**播放**"按钮进行测试。我们会发现，从枪口发射的子弹会飞行得更远，而且子弹不再从墙上反弹。

在本节中，我们修改了抛射物的速度，并取消了反弹的特性，使抛射物表现得更像子弹。接下来我们将修改的下一个蓝图是BP_CylinderTarget，以模拟它被摧毁时爆炸的效果。

6.4 添加声音和粒子效果

目前，我们允许玩家根据个人意愿进行移动和射击，现在让我们将注意力转向敌方目标。当前情况下，当玩家射击目标圆柱体，会导致它的颜色变为红色，但还不能直接摧毁目标。

我们可以通过创建蓝图逻辑（即在多次射击时摧毁目标）来添加更多与敌人互动的效果，例如在击中目标两次及以上时，会摧毁目标，同时在目标被摧毁时创造令人满意的声音和视觉效果，从而增加对玩家的奖励。

6.4.1 用分支改变目标状态

由于我们希望生成的效果是通过应用于目标圆柱体的状态变化来触发，因此必须确保此逻辑包含在BP_CylinderTarget蓝图中，该蓝图位于"内容/FirstPerson/Blueprints"文件夹中。打开BP_CylinderTarget蓝图，查看连接到Event Hit的节点组。现在，当玩家击中圆柱体对象时，这些节点会告诉圆柱体换成红色材质。要增加在圆柱体被多次射击后更改圆柱体行为的能力，我们需要在蓝图中添加一个检查，以分析圆柱体是否被击中，然后根据其状态触发不同的结果。

我们将使用Branch节点来分析圆柱体是否被击中，如图6-18所示。

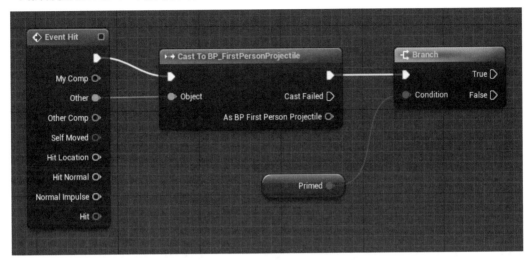

🔘 图6-18　使用Branch节点检查圆柱体是否已被命中

Branch节点将布尔变量作为输入。由于布尔值只能为True或False，因此Branch节点只能产生两个结果。这两个结果可以通过将额外的节点链接到两个输出执行引脚来执行，这两个引脚表示True路径和False路径。

创建Branch节点的第一步是确定布尔值表示什么，以及什么事件将导致条件值从False变为True。在本示例中，我们可以使用Primed变量来显示目标已被击中，并且可以在第二次命中时将目标摧毁。接下来继续创建一个Primed变量，并且设置变量类型为"布尔"。

（1）在"**我的蓝图**"面板中单击"**变量**"右侧的加号按钮，添加新变量，并将新变量指定为Primed，将"**变量类型**"设置为"**布尔**"。

（2）编译并保存蓝图。因为我们不希望目标圆柱体在第一次命中之前处于Primed状态，所以将变量的默认值保留为False（由未选中的框表示）。

（3）现在创建了一个Primed布尔类型的变量，在"**我的蓝图**"面板将创建的变量拖动到"**事件图表**"选项卡的空白处，在打开的列表中选择"**获取Primed**"选项。

（4）将添加的Primed节点的输出引脚拖动到"**事件图表**"的空白处，在打开的窗口的搜索框中输入"Branch"，然后添加Branch节点。

（5）最后，我们可以将Branch节点添加到Event Hit蓝图组中。按住Alt键并单击其中一个执行引脚，断开Cast To BP_FirstPersonProjectile和Set Material节点之间的连接。

（6）将Set Material节点拖放到左侧，然后将Cast To BP_FirstPersonProjectile节点的输出执行引脚连接到Branch节点的输入执行引脚。该蓝图现在将在每次目标圆柱体被子弹击中时调用分支评估。

我们已经设置了Branch节点，目前，还需要向目标圆柱体提供在每个状态下要做什么的指令。也就是说，当圆柱体第一次被击中时应该发生什么（Primed变量为False），以及当圆柱体第二次被击中时应该发生什么（Primed变量为True）。

接下来将处理第一次击中目标的情况。在这种情况下，我们必须将材质更改为红色的材质，并将Primed布尔变量设置为True。这样，当再次命中目标时，Branch节点将把该行为转到True执行引脚。节点的False执行顺序如图6-19所示。

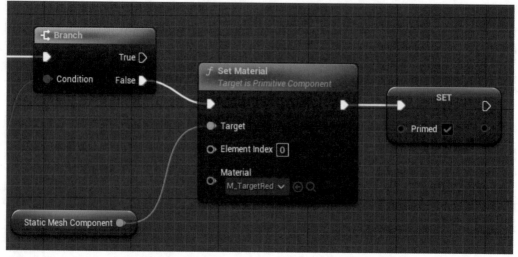

⬆图6-19　第一次命中时更改圆柱体为红色材质

（7）将之前移到一边的Set Material节点拖动到Branch节点的右侧，然后将Branch节点的False输出执行引脚连接到Set Material节点的输入执行引脚。

（8）现在，将Primed变量从"**我的蓝图**"面板中拖到"**事件图表**"选项卡的空白处，并在列表中选择"**设置Primed**"选项。将此节点连接到Set Material节点的输出执行引脚，并勾选Set节点中Primed复选框。确保下次击中目标时，Branch的结果为True。

本节我们定义了Branch节点的False路径的操作。下一节将定义从Branch节点的True路径触发的操作。

6.4.2 触发声音效果、爆炸和摧毁

在摧毁目标时，我们还希望完成三件事：听到爆炸声、看到爆炸效果，并将目标物体从游戏世界中摧毁。我们先从经常被忽视的声音开始，声音元素在游戏中是至关重要的，因为它可以提高玩家的游戏体验感。

我们可以用声音设计的最基本的交互是在游戏世界的某个位置播放一次".wav"格式的声音文件，这也是完全符合我们的要求。从Branch节点的True输出引脚拖动到空白处，在打开的窗口的搜索框中输入并添加Play Sound at Location节点。

Play Sound at Location是一个简单的节点，它接受一个Sound文件输入和一个Location输入，并在该位置上播放声音。在这个项目的Starter Content文件夹中包含了几个默认的声音文件，我们可以通过单击Sound输入引脚旁边的"**选择资产**"下三角按钮，在列表中显示声音文件选项，此处选择Explosion01文件来设置爆炸音效。

设置声音后，还需要确定声音播放的位置。我们可以使用和之前设置目标圆柱体网格组件的视野类似的方法，提取位置信息，然后将位置向量与声音节点直接连起来。使用Event Hit节点触发器可以简化这个过程。

Event Hit节点上的输出引脚之一为Hit Location。这个引脚包含了被Event Hit节点检测到的游戏世界中两个对象碰撞的位置信息。这个位置是子弹击中目标的位置时产生爆炸效果的完美位置。从Event Hit节点的Hit Location输出引脚连接到Play Sound at location节点的Location输入引脚，如图6-20所示。

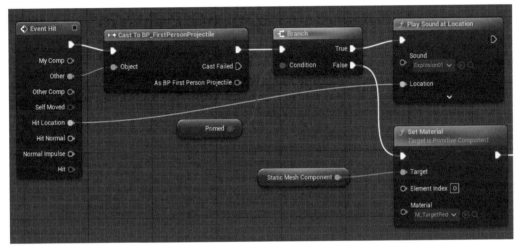

◆ 图6-20　连接Hit Location输出引用

编译、保存蓝图，再单击"**播放**"按钮测试游戏效果。可以看到，当玩家击中移动的目标对象一次时它会变成红色，之后再次击中会产生爆炸音效。

现在我们已经设置了爆炸的声音，下面再添加视觉效果并实现摧毁圆柱体的效果，如图6-21所示。具体操作步骤见下一页。

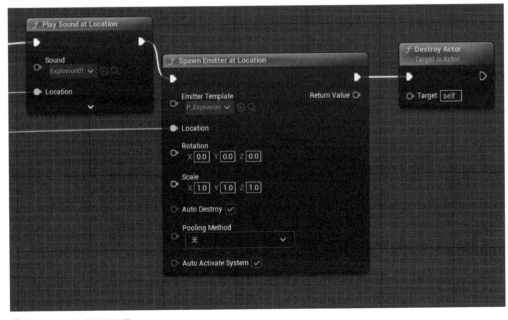

◆ 图6-21　生成粒子效果

（1）首先拖动Play Sound at Location节点的输出引脚到空白处，在打开的窗口中搜索并选择Spawn Emitter at Location节点。

重要提示

发射器是用于在特定位置产生粒子效果的对象。粒子效果是小对象的集合，这些对象组合在一起可以创建流体、气体或其他无形对象的视觉效果，例如水的冲击、爆炸或光束。

Spawn Emitter at Location节点看起来与附加到它的Sound节点类似，但有更多的输入参数和Auto Destroy（自动销毁）开关。

（2）单击Emitter Template参数下方的下三角按钮，在打开的列表中选择P_Explosion效果。这是模板自带的一个资产，与项目的Starter Content一起打包，并将在发射器被添加的地方产生令人满意的爆炸效果。

（3）我们希望爆炸效果与爆炸音效在同一位置生成，因此还需要拖动Event Hit节点的Hit Location的输出引脚到Play Sound at Location节点的Location输入引脚。

爆炸是一种从各个角度看都相同的3D效果，因此我们可以不去设置Rotation输入引脚。Auto Destroy（自动销毁）的开关决定了发射器是否可以被多次触发。一旦创建了这个粒子效果，将销毁包含这个发射器的Actor，所以我们可以保留Auto Dextroy复选框的勾选。

（4）最后，我们希望声音和视觉爆炸效果播放后，将目标圆柱体从游戏世界中移除。拖拽Spawn Emitter at Location节点的输出引脚到网格的空白处，在打开的窗口中搜索并添加Destroy Actor节点。该节点只接受一个Target输入，其默认值为self，这是对当前实例的引用。

（5）框选整个Event Hit节点序列周围的注释框，并更新文本以描述新序列完成的内容。注释内容为"当被击中时，变成红色并设置为启动。如果已经启动，就自我摧毁"。这条节点链，如图6-22所示。

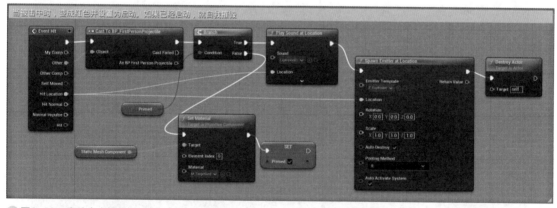

🔵 图6-22　事件命中操作

添加完注释后，编译、保存蓝图，在关卡编辑器中单击"**播放**"按钮测试新的交互效果。当玩家用枪击中目标圆柱体两次后，将看到爆炸效果并听到爆炸音效。

本节我们学习了如何使用Branch节点根据表示圆柱体当前状态的Primed变量来决定执行流。除此之外，还学习了如何使用蓝图节点来播放声音和生成粒子效果。

6.5 本章总结

现在我们的游戏越来越有趣了，我们为游戏添加了音效和视觉效果，让玩家拥有实际射击游戏中的大部分功能，并实现目标和玩家之间的交互。在本章的游戏设计中，我们使用了前几章介绍的各种功能，实现越来越复杂、越来越有趣的行为。

在本章中，我们创建了一些自定义的玩家控制来允许玩家加速冲刺和射击时放大视野。在这个过程中，我们探索了移动控制器时如何将玩家输入的信息转化为游戏体验，还使用时间轴创建简单的动画。然后，我们为玩家与环境的互动添加了更多反馈，即为敌人目标添加爆炸效果和音效，其要求是必须被击中两次。

在下一章中，我们将探讨如何在游戏中添加用户界面，为玩家提供游戏世界中的状态反馈。

6.6 测试

（1）操作映射和轴映射由"事件图表"选项卡中的红色事件节点表示。（　　）

  A. 对　　　　　　　　　　　　　　B. 错

（2）Set Field Of View是Character Movement组件的一个功能。（　　）

  A. 对　　　　　　　　　　　　　　B. 错

（3）时间轴节点可用于创建简单的动画。（　　）

  A. 对　　　　　　　　　　　　　　B. 错

（4）在游戏运行时，可以使用Spawn Emitter at Location函数添加粒子效果。（　　）

  A. 对　　　　　　　　　　　　　　B. 错

（5）使用Play Sound函数可以实现在指定的位置播放声音。（　　）

  A. 对　　　　　　　　　　　　　　B. 错

第 7 章

创建屏幕UI元素

游戏体验的核心都是游戏设计师向玩家传达游戏目标和规则的方法。实现这一点的一种方式是使用图形用户界面（GUI）向玩家展示和传递重要信息，这在各种类型的游戏中都很常见。在本章中，我们将创建一个图形用户界面来追踪玩家的生命值（Health）和耐力（Stamina），并设置计数器来显示玩家消灭的目标和弹药。我们将学习如何使用虚幻引擎提供的图形用户界面编辑器来设置基本的用户界面（UI），并使用蓝图将该界面与游戏玩法相关联。我们还将使用虚幻运动图形（UMG）UI设计器来创建UI元素。

在实现这些目标的过程中，我们将涉及以下内容：

- ⊙ 使用UMG创建简单的UI
- ⊙ 将UI值连接到玩家变量
- ⊙ 获取子弹和催毁图标的信息

在本章结束时，我们将掌握使用UMG编辑器来创建显示生命值和耐力状态进度条的技巧，并了解如何展示被推毁的目标数量和玩家的弹药情况。

7.1 使用UMG创建简单的UI

在本节中，我们将学习如何使用UMG编辑器来创建在游戏中使用的UI元素，并了解在屏幕上定位它们的方法。

UMG编辑器是一个可视化的UI创作工具，可以用来制作菜单和**平视显示器**（HUD）。平视显示器是一种透明的显示器，能够提供信息而不分散用户对主视图的注意力。最初该技术用于军事航空领域，而现在在游戏中广泛应用。我们希望在平视显示器上显示玩家当前拥有的生命值（Health）和耐力（Stamina），这些出现在平视显示器上的仪表被称为UI仪表，如图7-1所示。

消除的目标数量（Targets Eliminated）和玩家的弹药（Ammo）将通过文本的形式显示，如图7-2所示。

⬆图7-1 生命值和耐力UI仪表　　　　⬆图7-2 消除目标和弹药计数器

为了创造一个能够显示生命值和耐力值UI的平视显示器，我们首先需要在玩家角色中创造能够追踪这些数值的变量。我们还将创建变量来计算被消灭的目标数量和玩家所拥有的弹药量。

下面我们按照以下步骤创建变量。

（1）在内容浏览器中访问"内容/FirstPerson/Blueprints"文件夹，然后双击并打开FirstPersonCharacter蓝图类。

（2）打开蓝图编辑器，在**"我的蓝图"**面板的**"变量"**类别中，单击**"变量"**右侧加号按钮创建变量，将其命名为PlayerHealth，并将**变量类型**更改为**"浮点"**。

（3）按照相同的步骤创建第2个**"浮点"**类型的变量，设置变量名为PlayerStamina。

（4）接下来，创建第3个变量，设置变量为PlayerCurrentAmmo，但是设置**变量类型**为**"整数"**。

（5）最后，再创建第2个**"整数"**变量，并将其命名为TargetsEliminated。变量列表如图7-3所示。

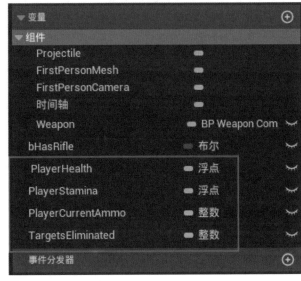

⬆图7-3 FirstPersonCharacter变量

（6）编译FirstPersonCharacter蓝图。选择PlayerCurrentAmmo变量，在"**细节**"面板中将"**默认值**"下方的Player Current Ammo参数值设置为30，如图7-4所示。

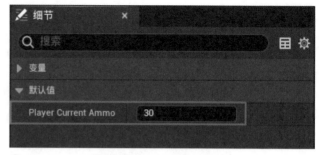

⬆ 图7-4　设置变量的默认值

（7）将PlayerHealth和PlayerStamina的"**默认值**"均设置为1.0。此值与UI仪表一起使用，展示血量条或体力值介于0到1之间变化的。变量TargetsEliminated的默认值会自动设置为0.0，这是合适的值，所以不需要调整它。

（8）编译、保存并关闭蓝图。

接下来，我们将学习如何绘制表示UI的形状。

|7.1.1| 使用控件蓝图绘制形状

UMG编辑器所使用的一种特殊类型的蓝图，称为**控件蓝图**。由于第一人称游戏模板默认情况下没有UI元素，我们应该创建一个新文件夹来存储GUI工作的文件。用户可以按照以下步骤创建文件夹和控件蓝图。

（1）在内容浏览器中访问"内容/FirstPerson"文件夹。在文件夹列表旁边的空白处单击鼠标右键，然后在快捷菜单中选择"**新建文件夹**"命令，将文件夹命名为UI，如图7-5所示。

（2）打开刚刚创建的UI文件夹，然后在空白文件夹的空白处右击，在打开的快捷菜单中选择"**用户界面>控件蓝图**"命令，如图7-6所示。在打开的"**为新控件蓝图选择父类**"对话框中选择合适的父类选项，将创建的控件蓝图命名为HUD。

⬆ 图7-5　创建UI文件夹

⬆ 图7-6　选择"控件蓝图"命令

（3）双击这个蓝图打开UMG编辑器，我们将使用这个工具来定义UI在屏幕上的外观。

（4）在UMG编辑器中找到"**控制板**"面板，展开"**面板**"的类别，列表中包含一系列可以组织UI信息的容器，如下页图7-7所示。

（5）从"**控制板**"面板选择并拖动"**水平框**"至"**层级**"面板中，释放鼠标左键，即在画布面板中创建水平框。选择创建的水平框，在编辑器右侧的"**细节**"面板中将**水平框**的名称更改为Player Stats，如下页图7-8所示。

（6）现在，在**"层级"**面板中可以看到一个**水平框**嵌套在**"画布面板"**中。我们的目标是组合使用**垂直框**、**文本**和**进度条**来创建两个带标签的状态条，如图7-9所示。

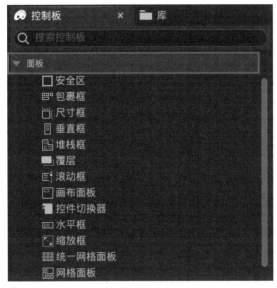

图7-7　UMG编辑器的"面板"类别

图7-8　重命名水平框

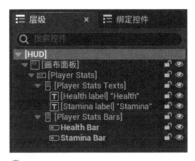

图7-9　Player Stats的层次结构

（7）两个垂直框分别包含生命值和耐力的文本和进度条。再次返回**"控制板"**面板的**"面板"**类别中，然后将**"垂直框"**对象拖放到**"层级"**面板中创建的**水平框**上，并将其重命名为Player Stats Texts。根据相同的方法添加第2个垂直框并放在第1个垂直框的下方。将第2个垂直框对象的名称更改为Player Stats Bars。

（8）再次返回**"控制板"**面板中，展开**"通用"**类别，找到创建UI所需的**文本框**和**进度条**。拖拽两个**"文本"**对象到Player Stats Texts垂直框的下方，拖拽两个**"进度条"**对象到Player Stats Bars垂直框的下方，根据图7-9添加的元素进行重命名。现在，我们已经拥有了用于在HUD中显示玩家数据的UI元素，下一步将调整它们在屏幕上的外观和位置。

7.1.2 自定义仪表的外观

在自定义仪表的外观时，我们需要调整UI元素并对其进行屏幕布局。图形面板中的大矩形轮廓表示玩家将看到的屏幕边界，即**画布**，是位于**"层级"**面板中最顶端的**Canvas Panel**对象。位于画布左上角的元素将出现在游戏屏幕的左上角，如图7-10所示。

图7-10　画布面板

设置生命值和耐力UI元素的操作步骤如下。

（1）在"**层级**"面板中选择Player Stats，在中央图形面板中可以看到一些控件，并可对其大小进行设置。选择Player Stats水平框，在"**细节**"面板中设置位置和大小，展开"**插槽**"类别，设置"**位置X**"为50.0、"**位置Y**"为30.0、"**尺寸X**"为500.0、"**尺寸Y**"为80.0，如图7-11所示。

（2）在"**层级**"面板中选择Player Stats Bars下面的第1个进度条，在"**细节**"面板中将名称更改为Health Bar。然后，在"**插槽**"类别下单击"**尺寸**"右侧的"**填充**"按钮，调整进度条的垂直高度，如图7-12所示。

（3）在"**外观**"类别下单击"**填充颜色和不透明度**"右侧的矩形色块，打开"**取色器**"对话框，设置颜色为红色，单击"**确定**"按钮，即可完成进度条颜色的设置，如图7-13所示。

↑图7-11　调整Player Stats的尺寸和位置

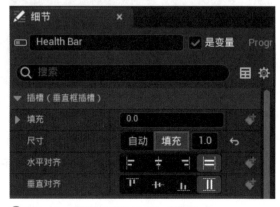

↑图7-12　设置进度条的尺寸为"填充"

↑图7-13　设置第一个进度条的填充颜色

（4）接下来，让我们为玩家的耐力重复相同的设置步骤。在"**层级**"面板中选择第2个进度条，在"**细节**"面板中将名称更改为Stamina Bar，然后单击"**填充**"按钮，接着设置"**填充颜色和不透明度**"的颜色为绿色。

（5）在"**层级**"面板中选择Player Stats Bars垂直框，在"**细节**"面板中单击"**填充**"按钮来缩放两个进度条的水平大小。

（6）现在的仪表看起来像我们想要的那样，接下来再调整文本标签。在"**层级**"面板中选择Player Stats text下面的第1个文本对象，在"**细节**"面板中将名称更改为Health label。

（7）单击"**水平对齐**"右侧的"**水平向右对齐**"按钮，将文本定位在条形图上。将"**内容**"类别下的"**文本**"字段更改为Health。如果想改变字体大小或样式，可以展开"**外观**"类型，在"**字体**"区域中设置字体、字形、尺寸、字间距等，如下页图7-14所示。

（8）用同样的方法设置耐力标签。首先在"**层级**"面板中选择第2个文本对象。

（9）在"细节"面板中，将名称更改为Stamina label，然后单击"**水平对齐**"右侧的"**水平向右对齐**"按钮。在"**内容**"类别下将"**文本**"字段更改为Stamina，并根据需要调整字体大小和样式。

最后需要将UI仪表固定在屏幕的一侧。由于屏幕大小和比例可以变化，我们希望确保UI元素在屏幕上保持相同的相对位置。锚点用于定义控件在画布上的位置，而与屏幕大小无关。

（10）要为仪表建立一个锚点，需要选择Player Stats顶级对象，然后在"**细节**"面板中单击"**锚点**"下三角按钮，在列表中选择出现的第一个选项，用于在屏幕左上角显示一个灰色矩形，如图7-15所示。

⬆ 图7-14 设置文本

⬆ 图7-15 设置Player Stats的"锚点"

此操作使创建的仪表固定在屏幕的左上角，确保无论分辨率或比例如何，仪表都会始终出现在该位置。

目前，我们可以通过更改"**进度**"类别中的"**百分比**"属性来试用进度条。"**百分比**"的值的范围为0.0（空）到1.0（满），如图7-16所示。

图7-17显示了"百分比"的值为1时进度条的效果。

⬆ 图7-16 "百分比"的值决定进度条的填充位置

⬆ 图7-17 进度条的最终效果

以上就是生命值和耐力UI元素的制作过程。下一小节我们将创建一些UI文本元素来显示弹药和目标消除计数器。

7.1.3 │ 创建弹药和目标摧毁计数

既然已经显示了Player Stats，接下来开始在屏幕上显示弹药和目标消除计数器。此操作与Player Stats操作类似，只是我们希望通过数值的方式替换进度条。新UI元素的"**层级**"面板如图7-18所示。

⬆图7-18　Weapon Stats和Goal Tracker的"层级"面板

单击Player Stats左侧的三角图标，将隐藏其中的内容，这样我们可以专注于创建Weapon Stats和Goal Tracker元素。

按照以下步骤创建这些UI元素。

（1）在"控制板"面板中展开"**面板**"类别，拖动"**水平框**"到"**层级**"面板中，将其释放在画布面板对象的顶部。在"**细节**"面板中，将水平框的名称更改为Weapon Stats。

（2）我们将把Weapon Stats水平框放置在屏幕的右上角。保持"**层级**"面板中Weapon Stats为选中状态，在"**细节**"面板中单击**插槽**类别中"**锚点**"右侧的下三角按钮，在打开的列表中选择第3个选项，即可将水平框放置在屏幕的右上角。接着设置"**位置***X*"为-200.0、"**位置***Y*"为30.0、"**尺寸***X*"为160.0、"**尺寸***Y*"为40.0，如图7-19所示。

⬆图7-19　设置Weapon Stats的大小和位置

（3）展开"**控制板**"面板中的"**通用**"类别，将"**文本**"对象拖到"**层级**"面板中Weapon Stats的上方。选择添加的文本，在"**细节**"面板中将名称更改为Ammo label。接着将"**内容**"类别下的"**文本**"字段更改为"Ammo:"（包括冒号）。

（4）将另一个"**文本**"对象拖到Weapon Stats上并保持为选中状态，在"**细节**"面板中，将名称更改为Ammo left。这个元素的值将随着弹药的使用而改变，此处我们可以给它一个默认值，以便在UMG编辑器上显示。因为我们已经将玩家蓝图上的弹药变量设置为30，所以此处将Ammo left的文本值也设置为30。

（5）在"**层级**"面板中选择Weapon Stats，在画布面板中看起来像花的图标是锚点，它代表在画布面板上选择元素的锚点的位置，如图7-20所示。

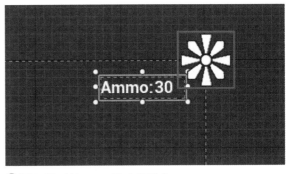

↑图7-20 Weapon Stats的锚点

（6）接下来重复相同的步骤来制作Goal Tracker。选择并拖动"**水平框**"从"**控制板**"面板到"**层级**"面板中，将其释放在画布面板对象的顶部。保持水平框为选中状态，在"**细节**"面板中将其名称更改为Goal Tracker。

（7）我们将把目标跟踪器的水平框放置在屏幕的顶部中心。保持Goal Tracker为选中状态，在"**细节**"面板中单击"**插槽**"类别下的"**锚点**"下三角按钮，在列表中选择第二个选项。接着设置"**位置X**"为-100.0、"**位置Y**"为50.0。此处我们不需要改变"**尺寸X**"和"**尺寸Y**"的值，因为勾选"**大小到内容**"复选框，这个水平框将根据它的子元素的大小自动调整大小，如图7-21所示。

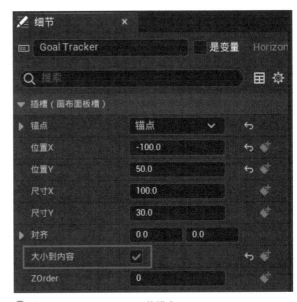

↑图7-21 Weapon Stats的锚点

（8）将文本对象拖到Goal Tracker上。保持文本对象为选中状态，在"**细节**"面板中将名称更改为Targets label。将"**内容**"类别下的"**文本**"字段更改为"Targets Eliminated:"（包括冒号）。

（9）要设置Goal Tracker的"**文本**"对象在屏幕上的字体大小，则在"**外观**"类别中将字体大小更改为32，如图7-22所示。

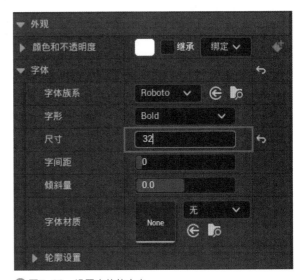

↑图7-22 设置字体的大小

（10）将另一个"**文本**"对象拖动到Goal Tracker上。选择添加的文本对象，在"**细节**"面板中将名称更改为Target count。将"**内容**"类别下的"**文本**"字段更改为0，并将"**尺寸**"设置为32。Goal Tracker的效果如图7-23所示。

⬆图7-23　Goal tracker在屏幕的中间位置

（11）最后，编译、保存并关闭HUD控件蓝图。

我们已经将UI元素按照自己想要的方式排列完毕，还需要解决如何在屏幕上显示HUD。要做到这一点，我们需要重新进入Character蓝图。

|7.1.4| 显示HUD

要在游戏中显示HUD，需要按照以下步骤进行操作。

（1）在内容浏览器中访问"内容/FirstPerson/Blueprints"文件夹，然后双击FirstPersonCharacter蓝图。

（2）接下来，修改Event BeginPlay事件。有一种简单的方法可以在"**事件图表**"中快速找到想要查找的事件，即在"**我的蓝图**"面板中双击**Event BeginPlay**事件，如图7-24所示。编辑器将自动移动到"**事件图表**"选项卡中**Event BeginPlay**的位置。

（3）删除之前连接到**Event BeginPlay**的节点，因为它们是处理在虚拟现实中坑游戏的情况，而我们不会在本示例游戏中使用虚拟现实。

⬆图7-24　双击Event BeginPlay

重要提示

在大多数情况下，Event BeginPlay事件会在游戏开始时立即调用后续动作。如果游戏开始时蓝图实例不存在，则该事件将在实例生成时立即触发。由于FirstPersonCharacter玩家实例在游戏开始时就已经存在了，因此将显示逻辑附加到该事件会立即创建HUD。

（4）从**Event BeginPlay**的输出执行引脚上拖动一条引线，在打开的窗口中输入并添加**Create Widget**节点。节点中包括一个**Class**标签，单击下三角按钮，在列表中选择HUD选项。之前，我们已将控件蓝图命名为HUD。现在单击下三角按钮，并选择HUD选项后，可以让玩家角色蓝图生成创建的UI元素。图7-25显示了与HUD控件蓝图相关联的Create HUD Widget节点。

⬆图7-25　基于HUD Widget蓝图创建实例

（5）现在，尽管在游戏开始时生成了一个控件蓝图，但是还需要将包含UI元素的控件显示在屏幕上。将Return Value输出引脚拖到网格空白处，在打开窗口中输入并添加Add to Viewport节点。

（6）选择这3个节点并创建一个注释。将注释标记为"在屏幕上绘制HUD"。相关节点如图7-26所示。

⬆图7-26　Add to Viewport节点在屏幕上显示控件类型

（7）编译并保存蓝图，在关卡编辑器中单击"**播放**"按钮测试游戏。

我们已经学习了如何在UMG编辑器中创建文本元素和进度条，还学习了如何使用控件（例如水平框和垂直框）来组织屏幕上的UI元素。

在玩游戏的时候，在屏幕的左上方会显示两个进度条，代表玩家的生命值和耐力，中间显示摧毁目标的数量，右上方显示弹药的数量。但是当我们用枪射击目标物体时，会注意到一个非常重要的问题，就是UI值没有改变！我们将在下一节讨论这部分组件的交互。

7.2　将UI值连接到玩家变量

为了允许UI元素关联到玩家变量的数据，我们需要重新访问HUD控件蓝图。为了使玩家数据更新UI，我们将创建一个**绑定**，将蓝图的变量或函数绑定到控件上，无论何时更新变量或函数，这些更改都会自动反映在控件中。

所以，我们不是在玩家每次受到伤害时手动更新玩家的生命值和控件，我们可以将玩家的生命值与PlayerHealth变量绑定，并且只更新一个值即可。

|7.2.1| 为生命值和耐力创建绑定

要想将创建的PlayerHealth和PlayerStamina变量与进度条绑定，请根据以下步骤进行操作。

（1）在内容浏览器中访问"内容/FirstPerson/UI"文件夹，然后双击HUD控件蓝图。

（2）在HUD UMG编辑器中的"**层级**"面板，选择Player Stats Bars下的**Health Bar**。

（3）选择Health Bar进度条，在"**细节**"面板的"**进度**"类别中找到"**百分比**"字段。单击"**百分比**"右侧的"**绑定**"下三角按钮，在列表中选择"**创建绑定**"选项，如图7-27所示。

⬆图7-27　为Health Bar创建绑定

（4）UMG编辑器将从Designer视图切换到Graph视图。此时创建了一个新函数，允许我们用编写仪表和PlayerHealth变量之间建立连接的脚本。右键单击任何空白的图形空间，并添加一个Get Player Character节点。

（5）将刚创建的新节点中的Return Value输出引脚拖拽到空白处，在打开的窗口中添加Cast To FirstPersonCharacter节点。

（6）断开Get Health Bar Percent和Return Node节点之间执行引脚的连接，然后将Get Heah Bar Percent连接到Cast To BP_FirstPersonCharacter节点，如图7-28所示。

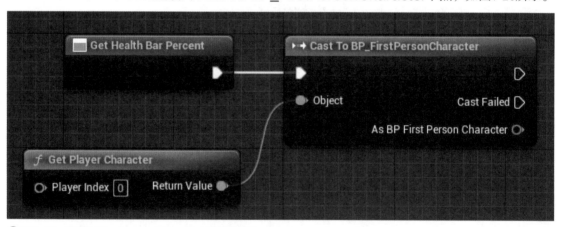

⬆图7-28　获取对FirstPersonCharacter实例的引用

（7）接下来，从Cast To FirstPersonCharacter节点的As BP First Person Character输出引脚拖出引线到空白处，在打开的窗口中添加Get Player Health节点。最后，将Cast To FirstPersonCharacter节点执行引脚连接到Return Node节点，如下页图7-29所示。

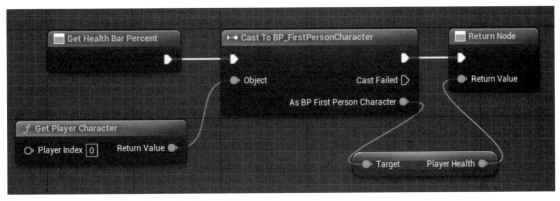

⬆图7-29 将玩家生命值变量的值绑定到生命条的百分比

（8）以上就是我们将玩家生命值连接到进度条UI所需要做的操作。对于玩家的耐力，我们需要遵循同样的操作。单击屏幕右上方"**设计器**"按钮，返回Canvas视图，如图7-30所示。

⬆图7-30 更改UMG编辑器模式的按钮

（9）在"**层级**"面板中选择Stamina Bar，按照前面设置Health Bar的方法创建一个绑定，将Player Stamina变量连接到仪表，如图7-31所示。

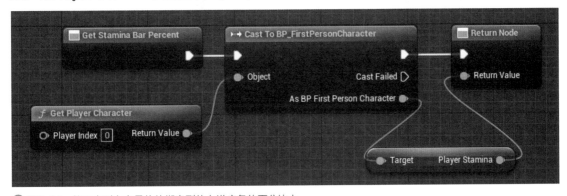

⬆图7-31 将玩家耐力变量的值绑定到体力进度条的百分比上

（10）编译并保存蓝图，单击"**播放**"按钮测试游戏。

接下来我们将介绍连接弹药和目标计数器绑定的相关操作。

7.2.2 为弹药和目标消除计数器创建文本绑定

要实现在HUD上显示弹药和目标消除计数器的相关信息，我们可以按照以下步骤绑定计数器。

（1）单击"**设计器**"按钮再次返回画布界面，在"**层级**"结构中选择Weapon Stats下方的Ammo left对象。

（2）在"**细节**"面板中单击"**文本**"字段右侧的"**绑定**"下三角按钮，在列表中选择"**创建绑定**"选项，如图7-32所示。

（3）我们将根据相同的方法添加这个绑定。首先在出现的Get Ammoleft Text图形视图的空白处右击，在打开的窗口中添加一个Get Player Character节点，并使用Cast To FirstPersonCharacter节点进行转换，

⬆图7-32　为Ammo left创建绑定

然后拖动As First Person Character引脚，添加一个Get Player Current Ammo节点。

（4）最后，连接Player Current Ammo节点和Return Node节点。连接以上两个节点后，将创建一个新的**ToText(integer)**节点并自动连接。这是因为虚幻引擎知道要在屏幕上以文本形式显示数值，它首先需要将数字转换为控件能够理解的显示文本的格式。转换节点已经连接好了，不需要再做修改。图7-33显示了绑定中使用的节点。

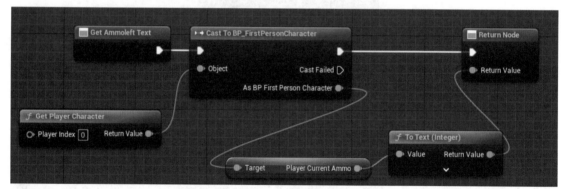

⬆图7-33　玩家当前弹药变量的值将被用作剩余弹药的文本

（5）接下来要创建的最后一个绑定是针对目标计数。返回到"**设计器**"视图，在"**层级**"面板的Goal Tracker下选择Target Count对象。单击"**细节**"面板中"**文本**"字段右侧的"**绑定**"下三角按钮，在列表中选择"**创建绑定**"选项。根据前面的步骤，创建Cast To FirstPersonCharacter节点，将Targets Eliminated变量连接到Return Node节点并自动进行强制转换。与弹药计数一样，将自动生成用于转换的**ToText(integer)**节点并连接。绑定的节点如图7-34所示。

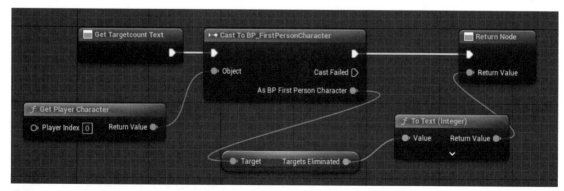

⬆图7-34　Targets Eliminated变量的值将用作Target count的文本

现在我们已经成功地将所有UI元素绑定到玩家变量，只需要编译和保存即可。由于我们绑定了UI元素，现在能够在游戏中有效响应发生的事件。但是，我们仍然需要创建事件来触发变量的更改。在下一节中，我们将根据玩家的游戏行为修改玩家变量。

7.3 获取子弹和摧毁目标的信息

为了让UI元素能够反映玩家在游戏世界中的互动，我们需要修改控制玩家和目标的蓝图。首先从玩家在射击时子弹计数递减的信息开始。

7.3.1 减少子弹计数

本小节我们将修改玩家射击逻辑，实现当玩家开枪时，子弹计数会减少的目的。具体操作步骤如下。

（1）在内容浏览器中打开"内容/FirstPerson/Blueprints"文件夹，双击FirstPersonCharacter蓝图。

（2）找到注释为Spawn projectile的蓝图模块。我们希望追踪玩家当前子弹的计数，在玩家每射击一次后数量减少1。对这个蓝图模块进行连接，如图7-35所示。

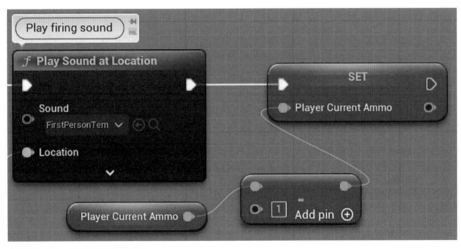

⬆ 图7-35　子弹射击数量减1

（3）找到最后一个节点Play Sound at Location。从该节点的输出执行引脚拖动一根引线到网格的空白处，并添加一个SET Player Current Ammo节点。

（4）从Player Current Ammo输入引脚拖出引线到空白处，然后创建一个Subtract节点。

（5）从Subtract节点的顶部输入引脚拖出引线，并添加一个GET Player Current Ammo节点。

（6）在Subtract节点的底部文本框中输入数值1，表示在播放射击声音后，将玩家当前的子弹数量设置为现有子弹数量减1。

（7）编译并保存，单击"**播放**"按钮进行测试，我们可以看到当玩家射击一次，子弹的数量会减少1。需要注意，当弹药耗尽后，玩家仍可以继续射击，并且子弹数量将继续记录为负数，这个问题我们将在"第8章 创建约束和游戏目标"中进行修复。

> **重要提示**
>
> SET Player Current Ammo节点和上页图7-35中的减法节点可以被递减整型节点取代，即从输入变量中减去1并在其中设置一个新值。通过Increment Int节点，可以向输入变量添加1。

7.3.2 增加摧毁目标的计数

要实现每次目标圆柱体被摧毁时，增加摧毁物体的计数，我们可以根据以下步骤进行操作。

（1）在"内容浏览器"中打开"内容/FirstPerson/Blueprints"文件夹，双击BP_CylinderTarget蓝图。

（2）我们将在Event Hit命中结束时，在除Destroy Actor之外的所有节点之后添加新节点。Destroy Actor节点之后不需要其他节点，因为该节点从关卡中删除了当前实例。

（3）断开Spawn Emitter at Location和DestroyActor节点之间的连接，然后将DestroyActor节点移到右边的空白处，为新添加蓝图节点腾出空间。

（4）我们的目标是创建一系列节点，这些节点将访问来自玩家角色的目标摧毁变量，并且在摧毁目标时进行增加1的操作。节点连接如图7-36所示。

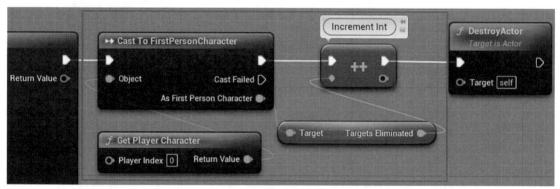

⬆ 图7-36　摧毁目标时计数加1

（5）在空白处右击，在打开的窗口中添加Get Player Character节点。

（6）从Get Player Character节点的Return Value输出引脚拖出引线，然后添加Cast To FirstPersonCharacter节点。

（7）从Cast To FirstPersonCharacter节点的As First Person Character输出引脚拖出引线，然后添加一个GET Targets Eliminated节点。

（8）从Targets Eliminated的输出引脚拖出引线，然后添加Increment Int节点，该节点将向Targets Elimized变量添加1。

（9）最后，连接Cast To FirstPersonCharacter、Increment Int和DestroyActor节点的执行引脚，确保DestroyActer节点是链接中的最后一个节点。

（10）编译并保存，单击"**播放**"按钮测试游戏，当摧毁目标圆柱体时，屏幕上方中间的Targets Eliminated计数器将会增加1，如图7-37所示。

⬆图7-37 摧毁目标圆柱体时显示摧毁目标数量加1

现在，子弹和摧毁目标数量将根据游戏中发生的事件进行更新，更新后的值会立即显示在HUD中。修改生命值和耐力的脚本将在下一章中介绍。

7.4 本章总结

在本章中，我们通过添加跟踪玩家与环境互动的HUD来增强玩家体验。在此过程中，我们开发了另一种渠道，通过它可以向游戏玩家传达信息。我们现在拥有第一人称射击游戏的基础框架，包括射击的枪支、爆炸的目标以及向玩家展示游戏状态的用户界面。从最初只有少量玩家互动的测试场景开始，我们已经取得长足进展。

在下一章中，我们将从构建游戏结构的基础过渡到构建游戏设计。任何一款游戏，都有玩家必须遵循的规则，才能创造更有趣的体验。虽然，这款游戏目前突出了一些基本规则（即定义了目标被射击时的反应），但整体体验缺少明确的玩家目标。为了完善游戏体验，我们将为玩家设定一个获胜条件，并提供额外的约束条件。

7.5 测试

（1）用于创建UI的专用蓝图类型的名称是什么？（　　）

    A. UMG蓝图 　　　　　　　　　　B. 控件蓝图

（2）Percent属性用于确定进度条的填充位置。（　　）

    A. 对 　　　　　　　　　　　　　B. 错

（3）画布中元素位置的X和Y值始终相对于屏幕的左上角。（　　）

    A. 对 　　　　　　　　　　　　　B. 错

（4）我们可以将控件的属性绑定到函数，以检索变量的更新值。（　　）

    A. 对 　　　　　　　　　　　　　B. 错

（5）要创建控件蓝图的实例并将其显示在屏幕上，需要使用Create Widget和Add To Viewport节点。（　　）

    A. 对 　　　　　　　　　　　　　B. 错

第 8 章

创造约束和游戏目标

在本章中，我们将为游戏制定一套规则，以引导玩家完成游戏体验。我们希望玩家能够快速开始游戏，并明确他们必须采取哪些步骤才能赢得游戏。从最基本的形式来看，游戏可以由胜利条件和玩家达到胜利条件所采取的步骤来定义。理想情况下，我们希望确保玩家朝着目标迈出的每一步都充满趣味性。

没有挑战的游戏很快就会变得乏味，为增加难度，我们会对玩家施加一些限制。因此我们希望确保游戏中的每个机制都能为玩家提供有趣的选择或挑战。接着，我们将为玩家设定一个具有挑战性的目标，并对敌人目标进行必要的调整。

在此过程中，我们将努力实现以下目标：

- 限制玩家的行为
- 创建可收集物品
- 设置游戏获胜条件

在本章结束时，我们将开发一款带有约束和目标的游戏，以增加游戏的趣味性。此外，我们将学习如何创建可收集的对象并掌握菜单系统的构建方法。

8.1 限制玩家的行为

在为玩家添加增强功能时，我们需要考虑的一个重要因素是添加的功能对游戏体验的挑战和感觉的影响。回想一下，在"第6章 增强玩家能力"中为玩家添加了通过按住"左Shift"键实现冲刺的能力。目前，角色在移动时，玩家按住"左Shift"键可以显著提高移动速度。如果没有对这一功能施加限制，比如在每次使用之间强制设置等待时间，玩家便不会在移动时一直按住"左Shift"键了。

这违背了我们通过添加冲刺功能为玩家提供更多选择的目标。如果一项功能非常有吸引力，以至于玩家觉得必须总是使用它，那么该功能就不会增加玩家可选择的有趣功能的数量。从玩家的角度来看，如果我们只是将玩家的基本速度提高到冲刺速度，玩家的体验还是一样的。

要想解决游戏原型目前面临的问题，我们可以通过为玩家能力添加限制以增加玩家决定使用该能力的可能性。

8.1.1 消耗和恢复体力

为了给玩家的冲刺能力添加约束，我们需要回到最初定义能力的玩家角色蓝图，创建一些变量去检测玩家是否在冲刺，冲刺需要消耗多少体力，以及体力恢复率。首先要创建一个自定义事件，以便在玩家冲刺时以均匀的速率消耗他们的体力，并在他们不冲刺时恢复体力。此外，我们将创建其他变量和宏来组织编程。

图8-1是我们将创建的变量。

图8-2是我们将创建的用于组织耐力系统的宏。

⬆ 图8-1 创建的变量

⬆ 图8-2 创建的宏

创建变量

按照以下步骤创建新耐力系统所需的变量。

（1）在**内容浏览器**中打开"内容/FirstPerson/Blueprints"文件夹，双击FirstPersonCharacter蓝图。

（2）在"**我的蓝图**"面板的"**变量**"类别中，单击右侧的加号按钮添加变量。在"**细节**"面板中将变量命名为IsSprinting，并将"**变量类型**"更改为"**布尔**"，如下页图8-3所示。

（3）在**"我的蓝图"**面板中创建另一个变量。然后在**"细节"**面板中，将变量命名为StaminaManagerName，并将"变量类型"更改为**"字符串"**。编译蓝图，然后在**"默认值"**区域中将Stamina Manager Name设置为ManageStamina，如图8-4所示。我们将在启动和停止计时器时使用这个变量存储耐力自定义事件的名称。我们创建此变量是为了避免由于拼写错误而导致的错误，如果总是手动输入名称，则可能会出现这些错误。

⬆ 图8-3　创建类型为"布尔"的IsSprinting变量

⬆ 图8-4　StaminaManagerName字符串变量

（4）现在我们开始创建**"浮点"**类型的变量。在**"我的蓝图"**面板的**"变量"**类别中，单击加号按钮以添加一个变量。在**"细节"**面板中，将变量命名为SprintCost，并将**"变量类型"**更改为**"浮点"**。编译蓝图并将**"默认值"**区域的Sprint Cost设置为0.5，如图8-5所示。

（5）再次按照相同的方法创建第二个类型为**"浮点"**的StaminaRechargeRate变量。编译蓝图，并将**"默认值"**设置为0.01。

（6）创建名为StaminaDrainAnd-RechargeTime的变量，设置"变量类型"为**"浮点"**。编译蓝图并将**"默认值"**中StaminaDrainAndRechargeTime设置为0.2。

（7）创建名为SprintSpeed的变量，设置**"变量类型"**为**"浮点"**。编译蓝图并将**"默认值"**中SprintSpeed设置为2200。

⬆ 图8-5　创建变量类型为"浮点"的SprintCost变量

（8）创建名为WalkSpeed的**"浮点"**类型的变量。编译蓝图并将**"默认值"**中WalkSpeed设置为600。通过创建SprintSpeed和WalkSpeed变量，使我们可以在一个集中的位置修改速度值，而不必在脚本中逐个查找使用这些值位置。

创建StopSprinting的宏

现在，让我们创建第一个宏。我们将从最简单的宏开始：StopSprinting。

以下是创建宏的步骤。

（1）在"**我的蓝图**"面板中单击"宏"类别中的加号按钮以创建宏。将宏的名称更改为
StopSprinting，如图8-6所示。

（2）默认情况下，宏没有执行引脚，我们需要为其添加参数。选择创建的宏，在"**细节**"
面板的"**输入**"区域创建一个名为In的"**执行**"类型的输入参数，在"**输出**"区域创建一个名为
Out的"**执行**"类型的输出参数，如图8-7所示。

⬆ 图8-6　创建宏

⬆ 图8-7　在宏中添加执行引脚

（3）在StopSprinting宏的选项卡上，添加图8-8中显示的节点。这里只是将Is Sprint设置
为False，并将"**最大行走速度**"的值回存在Walk Speed变量中。

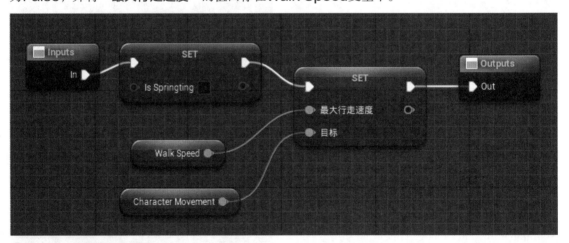

⬆ 图8-8　停止冲刺宏的节点

（4）从Inputs节点的In执行引脚上拖出引线，并添加SET Is sprint节点，此时不需要勾选
Is Sprinting输入参数的复选框。

（5）在"**组件**"面板中拖动"**角色移动（CharMoveComp）**"组件到StopSprinting宏的
选项卡上，如下页图8-9所示。

△图8-9　将"角色移动"组件拖动到StopSprinting宏的选项卡

（6）从Character Movement节点的输出引脚上拖出引线，在空白处释放鼠标左键，在打开的窗口中输入并添加SET Max Walk Speed节点。

（7）从SET Max Walk Speed节点的**"最大行走速度"** 输入引脚上拖出引线，并添加Walk Speed节点。

（8）连接SET IsSprint、SET Max Walk Speed和Output节点的白色执行引脚。最后，编译蓝图。

创建StartSprinting宏

StartSprinting宏包含设置冲刺的动作。

我们可以按照以下步骤创建StartSprinting宏。

（1）在**"我的蓝图"** 面板中单击"宏"类别右侧的加号按钮，将宏的名称更改为StartSprinting。

（2）选择创建的宏，在**"细节"** 面板中创建名为In、类型为**"执行"** 的输入参数和名为Out、类型为**"执行"** 的输出参数，可以参照图8-7进行设置。

（3）在为StartSprinting宏创建的选项卡上，添加图8-10的节点。StartSprinting宏的前半部分与StopSprinting几乎相同，只是使用适当的值。Branch节点将检查是否已经启动了耐力管理器。如果已启动，则宏完成并退出。如果计时器尚不存在，则设置该计时器。

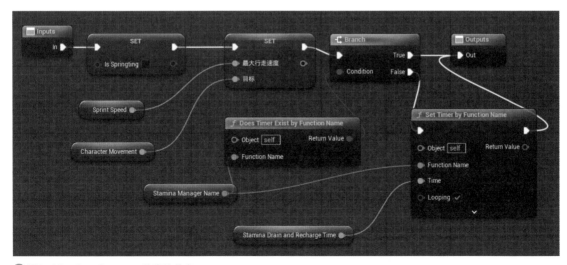

△图8-10　StartSprinting的宏的节点

（4）从Inputs节点的In引脚上拖出引线，并添加SET Is Sprint节点。勾选该节点Is Sprinting输入参数的复选框。

（5）单击"组件"面板中的"角色移动"组件，然后将其拖动到Start Sprinting选项卡上。

（6）从Character Movement节点的输出引脚上拖出引线，并添加SET Max Walk Speed节点。

（7）从SET Max Walk Speed节点的输入引脚上拖出引线，并添加GET Sprint Speed节点。

（8）连接SET Is Sprinting和SET Max Walk Speed节点的白色执行引脚。

（9）从SET Max Walk Speed节点的白色输出端拖出引线，然后添加Branch节点。

（10）从Branch节点的True输出引脚拖出引线，并将其连接到Outputs节点的Out输入引脚。

（11）从Branch节点的Condition输入引脚上拖出引线，在空白处释放鼠标左键，在打开的窗口中添加Does Timer Exist by Function Name节点。

（12）从Do Timer Exist by Function Name节点的Function Name引脚拖出引线，然后添加Get Stamina Manager Name节点。

（13）从Branch节点的False输出引脚拖出引线，然后添加Set Timer by Function Name节点。将Set Timer by Function Name节点的白色Out引脚连接到Outputs节点的输出引脚。

（14）从Stamina Manager Name节点的输出引脚中拖出引线，并将其连接到Set Timer by Function Name节点的Function Name引脚上。

（15）从Set Timer by Function Name节点的Time输入引脚上拖出引线，并添加Get Stamina Drain and Recharge Time节点。

（16）勾选Set Timer by Function Name节点的Looping输入参数的复选框。因为耐力消耗和充电时间变量的值是0.2，该计时器将每秒调用该函数或事件5次。编译蓝图。

创建ManageStaminaDrain宏

ManageStaminaDrain宏用于消耗玩家的体力，并检查是否存在停止冲刺的条件。

以下是创建ManageStaminaDrain宏的步骤。

（1）在"我的蓝图"面板中单击"宏"类别右侧的加号按钮。将宏的名称更改为ManageStaminaDrain。

（2）选择创建的宏，在"细节"面板中创建名为In、类型为"执行"的输入参数和名为Out、类型为"执行"的输出参数，参照图8-7进行设置。

（3）在ManageStaminaDrain宏的选项卡上，添加下页图8-11中显示的节点。玩家持续冲刺和消耗耐力有两个条件：玩家必须处于移动状态，并且其耐力值必须大于零。

（4）从Inputs节点的In引脚上拖出引线线，并添加Branch节点。

（5）从Branch节点的Condition输入引脚拖出引线，并添加AND布尔节点。

（6）从AND节点的顶部输入引脚拖出引线，并添加Greater节点。

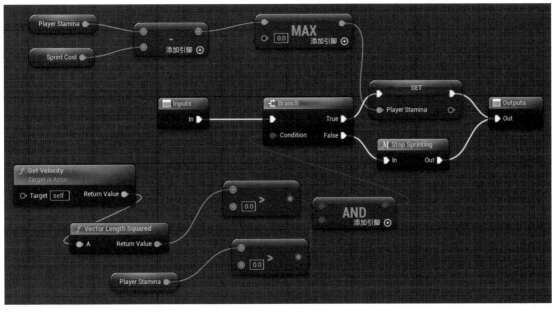

⬆ 图8-11 ManageStaminaDrain宏

（7）在创建的宏的选项卡的空白处右击，在打开的窗口中添加Get Velocity节点。

（8）从Get Velocity节点的Return Value引脚上拖出引线，在打开的窗口中添加VectorLengthSquared节点。如果VectorLengthSquared节点的返回值大于零，则表示玩家正在移动。在本例子中，我们只想知道速度是否大于零，因此使用VectorLengthSquared而不是VectorLength节点来避免进行平方根运算。

（9）从VectorLengthSquared节点的Return Value引脚上拖出引线，并将其连接到大于号节点的顶部输入引脚。

（10）从AND节点的底部输入引脚拖出引线，并添加Greater节点。

（11）从大于号节点的顶部输入引脚拖出引线，并添加Get Player Stamina节点。

（12）从Branch节点的True输出引脚上拖出引线，并添加Set Player Stamina节点。将Set Player Stamina节点的白色输出引脚连接到Outputs节点的Out引脚。

（13）从Set Player Stamina节点的输入引脚拖出引线，在打开的窗口中添加Max（float）节点。此节点返回输入参数的最高值。我们使用这个节点来确保Player Stamina永远不会低于0.0。

（14）从Max(float)节点的顶部输入引脚拖出引线，然后创建Subtract节点。

（15）从Subtract节点的顶部输入引脚拖出引线，并添加Get Player Stamina节点。

（16）从Subtract节点的底部输入引脚拖出引线，并添加Get Sprint Cost节点。

（17）从Branch节点的Flase输出引脚上拖出引线，并添加Stop Sprinting宏节点。将Stop Sprinting节点的白色输出引脚连接到输出节点的Out引脚。

创建ManageStaminaRecharge宏

ManageStaminaRecharge宏用于为Player Stamina充电，直到耐力恢复至满值。

我们可以按照以下步骤创建ManageStaminaRecharge宏。

（1）在"**我的蓝图**"面板中单击"**宏**"类别右侧的加号按钮。将宏的名称更改为ManageStaminaRecharge。

（2）选择创建的宏，在"**细节**"面板中创建名为In、类型为"**执行**"的输入参数和名为Out、类型为"**执行**"的输出参数，参数图8-7进行设置。

（3）在ManageStaminaRecharge宏的选项卡上，添加图8-12中显示的节点。如果玩家的Player Stamina达到满值（接近1.0），我们将重置体力管理器的计时器。如果玩家的Player Stamina不足，我们会为它充电。

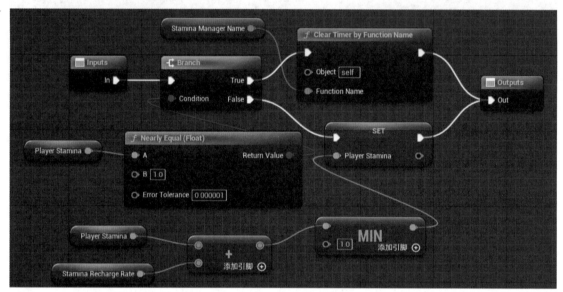

⬆ 图8-12　ManageStaminaRecharge宏

（4）从Inputs节点的In引脚上拖出引线，并添加Branch节点。

（5）从Branch节点的Condition输入引脚拖出引线，并添加Nearly Equal (float)节点。在Near Equal(float)节点的B输入参数中设置输入值为"1.0"。我们使用Nearly Equal(float)节点，是因为它的Error Tolerance输入参数，可用于比较具有浮点精度的值。

（6）从Near Equal(float)节点的A输入参数中拖出引线，并添加Get Player Stamina节点。

（7）从Branch节点的True输出引脚上拖出引线，并添加Clear Timer by Function Name节点。

（8）从Clear Timer by Function Name节点的Function Name输入参数中拖出引线，并添加Get Stamina Manager Name节点。

（9）将Clear Timer by Function Name节点的白色输出引脚连接到Outputs节点的Out引脚。

（10）从Branch节点的False输出引脚上拖出引线，并添加Set Player Stamina节点。将Set Player Stamina的白色输出引脚连接到Outputs节点的Out引脚。

（11）从Set Player Stamina节点的Player Stamina输入引脚上拖出引线，然后添加Min（float）节点。在Min（float）节点中设置第二个输入参数为1.0。该节点返回输入参数的最低值。我们使用这个节点来确保玩家耐力不会大于1.0。

（12）从Min（float）节点的顶部输入引脚拖出引线，然后创建Add节点。

（13）从Add节点的顶部输入引脚拖出引线，添加Get Player Stamina节点。

（14）从Add节点的底部输入引脚拖出引线，添加Get Stamina Recharge Rate节点。

更新InputAction Sprint事件

接下来，我们将修改InputAction Sprint事件以适用新的耐力系统。

请执行以下步骤。

（1）在"**我的蓝图**"面板中展开"**图表**"类别，在EventGraph列表中双击InputAction Sprint事件，如图8-13所示。编辑器将移动到"**事件图表**"选项卡中已放置InputAction Sprint的位置。

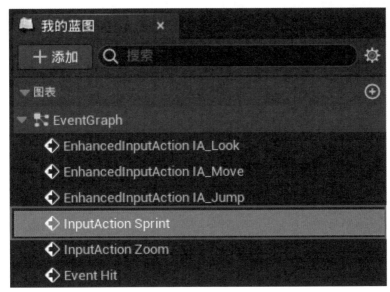

⬆ 图8-13 找到并双击InputAction Sprint事件

（2）删除以前连接到InputAction Sprint的节点，并添加下页图8-14中的节点。当按下Shift键时，游戏会检查玩家是否有足够的耐力开始冲刺，即当前玩家耐力值是否大于或等于SprintCost。如果玩家有足够的耐力开始冲刺，则会调用Start Sprinting宏。当松开Shift键时，将调用Stop Sprinting宏。

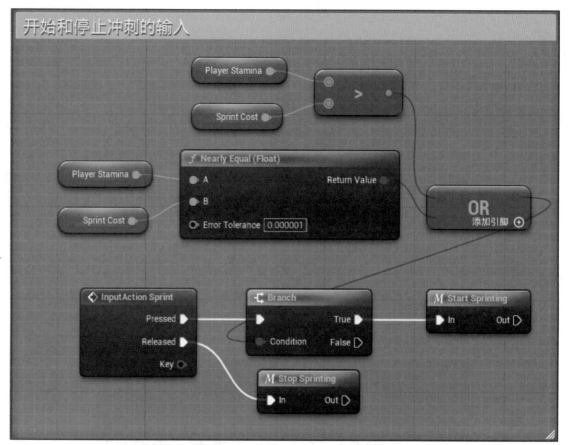

图8-14　InputAction Sprint事件的新版本

（3）从InputAction Sprint节点的Pressed输出引脚上拖出引线，并添加Branch节点。

（4）从Branch节点的Condition输入引脚拖出引线，并添加OR布尔节点。

（5）从OR节点的顶部输入引脚拖出引线，并添加Greater节点。我们不能使用Greater Equal节点，因为我们需要使用Nearly Equal（float）节点来验证两个浮点变量是否相等。

（6）从Greater节点的顶部输入引脚拖出引线，并添加Get Player Stamina节点。

（7）从Greater节点的底部输入引脚拖出引线，并添加Get Sprint Cost节点。

（8）从OR节点的底部输入引脚拖出引线，并添加Nearly Equal（float）节点。

（9）从Nearly Equal（float）节点的A输入引脚上拖出引线，并添加Get Player Stamina节点。

（10）从Nearly Equal（float）节点的B输入引脚上拖出引线，并添加Get Sprint Cost节点。

（11）从Branch节点的True输出引脚拖出引线，然后添加Start Sprinting宏节点。

（12）从InputAction Sprint节点的Released输出引脚拖出引线，然后添加Stop Sprinting宏节点。

（13）将注释框的标签更改为"开始和停止冲刺的输入"。

创建ManageStamina自定义事件

接下来，我们将创建自定义的ManageStamina事件来检查玩家是否在冲刺，并调用相应的宏来消耗体力或为其充电。

以下是创建ManageStamina自定义事件的具体步骤。

（1）在"**事件图表**"的空白区域右击，在打开的窗口的搜索框中输入Add Custom

↑图8-15　添加自定义事件

Event，选择"**Add Custom Event...**"事件选项，如图8-15所示。然后，将自定义事件重命名为ManageStamina。

（2）添加图8-16中显示的节点来检查玩家是否在冲刺，并调用相应的宏。

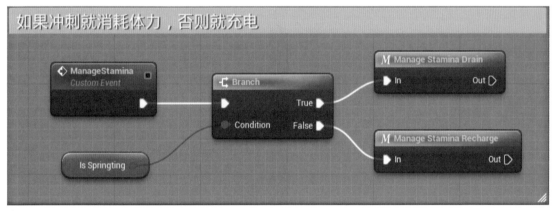

↑图8-16　ManageStamina自定义事件

编译、保存蓝图，单击"**播放**"按钮测试游戏。当玩家在关卡中冲刺时，按住左Shift键会消耗玩家的体力值，而当释放左Shift键且玩家处于行走或休息状态时，体力就会恢复。

我们已经成功实现了管理体力和冲刺所需的行为，下一步是执行与玩家弹药相关的约束。

$8.1.2$ 弹药耗尽时禁止开火

本节，我们将在玩家能力上设置一个限制，即在玩家的弹药数为0时禁止开枪。要实现这一点，我们将在InputAction Fire事件之后添加一个Branch节点，如图8-17所示。

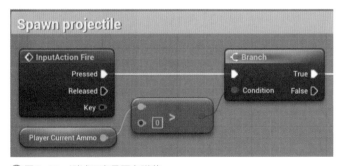

↑图8-17　测试玩家是否有弹药

要实现以上目标，请根据以下步骤进行操作。

（1）在"**我的蓝图**"面板的"**图表**"类别中双击InputAction Fire事件，移动到"**事件图表**"中已放置InputAction Fire的位置。

（2）拖动InputAction Fire节点的Pressed引脚至空白位置，在打开的上下文菜单中添加Branch节点。Branch节点将自动连接到InputAction Fire节点。

（3）从Branch节点的Condition输入引脚拖出引线到空白位置，在打开的上下文菜单中添加Greater节点。

（4）从Greater节点的顶部输入引脚拖出引线，在打开的上下文菜单中添加GET Player Current Ammo节点。保持Greater节点的底部输入参数为默认值0。

编译、保存蓝图，单击"**播放**"按钮测试游戏。我们会发现当弹药计数器归0时，枪械不再开火。

我们已经完成了玩家约束，接下来还需要创建一个新的蓝图来为玩家提供弹药。

8.2 创建可收集物品

限制玩家在弹药耗尽时开枪，会迫使玩家考虑在游戏中射击的准确性以及如何节省弹药。然而，如果没有获得更多弹药的途径，限制弹药将是一种过度严厉的惩罚。我们不希望弹药像体力值一样可以自然恢复，所以接下来我们将设计一个可收集的弹药拾取工具，让玩家通过探索和穿越关卡重新获得弹药。

要创建BP_AmmoPickup蓝图，可以根据以下步骤进行操作。

（1）首先我们在内容浏览器中打开"内容/FirstPerson/Blueprints"文件夹。单击"**添加**"按钮，在列表中选择"**蓝图类**"选项。

（2）在打开的"**选取父类**"窗口中选择Actor作为父类。

（3）将蓝图命名为BP_AmmoPickup并双击，打开蓝图编辑。

（4）单击"**组件**"面板中的"**添加**"按钮，然后在打开的列表中选择"**静态网格体组件**"选项。在"**细节**"面板中的"**静态网格体**"类别中设置"**静态网格体**"为Shape_Pipe。编译后，在"**材质**"区域中设置"**元素0**"为M_Door。最后在"**变换**"区域设置"**缩放**"属性的X、Y和Z值均为0.5，如图8-18所示。

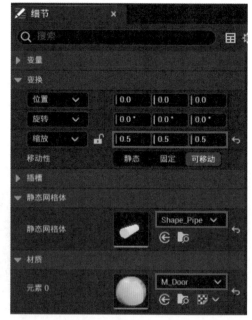

↑ 图8-18 设置静态网格体

（5）在"碰撞"区域中设置"碰撞预设"为OverlapAllDynamic，如图8-19所示。

重要提示

在设计游戏原型时，利用现有的资产比花时间从头开始创建每个资产更为有效。这可以让我们把时间和精力集中在确定什么机制能够提供最佳的游戏体验上，而不是花时间创建原型资产，因为这些资产可能会因为机制调整而被废弃。

⬆图8-19 设置静态网格体的碰撞预设

（6）我们将创建一个名为AmmoPickupCount的变量，来存储玩家在收集弹药时获得的弹药数量。在"**我的蓝图**"面板的"**变量**"类别中，单击右侧的加号按钮添加一个变量。在"**细节**"面板的"**变量命名**"文本框中输入AmmoPickupCount，将"**变量类型**"更改为"**整数**"，并勾选"**可编辑实例**"复选框，如图8-20所示。

（7）编译蓝图，在"**默认值**"区域中设置变量的值为15。

⬆图8-20 创建AmmoPickupCount变量

（8）我们将使用BP_AmmoPickup的Event ActorBeginOverlap来检测玩家（FirstPersonCharacter）是否与BP_AmmoPickup实例发生重叠，并增加玩家当前的弹药值。我们将使用的节点，如图8-21所示。

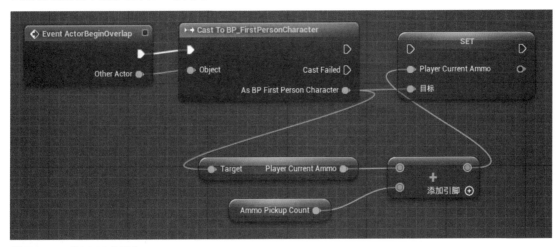

⬆图8-21 增加玩家的弹药

（9）在"**事件图表**"选项卡的空白处右击，在打开的上下文菜单中添加Event ActorBeginOverlap节点。

（10）从Event ActorBeginOverlap节点的Other Actor输出引脚拖出引线，然后添加

Cast To FirstPersonCharacter节点。

（11）从Cast To FirstPersonCharacter节点的As BP First Person Character引脚拖出引线，然后添加Set Player Current Ammo节点。

（12）从As BP First Person Character引脚拖出引线，并添加Get Player Current Ammo节点。

（13）从Get Player Current Ammo节点输出引脚拖出引线到空白处，并创建Add节点。

（14）从Add节点的底部输入引脚拖出引线，添加Get Ammo Pickup Count节点。

（15）将Add节点的输出引脚连接到Set Player Current Ammo节点的输入引脚。

（16）以上步骤完成了图8-21中的节点。接下来，让我们播放一个声音，并在收集物品时销毁实例，如图8-22所示。

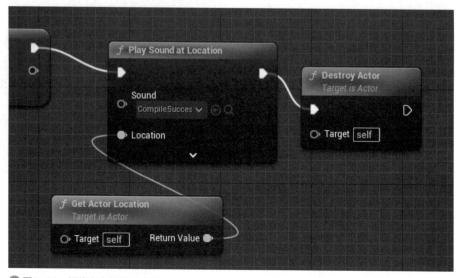

⬆图8-22　播放声音并销毁实例

（17）从Set Player Current Ammo节点的白色输出引脚拖出引线到空白处，在打开的上下文菜单中添加Play Sound at Location节点。

（18）对于游戏的原型，我们将使用来自Engine Content的音波。单击Play Sound at Location节点的Sound的下三角按钮，单击齿轮图标，在列表中勾选"显示引擎内容"复选框，如图8-23所示。再次单击Sound下三角按钮，从列表中选择CompileSucess声波。

（19）从Play Sound at Location节点拖动Location输入引脚至空白位置，并添加Get Actor Location节点。

⬆图8-23　在资源列表中显示引擎内容

（20）从Play Sound at Location节点的白色输出引脚上拖出引线到空白位置，并添加DestroyActor节点，以确保每个收集物品只能被抓取一次。

（21）编译并保存BP_AmmoPickup蓝图。

（22）现在，返回到关卡编辑器，将BP_AmmoPickup蓝图从内容浏览器拖到关卡中，以创建一个实例。在关卡周围的不同位置添加更多的实例来为该区域提供弹药。保存关卡并单击"**播放**"按钮来测试游戏。我们可以看到玩家每次从弹药上走过，弹药计数器就会增加，如图8-24所示。

⬆ 图8-24　收集弹药以增加玩家的弹药数量

我们已经学会了如何为拾取物品创建蓝图，以便在拾取物品时修改玩家的状态。为了建立一个完整的游戏循环，还需要为玩家设定获胜的条件，下一节我们将介绍如何设置游戏获胜条件。

 # 8.3 设置游戏获胜条件

本节，我们将修改HUD蓝图和玩家角色蓝图，以明确玩家必须努力实现的目标。我们将在HUD目标计数旁边显示目标进度，以便玩家可以轻松了解需要摧毁多少目标才能获胜。

此外，我们还将创建一个控件蓝图，用于在玩家达到目标时显示胜利提示。最后，我们将执行玩家是否获胜检查并显示获胜菜单屏幕所需的逻辑。

8.3.1 在HUD中显示目标

首先，我们需要在FirstPersonCharacter蓝图中创建一个变量，来确定我们要求玩家摧毁多少目标才能赢得游戏。然后，需要在HUD蓝图中向玩家显示这些信息。

按照以下步骤将实现在HUD中显示目标。

（1）在内容浏览器中打开"内容/FirstPerson/Blueprints"文件夹，然后双击FirstPersonCharacter蓝图。

（2）在"**我的蓝图**"面板的"**变量**"类别中，单击加号按钮以添加一个变量，将其命名为TargetGoal，并将"**变量类型**"更改为"**整数**"。

（3）编译FirstPersonCharacter蓝图，将变量的"**默认值**"设置为2，如图8-25所示。

（4）编译并保存蓝图，然后关闭蓝图编辑器。

（5）在"内容浏览器"中打开"内容/FirstPerson/UI"文件夹，双击HUD蓝图，打开UMG编辑器。在Goal Tracker中添加两个"**文本**"对象，如图8-26所示。

⬆ 图8-25　创建"整数"类型的Target Goal变量

（6）切换到"**设计器**"视图，在"**控制板**"面板的"**通用**"类别中将"**文本**"对象拖到"**层级**"面板中的Goal Tracker对象上。

（7）选择添加文本对象，在"**细节**"面板中将名称更改为Slash，将"**内容**"类别下的"**文本**"字段更改为"**/**"（包括斜杠前后的空格），并将字号大小设置为32。

⬆ 图8-26　带有新元素的HUD目标跟踪器

（8）将另一个"**文本**"对象拖到Goal Tracker上。在"**细节**"面板中，将名称更改为Target goal。将"**内容**"类别下的"**文本**"字段更改为"0"，并将字号大小设置为32。新的目标跟踪器，如图8-27所示。

Targets Eliminated:0 / 0

⬆ 图8-27　目标跟踪器显示目标计数和目标

（9）要将HUD的**Target goal**绑定到
FirstPersonCharacter蓝图的**TargetGoal**
变量，则在"**细节**"面板中单击"**文本**"字段
旁边的"**绑定**"下三角按钮，在打开的列表中
选择"**创建绑定**"选项，如图8-28所示。

（10）我们将遵循在"第7章 创建屏幕UI
元素"中创建的HUD绑定相同的模式进行绑
定。添加一个**Get Player Character**节点，
使用**Cast To BP_FirstPersonCharacter**
节点进行投射，然后从**As First Person
Character**引脚拖出引线并添加**Get Target**

↑图8-28　为Target goal创建绑定

Goal节点。最后，将**Cast To**节点和**Target Goal**节点都附加到**Return Node**节点，如图8-29
所示。

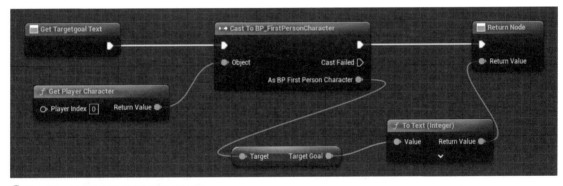

↑图8-29　目标变量的值将显示在HUD上

（11）编译并保存蓝图，然后单击"**播放**"按钮测试游戏。

我们可以看到目标计数器数值随着目标的销毁而增加，目标计数器右侧显示的目标数不会改
变。接下来，我们需要确保玩家在达到目标时能够获得反馈。

8.3.2 创建获胜菜单屏幕

为了在玩家赢得游戏后提供反馈，我们将创建一个WinMenu屏幕，该屏幕将在玩家摧毁所需
数量的目标时出现。为了创建这个WinMenu，我们需要另一个控件蓝图，就像我们为HUD创建
的那样。

（1）在内容浏览器中打开"内容/FirstPerson/UI"文件夹，然后在空文件夹的空白处单击鼠
标右键，在快捷菜单中选择"**用户界面>控件蓝图**"命令，如下页图8-30所示。将生成的蓝图命
名为WinMenu。

（2）双击创建的蓝图，打开UMG编辑器。我们将为这个菜单屏幕设置3个元素：其中一个是
一个简单的文本对象，将在屏幕上显示"You Win!"；另外两个元素是允许玩家重新开始游戏或
退出游戏的按钮，如下页图8-31所示。

⬆图8-30　创建一个控件蓝图

⬆图8-31　WinMenu控件蓝图的元素

（3）将一个"**文本**"对象从"**控制板**"面板拖到"**层级**"面板中的CanvasPanel对象上。在"**细节**"面板中将名称更改为Win msg，在"**插槽**"区域单击"**锚点**"下三角按钮，在列表中选择屏幕中央锚点的选项，如图8-32所示。

（4）将"**位置X**"设定为-190.0，将"**位置Y**"设定为-250.0，勾选"**大小到内容**"复选框，这样我们就不需要调整"**大小X**"和"**大小Y**"的值（其大小会根据显示的内容自动调整），如图8-33所示。

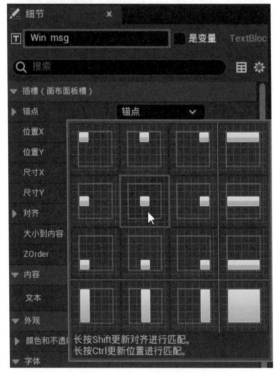

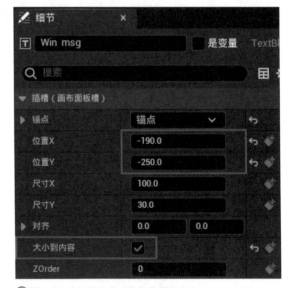

⬆图8-32　这个对象的锚点位于屏幕的中心

⬆图8-33　设置文本对象的位置和大小

（5）将"**内容**"类别下的"**文本**"字段更改为"You Win！"。在"**外观**"类别中将文本尺寸设置为72，然后单击"**颜色和不透明度**"右侧的色块，打开"**取色器**"对话框，将颜色设置为绿色并单击"**确定**"按钮，如下页图8-34所示。

（6）将"**按钮**"对象从"**控制板**"面板拖动到"**层级**"面板中的CanvasPanel对象上。

选择添加的按钮对象，在"细节"面板中将名称更改为Btn restart。单击"锚点"下拉按钮，然后在列表中选择锚点位于屏幕中心的选项。

（7）将"**位置X**"设置为-180.0、"**位置Y**"设置为-50.0、"**尺寸X**"设置为360.0、"**尺寸Y**"设置为100.0，如图8-35所示。

🔼图8-34 设置文本、颜色和字体的尺寸

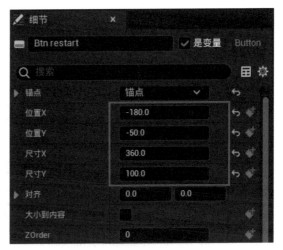

🔼图8-35 设置按钮的位置和大小

（8）将"**文本**"对象从"**控制板**"面板拖到"**层级**"面板中的**Btn restart**对象上。在"**细节**"面板中设置名称为Txt restart，将"**内容**"类别下的"**文本**"字段更改为Restart，并设置文本尺寸为48。

（9）从"**控制板**"面板中拖动另一个"**按钮**"对象到"**层级**"面板中的**CanvasPanel**对象上。在"**细节**"面板中将名称更改为Btn quit，单击"**锚点**"下拉按钮，并在列表中选择屏幕中央锚点的选项。

（10）设置"**位置X**"为-180.0、"**位置Y**"为150.0、"**尺寸X**"为360.0、"**尺寸Y**"为100.0。

（11）将一个"**文本**"对象从"**控制板**"面板拖动到"**层级**"面板中的**Btn quit**对象上。在"**细节**"面板中将名称设置为Txt quit，将"**内容**"类别下的"**文本**"字段更改为Quit，并将文本尺寸设置为48。

在UMG编辑器中，可以看到WinMenu控件蓝图的效果如图8-36所示。

（12）现在，我们需要添加在按下Restart按钮时执行的操作。选择**Btn restart**对象，在"**细节**"面板中向下滚动到底部，然后单击"**事件**"类别中"**点击时**"事件右侧的加号按钮，如图8-37所示。将添加一个事件，当按钮被点击时触发。

🔼图8-36 WinMenu元素

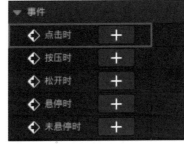

🔼图8-37 添加按钮事件

（13）此时将切换至**"事件图表"**选项卡，同时自动添加On Clicked（Btnrestart）节点。从On Clicked（Btnrestart）节点将输出引脚拖动到空白处，在打开的上下文菜单中添加Open Level（by Object Reference）节点。在Level参数中，选择我们要使用的关卡，即FirstPersonExampleMap。当玩家单击该按钮时，这个节点将重新加载关卡，重置关卡中的所有内容，包括目标、弹药收集和玩家。

（14）将Open Level（by Object Reference）的输出引脚拖动到空白处，在打开的上下文菜单中添加Remove from Parent节点，如图8-38所示。此节点从视图中删除WinMenu控件，我们希望菜单在关卡重置后消失。

⬆图8-38　重启按钮的动作

（15）我们将对Quit按钮执行类似的操作。返回**"设计器"**视图，选择Btn quit对象，向下滚动到**"细节"**面板的底部，然后在**"事件"**类别中单击**"点击时"**事件旁边的加号按钮以添加事件。

（16）自动切换至**"事件图表"**选项卡，其中包含On Clicked（Btnquit）节点。将On Clicked（Btnquit）节点的输出引脚拖动到空白处，并添加一个Quit Game节点，以便玩家可以通过单击Quit按钮关闭游戏，如图8-39所示。

⬆图8-39　Quit按钮的操作

（17）编译并保存，然后关闭UMG编辑器。

现在WinMenu已经创建，接下来还需要告诉游戏何时向玩家显示设置的内容。

8.3.3 | 显示WinMenu

正如在HUD控件蓝图中所设置的那样，我们将在FirstPersonCharacter蓝图中展示WinMenu。在游戏结束时，我们将创建一个名为End Game的自定义事件并调用它。

根据以下操作进行设置。

（1）在内容浏览器中打开"内容/FirstPerson/Blueprints"文件夹，然后双击FirstPersonCharacter蓝图。

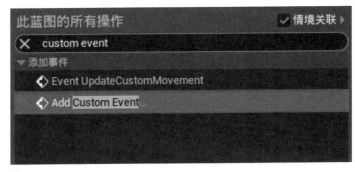

（2）在**"事件图表"**选项卡的空白处右击，在打开的上下文菜单中添加自定义事件。将其重命名为End Game，如图8-40所示。

⬆图8-40　添加自定义事件

（3）从End Game节点的输出执行引脚拖出引线，添加Set Game Paused节点，然后勾选Paused复选框。当玩家在WinMenu中选择一个选项时，此节点将暂停游戏，如图8-41所示。

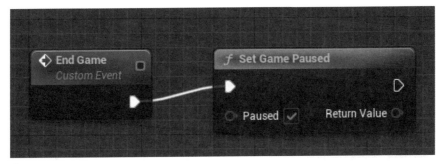

⬆图8-41　暂停游戏

（4）在**"事件图表"**的空白处右击，在打开的上下文菜单中添加Get Player Controller节点。从Return Value输出引脚拖出引线并添加Set Show Mouse Cursor节点。勾选**"显示鼠标光标"**复选框，并将此节点附加到Set Game Paused的输出执行引脚上，如图8-42所示。这将使玩家能够在游戏暂停后重新控制光标。

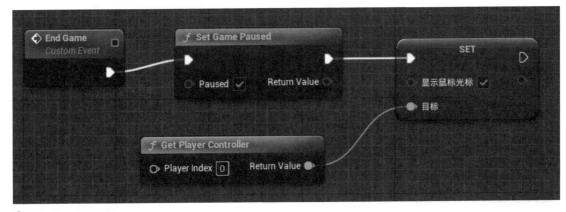

⬆图8-42　显示光标

（5）从SET Show Mouse Cursor节点的输出执行引脚上拖出引线，并添加Create Widget节点。在Class参数列表中，选择Win Menu选项。

（6）拖动Create Widget节点的Return Value输出引脚，并添加Add to Viewport节点，如下页图8-43所示。

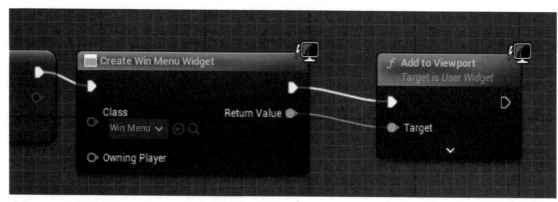

↑图8-43　创建并显示WinMenu

（7）在**End Game**事件的节点周围创建一个注释，其内容为End Game: Shows Win Menu。编译并保存蓝图。

最后一步是确定触发**End Game**自定义事件的条件。

|8.3.4| 触发胜利

本节将介绍如何在当玩家摧毁了足够多的目标圆柱体以达到目标时，触发End Game事件。首先我们在FirstPersonCharacter蓝图中创建一个名为CheckGoal的自定义事件，每当目标被销毁时，BP_CylinderTarget将调用该事件。

以下是将创建的CheckGoal自定义事件的操作，如图8-44所示。

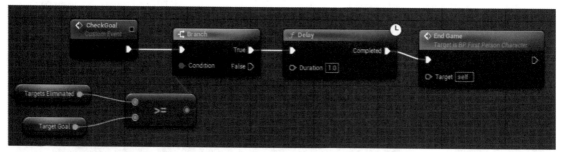

↑图8-44　检查目标是否达到

要实现以上效果，请按以下步骤进行操作。

（1）打开FirstPersonCharacter蓝图，在"**事件图表**"空白处右击，在打开的上下文菜单中添加一个自定义事件，将其重命名为CheckGoal。

（2）从CheckGoal节点的白色输出引脚拖出引线到空白区域，在打开的上下文菜单中添加**Branch**节点。

（3）从Branch节点的Condition输入引脚拖出引线到空白位置，并添加**Greater Equal**节点。

（4）从**Greater Equal**节点的顶部输入引脚拖出引线，并添加**GET Targets Eliminated**节点。

（5）从**Greater Equal**节点的底部输入引脚拖出引线，并添加**GET Target Goal**节点。

（6）从Branch节点的**True**输出引脚上拖出引线，并添加**Delay**节点。设置**Duration**参数值为1.0，该节点用于等待1秒后显示WinMenu。

（7）从**Delay**节点的**Completed**输出引脚上拖出引线，并添加**End Game**节点。这个节点将调用我们创建的**End Game**自定义事件来显示WinMenu。

（8）编译、保存并关闭蓝图编辑器。

现在，我们将修改BP_CylinderTarget，以便在每次销毁目标时调用CheckGoal事件。按以下步骤继续操作。

（1）在"内容浏览器"中打开"内容/FirstPerson/Blueprints"文件夹，双击BP_CylinderTarget蓝图。

（2）在"**事件图表**"中移动到**Event Hit**事件的动作末尾。将**DestroyActor**节点拖到右边，为另一个节点腾出空间。

（3）从**Cast To**节点的**As First Person Character**输出引脚上拖出引线，并添加**Check Goal**节点。将两个加号节点的白色输出引脚连接到**Check Goal**节点的白色输入引脚，将**Check Goal**节点的输出引脚连接到**DestroyActor**节点的白色输入引脚，如图8-45所示。

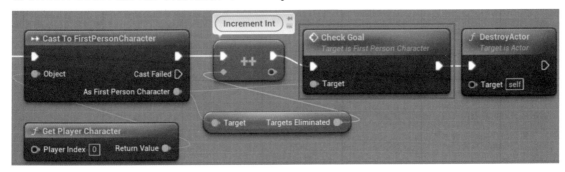

⬆图8-45　调用Check Goal事件

（4）编译、保存并单击"**播放**"按钮测试游戏。如果所有蓝图都设置正确，那么我们应该会看到游戏暂停，一旦玩家摧毁第二个目标，WinMenu就会出现。单击Restart按钮将重新加载关卡。单击Quit按钮将关闭会话，如图8-46所示。

⬆图8-46　在游戏中显示WinMenu

我们已经为玩家设定了一个目标，并创建了一个WinMenu控件蓝图，用于在玩家实现目标时显示该蓝图。WinMenu提供反馈和一些选项供玩家在完成游戏时进行选择。

8.4 本章总结

在本章中，我们通过为玩家的能力添加限制来增强游戏的体验，并为玩家设定了要实现的目标。在这个过程中，我们学会了如何使用计时器来重复行动、在游戏世界中创建可收集的对象以及构建菜单系统。

本章结束了第2部分。构成电子游戏体验基础的元素都包含在我们所创造的游戏中。在此基础上，我们可以复制项目，增加目标，并花费一些时间自定义关卡布局，创造出一种独特的、具有挑战性的游戏体验。

在第3部分，我们将开始处理蓝图编程和游戏开发的更高级主题：人工智能（AI）。我们还将为游戏添加新功能，并学习如何构建和发布游戏。

在下一章中，我们将用智能的敌人取代之前的目标圆柱体，这些敌人可以在两点之间巡逻并在关卡中追捕玩家。

8.5 测试

（1）我们应该避免使用宏，因为它们会使编程混乱。（　　）

    A. 对   B. 错

（2）我们可以使用计时器作为Event Tick的替代方法，因为这样可以为操作设置较低的动作重复率。（　　）

    A. 对   B. 错

（3）在示例游戏中，我们可以在一个关卡中的BP_AmmoPickup的每个实例中定义不同数量的弹药，因为在AmmoPickupCount变量的"细节"面板中勾选了"可编辑实例"复选框。（　　）

    A. 对   B. 错

（4）我们只能同时在视口中添加一个控件蓝图。（　　）

    A. 对   B. 错

（5）控件蓝图中包含"按钮"控件，当单击时会触发事件。（　　）

    A. 对   B. 错

第 3 部分

增强游戏

在第3部分，我们将学习使用行为树和导航网格创建智能敌人所需的基本人工智能（AI）技术。此外，为了让游戏更有趣，我们还会为游戏添加一些新功能。本部分还将演示如何构建和发行游戏。

第3部分包括以下4章：

- ⊙ 第9章 用人工智能构建智能敌人
- ⊙ 第10章 升级AI敌人
- ⊙ 第11章 游戏状态和收尾工作
- ⊙ 第12章 构建和发行

第9章

用人工智能
构建智能敌人

在本章中，我们将为游戏增加新的挑战，即引入具有AI行为的敌人。为此，我们将删除之前的目标圆柱体，创建能够对玩家构成威胁并能够分析周围环境做出决策的敌人角色。为了实现这一目标，我们将学习如何使用虚幻引擎的内置工具来处理AI行为，以及这些工具如何与我们的蓝图编程交互。在此过程中，我们将学习以下内容：

- ⊙ 设置敌方角色的导航
- ⊙ 创建导航行为
- ⊙ 让智能敌人追逐玩家

在本章结束时，我们将能够创建一个行为树，处理关卡中的敌人导航，并使他们在视野范围内追逐玩家。

9.1 设置敌方角色的导航

到目前为止，我们一直使用由基本的圆柱几何图形表示敌方的角色。在游戏原型设计中，如果目标只是作为玩家瞄准的对象，呈现给玩家像圆柱体这样无响应目标原型是非常有效的。然而，游戏中一个会四处移动并对玩家构成威胁的敌人，需要一个可识别的外观，至少能让玩家辨别出它移动的方向。幸运的是，Epic已经为虚幻引擎创建了一个免费的资产包，我们可用该资源包在游戏中添加一个适合我们新敌人类型的人物模型。

在本节中，我们将学习如何从虚幻商城中导入资产包、扩展游戏区域、使用导航网格，并创建敌人使用的AI资产。

9.1.1 从虚幻商城导入资源

首先，我们退出虚幻引擎编辑器，打开**Epic Games Launcher**应用程序。

从虚幻商城导入免费资产包的步骤如下。

（1）打开**Epic Games Launcher**应用程序，单击窗口左侧的"**虚幻引擎**"链接。

（2）单击顶部的"**虚幻商城**"标签，在右上角的搜索框中输入"animation starter"并进行搜索。

（3）单击"**动画初学者内容包**"资源的"**添加到购物车**"按钮，如图9-1所示。

⬆ 图9-1　虚幻引擎市场

（4）单击位于应用程序窗口右上角的购物车图标。

（5）单击"**购物车**"面板中的"**去支付**"按钮。

（6）当面板关闭时，单击Animation Starter Pack的图像以打开资产页面。

（7）单击"**添加到工程**"按钮，然后选择用于构建游戏的项目。这里，我们将名为AnimStarterPack的文件夹添加到项目的"**内容**"文件夹中。

Animation Starter Pack有我们需要用来代表敌人的资产。接下来，我们需要在游戏区域中为玩家和敌人提供更多空间。

9.1.2 | 扩展游戏区域

为了给我们的智能敌人提供一个有趣的环境来追逐玩家，我们需要对默认的第一人称游戏的示例地图布局做出一些改进。现有的布局虽然适用于射击目标，但对于玩家来说太过拥挤，无法避开追逐他们的敌人。

为了快速增加游戏玩法的多样性，我们将把游戏区域扩展到之前的两倍。我们还将创建一个高架区域，玩家和敌人都可以通过坡道进入。图9-2显示了新的关卡布局地图。

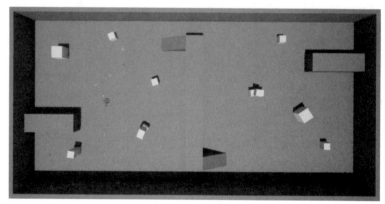

⬆ 图9-2　新的关卡布局地图

接下来，我们将按照以下步骤修改关卡布局。

（1）在虚幻编辑器中打开项目。

（2）移除第一人称游戏模板标签。此外，从关卡中删除**BP_CylinderTarget**的所有实例。我们可以在"**视口**"选项卡中选择实例，或者在"**世界场景设置**"面板中选择实例并删除。

（3）选择地板模型，然后按住Alt键沿Y轴拖动，复制一份地板模型。在Y轴上移动地板模型副本，直到游戏区域的宽度是原来的两倍，如图9-3所示。

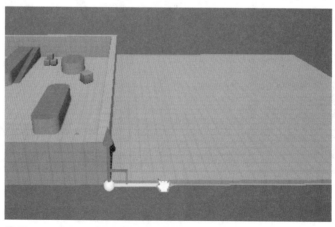

⬆ 图9-3　按住Alt键单击并拖动以复制地板模型

（4）我们需要扩大LightmassImportanceVolume和PostProcessVolume以覆盖新的播放区域，用于照明和效果，如图9-4所示。

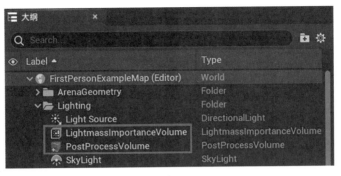

图9-4　设置覆盖游戏区域的参数

（5）在"**大纲**"面板中选择LightmassImportanceVolume，然后，在"**细节**"面板中单击"**缩放**"属性的"**锁定**"图标以解除锁定，并将"**缩放**"的Y轴（绿色）值设置为2.0，如图9-5所示。

（6）接下来，在关卡编辑器中将LightmassImportanceVolume沿Y轴移动，直到它完全覆盖游戏区域。

（7）在"**大纲**"面板中选择PostProcessVolume，然后在"**细节**"面板中将"**缩放**"的Y轴（绿色）值设置为44.0，如图9-6所示。完成后，转到关卡编辑器并在Y轴上移动PostProcessVolume，直到它覆盖播放区域。

（8）在关卡编辑器中，选择位于游戏区域中间的墙模型。在"**细节**"面板中将"**位置Y**"设置为5945.0。

（9）接下来，选择正面的墙模型，按住Alt键并拖动Y箭头，制作墙模型的副本。在"**细节**"面板中，将"**位置Y**"设置为4000.0。

（10）然后，选择正面的另一侧墙模型，按住Alt键并拖动Y箭头，制作墙的副本。在"**细节**"面板中，将"**位置Y**"设置为4000.0。图9-7显示了设置完成后游戏区域的样子。

图9-5　增加LightmassImportanceVolume的Y尺寸

图9-6　增加PostProcessVolume的Y尺寸

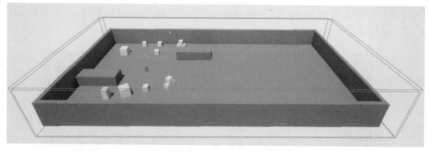

🔼 图9-7　现在的游戏区域是原来的两倍

（11）选择游戏区域内的墙模型，按住Alt键，然后拖动Y箭头以制作墙的副本。在"**细节**"面板中，将"**位置Y**"设置为5295.0，效果如图9-8所示。

（12）我们将转换游戏区域内墙模型，在中心创建一堵更大的墙。选择墙模型，在"**细节**"面板中，设置"**位置X**"为-280、"**位置Y**"为2000、"**位置Z**"为322，"**缩放X**"为30、"**缩放Y**"为4、"**缩放Z**"为3，如图9-9所示。

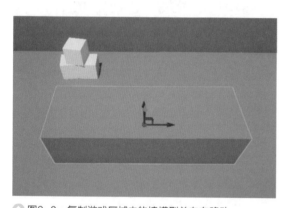

🔼 图9-8　复制游戏区域内的墙模型并向右移动

🔼 图9-9　修改墙模型

（13）现在，我们要增加一个坡道来创建高架区域。在内容浏览器中访问"内容/StarterContent/Shapes"文件夹，拖动Shape_Wedge_B资源并放到关卡中。在"**细节**"面板中，设置"**位置X**"为-1630、"**位置Y**"为2500、"**位置Z**"为170；"**旋转X**"为00、"**旋转Y**"为00、"**旋转Z**"为900；"**缩放X**"为6、"**缩放Y**"为3、"**缩放Z**"为3，如图9-10所示。

🔼 图9-10　使用Shape_Wedge_B创建一个坡道

（14）在"材质"区域中，将"元素0"从Shape_Edge_B更改为灰色立方体材质，如图9-11所示。

（15）接下来再添加另一个坡道来创建高架区域。在关卡中选择Shape_Wedge_B实例，按住Alt键，并沿*X*轴的方向拖动来复制坡道模型。在"细节"面板中，设置"位置*X*"为1070、"位置*Y*"为1500、"位置*Z*"为170；接着再设置"旋转*X*"为0、"旋转*Y*"为0、"旋转*Z*"为-900，如图9-12所示。

图9-11　更改Shape_Edge_B材质

图9-12　设置第二个坡道的位置和旋转

我们创建的高架区域的效果，如图9-13所示。

图9-13　角色可以通过坡道进入高架区域

（16）选择一些白色的立方体，然后把它们移到另一边。

（17）在关卡中添加更多的BP_AmmoPickup实例。

我们设计了一个关卡布局，为玩家和敌人的行动提供了更多空间。现在，我们将创建一个导航网格，这是敌人在关卡中移动所必需的操作。

9.1.3 使用NavMesh制作导航

为了实现允许敌人穿越关卡的AI行为，我们需要创建一个能够理解和导航环境地图的AI系统。这个地图是通过NavMesh（Navigation Mesh）构建的。

我们可以按照以下步骤为游戏区域构建NavMesh。

（1）在关卡编辑器中，单击工具栏上的"**快速添加到项目**"按钮，将光标悬停在"**体积**"选项上，在右侧的子列表中选择"**导航网格体边界体积**"命令，如图9-14所示。

（2）现在，我们需要移动并放大Nav Mesh Bounds Volume对象，直到关卡的整个可步行空间都包含在其中。在"**细节**"面板中，设置"**位置X**"为-316、"**位置Y**"为2116、"**位置Z**"为460，再设置"**缩放X**"为20、"**缩放Y**"为44、"**缩放Z**"为7，如图9-15所示。

⬆ 图9-14　添加NavMesh到关卡

⬆ 图9-15　调整NavMesh的位置和缩放

（3）按键盘上的P键，查看NavMesh是否放置正确。如果是正确的，我将会在地板上看到一个绿色的网格，如图9-16所示。

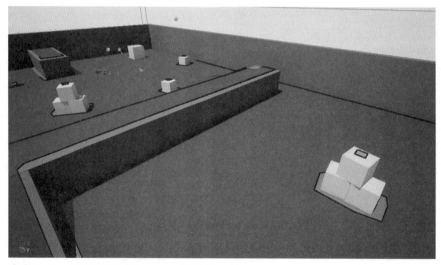

⬆ 图9-16　按P键可以切换NavMesh可见性

现在游戏区域和NavMesh已经设置好了，接下来我们需要将重点放在创建智能的敌人方面。

9.1.4 创建AI资产

我们需要创建4种资产类型，共同管理敌人的行为。

- ◉ **角色**：代表关卡中敌人角色的蓝图类。
- ◉ **AI控制器**：一个蓝图类，作为角色和行为树之间的连接，用于将行为树中生成的信息和行动传递给角色，角色执行这些行动。
- ◉ **行为树**：是决策逻辑的来源，用于指导敌人在什么条件下应该执行哪些行动。
- ◉ **黑板**：是一个容器，包含AI控制器和行为树之间共享的决策中使用的所有数据。

以下是创建4种资产的步骤。

（1）在内容浏览器中访问"内容/FirstPerson"文件夹，在文件夹中的空白处右击，然后在快捷菜单中选择**"新建文件夹"**命令。将新文件夹命名为"Enemy"。

（2）打开创建的Enemy文件夹，然后在空白处右击，在快捷菜单中选择**"蓝图类"**命令。

（3）在弹出**"选取父类"**窗口的底部展开**"所有类"**，并在搜索栏中键入"ASP_"。选择Ue4ASP_Character类来创建一个新的角色蓝图，如图9-17所示。这是我们在本章开头添加到项目中的Animation Starter Pack中的基本角色类。

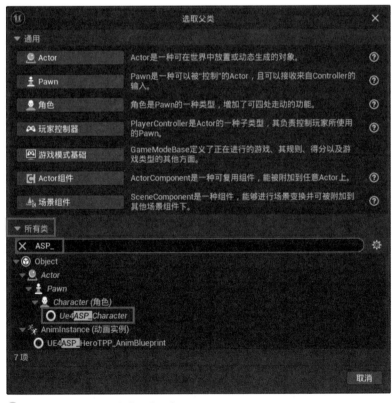

⬆图9-17 选择敌人角色蓝图的父类

（4）重命名蓝图为"BP_EnemyCharacter"。

（5）接下来，我们将创建AIController子类。在Enemy文件夹的空白处右击，在打开的快捷菜单中选择**"蓝图类"**命令。

（6）打开弹出的**"选取父类"**窗口底部的**"所有类"**，在搜索栏中输入"AIController"，在下方选择AIController类，并将生成的蓝图命名为"BP_EnemyController"。

（7）要创建行为树资源，则在Enemy文件夹的空白处右击，将光标悬停在**"人工智能"**命令上以显示子菜单，然后选择**"行为树"**命令，如图9-18所示。

（8）将创建的行为树资源重命名为"BT_EnemyBehavior"。

（9）最后创建**"黑板"**资产，同样在Enemy文件夹的空白处右击，将光标悬停在**"人工智能"**命令上以显示子菜单，然后选择**"黑板"**命令，并将创建的黑板命名为"BB_EnemyBlackboard"。

（10）图9-19显示了Enemy文件夹的资产。

图9-18　选择"行为树"命令

图9-19　Enemy文件夹中的资产

这些是我们将用来实现敌人角色AI的资产。接下来，我们需要对BP_EnemyCharacter蓝图进行一些修改。

9.1.5 设置BP_EnemyCharacter蓝图

当我们将BP_EnemyCharacter创建为Ue4ASP_Character子类时，它继承了从导入的动画包中创建的角色所需的网格、纹理和动画信息。其中一些信息是需要保留的，比如网格和动画。然而，我们需要确保BP_EnemyCharacter能够被正确的AI控制器控制。此外，我们还将改变BP_EnemyCharacter的材质，并隐藏在游戏中显示的胶囊组件。

注意事项

当我们打开一个没有任何脚本的蓝图时，会显示一个简单的编辑器，只能编辑默认值。要查看常规布局，我们需要单击顶部的"打开完整蓝图编辑器"链接。

我们可以按照以下步骤调整BP_EnemyCharacter蓝图。

（1）打开BP_EnemyCharacter蓝图。

（2）单击工具栏上的**"类默认值"**按钮，如图9-20所示。

图9-20　单击"类默认值"按钮

（3）在"**细节**"面板中，展开Pawn类别。这个类别的最后一个元素是"**AI控制器类**"，单击其右侧的下三角按钮，在下拉列表中选择BP_EnemyController类，如图9-21所示。

（4）在"**组件**"面板中选择"**网格体（CharacterMesh0）**"。然后，在"**细节**"面板中展开"**材质**"类别，并将"**元素0**"更改为我们创建的材质，如图9-22所示。

⬆ 图9-21 设置AI控制器类

⬆ 图9-22 设置网格体的材质

（5）在"**组件**"面板中选择"**胶囊体组件（CollisionCylinder）**"，在"**细节**"面板中将"**碰撞**"类别中的"**碰撞预设**"更改为BlockAllDynamic，然后在"**渲染**"类别中勾选"**游戏中隐藏**"复选框，如图9-23所示。

⬆ 图9-23 隐藏胶囊体组件

（6）编译蓝图，并将BP_EnemyCharacter蓝图拖到关卡上，在游戏区域创建一个敌人的实例。

在本节中，我们学习了如何从"**虚拟商城**"导入资产。我们扩展了关卡，并使用NavMesh制作导航。我们还创造了AI资产，接下来将准备实现敌人的导航行为。

9.2 创建导航行为

我们创建的敌人的第一个目标是让它在地图上的两点之间巡逻。为了实现这一功能，我们需要在地图上创建敌人将导航到的点，然后设置其行为，使敌人在巡逻点之间进行循环移动。

9.2.1 设置巡逻点

让我们从创建AI巡逻的路径开始。我们将使用球体触发器来表示巡逻点，因为它会生成重叠事件，并隐藏在游戏中。我们需要在关卡上创建至少两个巡逻点，因为BP_EnemyCharacter的每个实例都可以在两个巡逻点之间导航。

我们可以按照以下步骤创建巡逻点。

（1）在关卡编辑器中，单击位于工具栏上的"**快速添加到项目**"按钮，在菜单中将光标悬停在"**所有类**"上，在子菜单中选择"**触发球体**"命令，如下页图9-24所示。然后将球体触发器放置在地板上的任何地方。

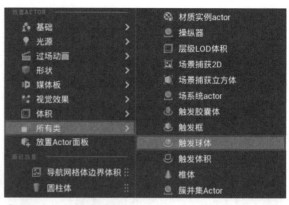

图9-24　创建触发球体

（2）在"**细节**"面板中，将创建的触发球体重命名为"PatrolPoint1"。

（3）根据相同的方法创建另一个触发球体，并将其命名为"PatrolPoint2"。把它放在远离第一个巡逻点的地方，这样两点之间的移动就很明显了。

巡逻点建立起来后，我们就可以继续搜集敌人的信息了。

9.2.2 创建黑板键

黑板用于存储键和值等信息。BB_EnemyBlackboard将包含两个键，一个用于存储当前的巡逻点，另一个用于保存对玩家角色的引用。这些信息将被行为树引用。

我们可以按照以下步骤创建键。

（1）从内容浏览器打开BB_EnemyBlackboard。

（2）单击"**新建**"下三角按钮，然后在列表中选择Object作为键的类型。

（3）将创建的键命名为"CurrentPatrolPoint"。

（4）在"**黑板细节**"面板中单击"**键类型**"左侧的展开箭头，然后单击"**基类**"右侧的下三角按钮，在列表中选择Actor选项，或者在搜索框中搜索Actor，结果如图9-25所示。

图9-25　创建CurrentPatrolPoint键

（5）接下来为玩家角色创建键。单击"**新建**"下三角按钮，然后在列表中选择Object作为键的类型。

（6）将创建的键命名为"PlayerCharacter"。单击"**键类型**"左侧的展开箭头，然后将"**基类**"更改为Character，如图9-26所示。

接下来，需要将黑板中CurrentPatrolPoint键的值设置为关卡中的实际巡逻点。我们可以在BP_EnemyCharacter蓝图中进行此操作。

图9-26　创建PlayerCharacter键

9.2.3 创建BP_EnemyCharacter中的变量

在本小节，我们将在BP_EnemyCharacter中创建变量，用于存储巡逻点和黑板的键名。

我们可以按照以下步骤创建变量。

（1）打开BP_EnemyCharacter蓝图。

（2）在"**我的蓝图**"面板的"**变量**"类别中，单击加号按钮添加变量并将其命名为"PatrolPoint1"。

（3）在"**细节**"面板中，单击"**变量类型**"下拉按钮，然后搜索"Actor"。将光标悬停在Actor上，选择子菜单中的"**对象引用**"选项。然后勾选"**可编辑实例**"复选框，如图9-27所示。

图9-27　创建引用Actor实例的变量

（4）按照相同的步骤创建第二个名为PatrolPoint2的变量，设置"变量类型"也为Actor。

（5）创建另一个Actor类型的变量CurrentPatrolPoint，取消勾选该变量的"**可编辑实例**"复选框。

（6）图9-28是我们所创建的变量。变量右侧打开的眼睛图标表示变量是可编辑的，所以PatrolPoint1和PatrolPoint2变量的引用可以在关卡编辑器中设置。

图9-28　创建巡逻点的变量

（7）接下来，我们将在"**我的蓝图**"面板中创建另一个变量。首先在"**细节**"面板中，将变量命名为PatrolPointKeyName，并将"**变量类型**"更改为"**命名**"。编译蓝图并将"**默认值**"设置为CurrentPatrolPoint，如下页图9-29所示。

⬆ 图9-29　创建一个变量存储黑板的键名

现在，我们可以使用这些变量更新BB_EnemyBlackboard上的值。

9.2.4 更新当前巡逻键

在本小节，我们将编写一个宏来更新**BB_EnemyBlackboard**的CurrentPatrolPoint
键，因为这个键将在多个地方使用。

以下是创建宏的步骤。

（1）在**"我的蓝图"**面板中，单击**"宏"**类别中的加号按钮以创建宏。将宏的名称更改为
UpdatePatrolPointBB，如图9-30所示。

（2）在宏的**"细节"**面板中，创建名为**In**的输入参数和名为**Out**的输出参数，这两个参数的
类型均为**"执行"**，如图9-31所示。

⬆ 图9-30　创建宏

⬆ 图9-31　创建引用Actor实例的变量

（3）在为UpdatePatrolPointBB宏创建的选项卡上，添加图9-32中显示的节点。

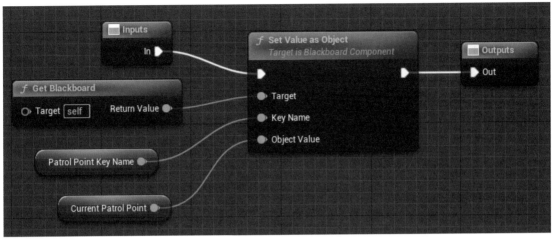

⬆图9-32　UpdateProlPointBB宏

（4）在图表的空白处右击，在打开的上下文菜单中添加Get Blackboard节点。这是一个实用程序函数，用于搜索AI控制器正在使用的黑板。

（5）从Get Blackboard节点的Return Value引脚上拖出引线，并添加Set Value as Object节点。

（6）从Set Value as Object节点的Key Name引脚上拖出引线，添加GET Patrol Point Key Name节点。

（7）从Set Value as Object节点的Object Value引脚上拖出引线，并添加GET Current Patrol Point节点。

（8）连接Inputs、Set Value as Object和Outputs节点的白色执行引脚后，编译蓝图。

接下来，我们需要检查BP_EnemyCharacter实例何时与巡逻点发生重叠，以更新BB_EnemyBlackboard中的CurrentPatrolPoint键。

9.2.5 重叠巡逻点

我们将使用Event ActorBeginOverlap事件来验证BP_EnemyCharacter实例何时到达两个巡逻点中的一个，然后交换该实例正在移动的巡逻点。每次更新CurrentPatrolPoint变量时，都需要调用UpdatePatrolPointBB宏。

在Event BeginPlay事件中，我们将初始巡逻点设置为CurrentPatrolPoint，并调用UpdatePatrolPointBB宏。

我们可以按照以下步骤创建事件。

（1）在BP_EnemyCharacter的"事件图表"中，从Event BeginPlay事件的白色执行引脚上拖出引线，在打开的上下文菜单中添加一个SET Current Patrol Point节点。

（2）从SET Current Patrol Point节点的输入引脚上拖出引线，添加一个GET Patrol Point 1节点。

（3）从SET Current PatrolPoint节点的白色输出引脚上拖出引线，并添加

UpdatePatrolPointBB宏节点,如图9-33所示。

⬆图9-33 设置初始巡逻点

(4)现在,我们将创建可以交换巡逻点的Event ActorBeginOverlap事件。该事件首先检查敌人是否与Patrol Point 1重叠。如果结果为True,则事件将Patrol Point 2设置为当前巡逻点;如果结果为False,则该事件检查敌人是否与Patrol Point 2重叠。在这种情况下,事件会将Patrol Point 1设置为当前巡逻点,如图9-34所示。

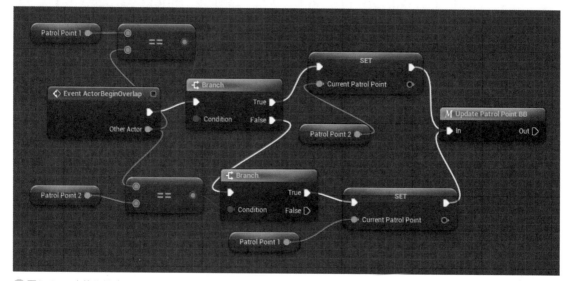

⬆图9-34 交换巡逻点

(5)接下来的步骤(5)~(8)创建的节点用于检查敌人是否与Patrol Point 1重叠。首先从Event ActorBeginOverlap节点的白色执行引脚上拖出引线,在打开的上下文菜单中添加一个Branch节点。

(6)从Branch节点的Condition输入引脚拖出引线,并添加一个Equal节点。

(7)从Equal节点的顶部输入引脚拖出引线,并添加一个GET Patrol Point 1节点。

(8)将Equal节点的底部输入引脚连接到Event ActorBeginOverlap节点的Other Actor输出引脚。

(9)步骤(9)~(11)创建的节点用于将Patrol Point 2设置为当前巡逻点。从Branch节点的True输出引脚拖出引线,然后添加SET Current Patrol Point节点。

(10)从SET Current Patrol Point节点的输入引脚拖出引线,然后添加一个GET Patrol Point 2节点。

（11）从SET Current Patrol Point节点的白色输出引脚拖出引线，然后添加UpdatePatrolPointBB宏节点。

（12）步骤（12）～（15）创建的节点用于检查敌人是否与Patrol Point 2重叠。从Branch节点的False输出引脚拖出引线，然后添加另一个Branch节点。

（13）从第二个Branch节点的Condition输入引脚拖出引线，然后添加一个Equal节点。

（14）将Equal节点的顶部输入引脚连接到Event ActorBeginOverlap节点的Other Actor输出引脚。

（15）从Equal节点的底部输入引脚拖出引线，然后添加一个GET Patrol Point 2节点。

（16）步骤（16）～（18）创建的节点用于将Patrol Point 1设置为当前巡检点。从第二个Branch节点的True输出引脚拖出引线，并添加一个SET Current Patrol Point节点。

（17）从SET Current Patrol Point节点的输入引脚上拖出引线，并添加一个GET Patrol Point 1节点。

（18）将SET Current PatrolPoint节点的白色输出引脚连接到UpdatePatrolPointBB节点的输入引脚上。

（19）编译并保存蓝图。

本小节我们完成了BP_EnemyCharacter Blueprint中处理巡逻点所需的操作。在下一小节，我们将修改BP_EnemyController Blueprint以运行行为树。

9.2.6 在AI控制器中运行行为树

AIController类包含一个名为Run Behavior Tree的函数，该函数接收一个行为树资产作为参数。我们创建了BP_EnemyController蓝图，使用AIController作为父类来运行BT_EnemyBehavior行为树。

我们可以按照以下步骤运行行为树。

（1）打开BP_EnemyController蓝图。

（2）切换到"事件图表"选项卡中，从Event BeginPlay的白色执行引脚拖出引线，然后添加一个Run Behavior Tree节点。

（3）在Run Behavior Tree节点中，单击BTAsset输入参数右侧的下三角按钮，在列表中选择BT_EnemyBehavior，如图9-35所示。

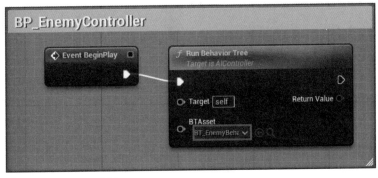

🔼 图9-35 运行行为树

（4）编译并保存蓝图。

至此，已经完成了蓝图中导航巡逻点的必要操作，接下来我们将进入AI的核心——行为树。

9.2.7 让AI通过行为树学会行走

行为树是一种用来模拟角色行为的工具，包含控制流节点和任务节点。

在本小节，我们将使用两个主要控制流节点：Selector和Sequence。Selector节点按照从左到右的顺序依次运行其下连接的每个节点（称为子节点），一旦有一个子节点成功运行，它就会停止运行。因此，如果Selector节点有三个子节点，那么第三个子节点运行的唯一方式是前两个子节点由于附加的条件为False而未能执行。Sequence节点正好相反。它还是按从左到右的顺序依次运行所有子节点，但只有当所有子节点都成功时，Sequence节点才会成功。第一个子节点失败会导致整个序列失败，从而结束执行并中止序列。

我们可以按照以下步骤创建第一个行为树。

（1）在内容浏览器中双击BT_EnemyBehavior资源，打开行为树编辑器。

（2）接着，我们可以在"细节"面板中单击BehaviorTree类别下"黑板资产"下三角按钮，在列表中选择BB_EnemyBlackboard作为Blackboard资产。BB_EnemyBlackboard的"关键帧"下拉列表将出现在底部的"黑板"面板中，如图9-36所示。

图9-36 选择行为树使用的黑板资产

（3）查看行为树图。行为树的顶层始终是ROOT节点，它只是用来指示逻辑流将从哪里开始。行为树节点底部较暗的线是节点之间的连接点，如图9-37所示。

（4）从ROOT节点底部的较暗区域拖出引线到空白处，在打开的上下文菜单中选择Sequence选项，如图9-38所示。

图9-37 逻辑流从ROOT节点开始

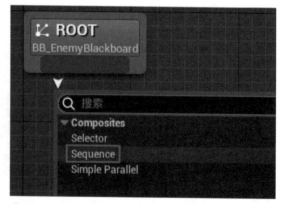

图9-38 添加Sequence节点

（5）在"细节"面板中，将"节点名称"更改为Move to Patrol。

（6）从Move to Patrol节点向下拖出引线，然后添加Move to节点。该类型的节点是一个任务节点，颜色为紫色，并且始终是行为树最底部的节点。在任务节点的底部没有附加节点的连接点，如图9-39所示。

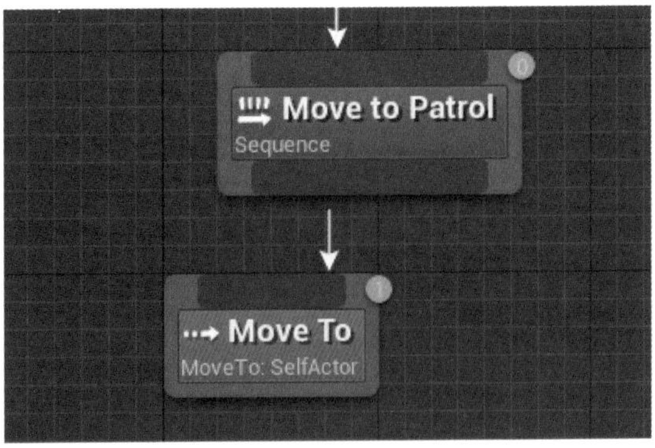

（7）在Move to任务节点的"细节"面板中，将"黑板"区域的"黑板键"更改为CurrentPatrolPoint，这个黑板键决定角色将被移动到的位置，如图9-40所示。

（8）从Move to Patrol序列节点向下拖出引线，然后添加Wait节点。

（9）在Wait节点的"细节"面板中，将"等待"类别中的"等待时间"设置为3.0，即在巡逻之间增加3秒的暂停时间。将"随机偏差"设定为1.0，添加1秒的变化。这将导致2到4秒之间的随机长度的暂停，如图9-41所示。

（10）保存行为树。运行游戏时，行为树将执行Move To任务节点的操作，直到敌人到达目的地。此时，将执行Wait任务节点，如图9-42所示。

注意事项

我们需要注意位于节点右上角带有数字的灰色小圆圈，它们表示节点的执行顺序，这些节点根据从左到右和从上到下的顺序进行排序。第一个要计算的节点将标记为0。

现在，我们已经准备好测试敌人巡逻行为了。

图9-39　Move to节点是一个任务节点

图9-40　这个黑板键决定角色的目的地

图9-41　调整等待时间

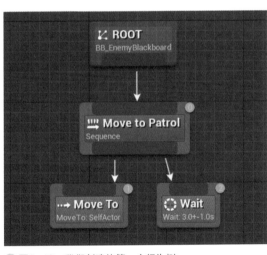

图9-42　我们创建的第一个行为树

9.2.8　选择BP_EnemyCharacter实例中的巡逻点

本小节，我们在BP_EnemyCharacter中将PatrolPoint1和PatrolPoint2变量创建为可编辑实例，以便能够在关卡编辑器中进行设置。

以下是选择巡逻点的步骤。

（1）在关卡编辑器中，选择我们放置在关卡中的BP_EnemyCharacter实例。

（2）在"**细节**"面板中，展开"**默认**"类别，单击Patrol Point 1下三角按钮，在列表的搜索框中输入并添加PatrolPoint1实例。用同样的方法将Patrol Point 2设置为PatrolPoint2实例，如图9-43所示。

（3）保存关卡并单击"**播放**"按钮，测试游戏。

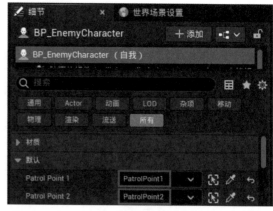

⬆图9-43 在"细节"面板中选择巡逻点

现在，我们看到红色的敌人角色开始导航到两个巡逻点中的第一个。当它到达第一个巡逻点时，会短暂停顿，然后开始步行到第二个巡逻点。在游戏运行期间，这种模式将继续来回运行。

现在我们已经建立了巡逻行为，接下来将赋予敌人看到玩家并追捕的能力。

9.3 让智能敌人追逐玩家

我们可以使用名为PawnSensing的组件来为敌人增加视觉和听觉能力。借助该组件，我们将扩展行为树，使智能敌人对玩家构成更大的威胁。

9.3.1 赋予敌人视觉感知能力

为了赋予敌人探测到玩家存在的能力，我们需要在BP_EnemyController中添加PawnSensing组件，并在敌人看到玩家时在BB_EnemyBlackboard中存储PlayerCharacter引用。

以下是使用PawnSensing组件的步骤。

（1）打开BP_EnemyController蓝图。

（2）在"**我的蓝图**"面板中创建一个变量。在"**细节**"面板中，将变量命名为PlayerKeyName，将"**变量类型**"设置为"**命名**"。编译蓝图并将默认值设置为PlayerCharacter。

（3）在"**组件**"面板中，单击"**添加**"按钮并在搜索框中输入"pawn"。选择"**Pawn感应组件**"选项，如图9-44所示。

⬆图9-44 添加Pawn感应组件

（4）在"Pawn感应组件"的"细节"面板中，展开"事件"类别，单击"看见Pawn上"事件右侧的加号按钮，将其添加到"事件图表"选项卡中，如图9-45所示。

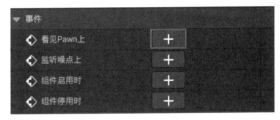

图9-45　添加On See Pawn事件

（5）当敌人沿着其视线看到Pawn类（或其子类Character）的实例时，就会触发"看见Pawn上"事件。我们需要检查所看到的实例是否是玩家（FirstPersonCharacter类）。如果是玩家，则将实例引用存储在黑板中。图9-46显示添加的节点。

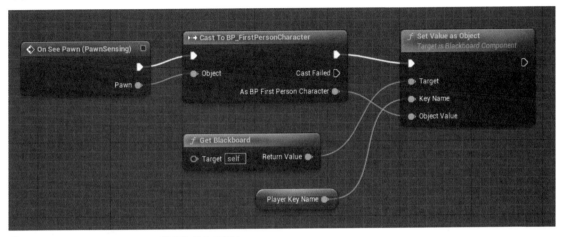

图9-46　将PlayerCharacter引用存储在黑板中

（6）从On See Pawn事件的Pawn输出引脚上拖出引线，并添加Cast To FirstPersonCharacter节点。

（7）在空白处右击，在打开的上下文菜单中添加Get Blackboard节点。

（8）从Get Blackboard节点的Retrun Value引脚上拖出引线，并添加Set Value as Object节点。

（9）从Set Value as Object节点的Key Name引脚上拖出引线，然后添加GET Player Key Name节点。

（10）从Set Value as Object节点的Object Value引脚上拖出引线，并连接到As First Person Character输出引脚。

（11）将Cast To FirstPersonCharacter和Set Value as Object节点的白色引脚连接起来。最后编译蓝图。

以上是在BP_EnemyController蓝图中让敌人看到玩家所需的更改，接下来我们将制作行为树。

9.3.2 创建行为树任务

我们可以在行为树中创建新的元素，比如Task、Decorator和Service。这些元素是蓝图的特殊类型。在本小节，我们将创建一个简单的Task来清除黑板键。

我们可以按照以下步骤创建Task。

（1）在内容浏览器中，通过双击BT_EnemyBehavior资产打开行为树编辑器。

（2）单击工具栏上的**"新建任务"**按钮，如图9-47所示。

⬆ 图9-47　单击"新建任务"按钮

（3）如果项目中没有Tasks，蓝图编辑器将打开一个新的蓝图，使用BTTask_BlueprintBase作为父类。如果项目中有Tasks，我们需要在出现的下拉列表中选择BTTask_BlueprintBase类。在打开的**"资产另存为"**对话框中单击**"保存"**按钮。

（4）在**"细节"**面板中显示了类的默认值。将**"节点名称"**字段更改为"Clear BB Value"，如图9-48所示。

（5）在**"我的蓝图"**面板的**"变量"**类别中单击加号按钮，添加一个变量。在**"细节"**面板中，将变量命名为"Key"，将**"变量类型"**更改为**"黑板键选择器"**，并勾选**"可编辑实例"**复选框，如图9-49所示。

⬆ 图9-48　设置节点名称

⬆ 图9-49　创建Key变量

（6）当任务在行为树中被激活时调用Event Receive Execute事件。我们将使用**"我的蓝图"**面板添加事件，以查看其他可用事件。将光标悬停在**"我的蓝图"**面板的**"函数"**类别上，单击**"重载"**下拉按钮，在列表中选择**"接收执行"**选项，如图9-50所示。

⬆ 图9-50　添加Event Receive Execute事件

（7）我们将使用Key变量清除Blackboard值，并使用Finish Execute函数来完成任务，添加的节点如图9-51所示。

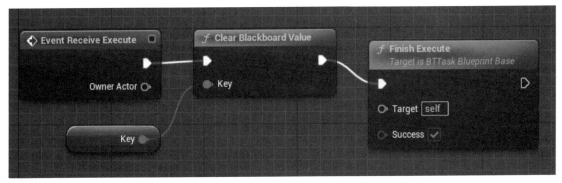

🔺图9-51 Event Receive Execute事件的操作

（8）从Event Receive Execute的白色输出引脚上拖出引线，并添加Clear Blackboard Value节点。

（9）从Clear Blackboard Value的Key输入引脚上拖出引线，并添加Get Key节点。

（10）从Clear Blackboard Value的白色输出引脚上拖出引线，并添加Finish Execute节点。勾选Finish Execute节点的Success参数的复选框。

（11）编译、保存并关闭蓝图编辑器。在内容浏览器中，将BTTask重命名为BTTask_ClearBBValue。

在下一小节，我们将使用新任务在敌人攻击后清除玩家角色的引用，给玩家逃跑的机会。

9.3.3 向行为树添加条件

我们需要另一个Sequence节点与任务连接，让敌人能够追逐玩家，并且还需要选择一个Selector节点来运行两个Sequence节点中的一个。为了确保新任务只在敌人看到玩家时运行，我们将添加一个Decorator连接到节点的顶部，并提供在执行任务之前必须满足的条件。

图9-52显示了本节更改后的行为树的更新版本。攻击玩家序列的任务将在下一节中添加。

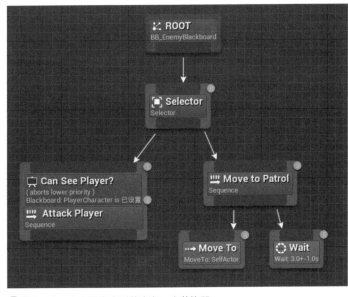

🔺图9-52 攻击玩家序列节点有一个装饰器

我们可以按照以下步骤修改行为树。

（1）在内容浏览器中双击BT_EnemyBehavior资产，打开行为树编辑器。

（2）在ROOT节点的中间右击，在打开的菜单中选择"**断开此链接**"命令。

（3）从ROOT节点底部的黑暗区域拖出引线到空白处，在打开的快捷菜单中选择Selector命令。

（4）从Selector节点向下拖出引线，连接到Move To Patrol节点。

（5）从Selector节点向下拖出引线，然后添加**Sequence**节点。此新节点必须位于**Move To Patrol**节点的左侧，因为它的优先级高于巡逻行为。

（6）在"**细节**"面板中，将"**节点名称**"更改为"Attack Player"。

（7）现在，我们将使用装饰器来验证敌人是否看到了玩家。右键单击Attack Player节点，将光标悬停在"**添加装饰器**"菜单上以展开子菜单，然后选择Blackboard命令以添加**装饰器**。

（8）选择添加的装饰器，在"**细节**"面板中，将"**流控制**"类别中的"**观察器中止**"设置为Lower Priority，将"**黑板**"类别中的"**黑板键**"设置为PlayerCharacter，将"**描述**"类别中的"**节点名称**"设置为"Can See Player?"，如图9-53所示。

（9）保存行为树。只有当**PlayerCharacter**键存在引用时，装饰器才允许节点运行。此外，它还会中断**Move to Patrol**序列以执行攻击玩家序列。

目前，让敌人追逐玩家还缺少攻击玩家序列的任务节点。

🔼 图9-53　装饰器设置

9.3.4 创造追逐行为

为了引诱敌人追逐玩家，我们将使用**Move To**任务节点，并以PlayerCharacter引用作为目标。我们将使用**Wait**节点创建攻击之间的暂停，并使用BTTask_ClearBBValue任务来清除PlayerCharacter引用，如图9-54所示。

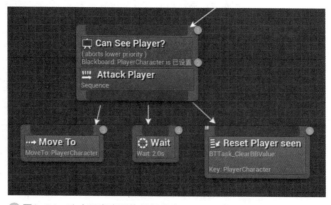

🔼 图9-54　攻击玩家序列的任务节点

在下一章中，我们将使敌人对玩家造成伤害。

我们可以按照以下步骤添加任务节点。

（1）从Attack Player序列节点中拖出引线，并添加一个Move To任务节点。在"细节"面板中，将"黑板"类别中"黑板键"更改为PlayerCharacter。

（2）从Attack Player序列节点中拖出引线，并添加Wait任务节点。在"细节"面板中，将"等待时间"设置为2.0。

（3）从Attack Player序列节点拖出引线，并添加BTTask_ClearBBValue任务节点。在"细节"面板中，将Key更改为PlayerCharacter，将Node Name更改为Reset Player seen，如图9-55所示。

图9-55　清除黑板中的PlayerCharacter值

（4）保存行为树并关闭行为树编辑器。在关卡编辑器中单击"播放"按钮，测试敌人的行为。

当玩家角色在巡逻的敌人前面导航时，敌人会停止巡逻并追逐玩家。一旦敌人接近玩家，它会停止2秒，然后返回其巡逻路径。如果敌人与玩家重新相遇，它将中断巡逻并再次开始追逐玩家。

9.4 本章总结

在本章中，我们使用具有挑战的智能敌人模型替换了原来简单的移动目标。在这个过程中，我们学会了如何结合AIControllers、行为树和黑板，来创建具备感知周围环境并基于这些信息做出决定的敌人。

随着我们继续开发智能敌人以对玩家构成更严峻的挑战，我们可以使用所学到的技能来考虑给予敌人更多的行为。持续探索AI机制，会让我们不断回到感知、决策和行动核心循环的起点。

在下一章中，我们将扩展AI的行为，创造能够真正挑战玩家的敌人。我们将为敌人添加倾听玩家发出的声音并能识别这些声音位置的能力，当靠近玩家时，赋予敌人攻击玩家的能力。为了平衡这些新威胁，我们还将赋予玩家反击敌人的能力。

9.5 测试

（1）Run Behavior Tree函数属于哪个类？（　　）

    A. Actor   B. Pawn

    C. AIController   D. PlayerController

（2）黑板是一种特殊类型的蓝图，可以包含事件和操作。（　　）

    A. 对   B. 错

（3）行为树图可以包含控制流节点和任务节点。（　　）

    A. 对   B. 错

（4）哪个控制流节点成功运行，并且一个子节点成功运行后立即终止运行？（　　）

    A. Selector   B. Sequence

（5）我们可以向节点添加哪个元素来提供运行它所必须满足的条件？（　　）

    A. Task   B. Decorator

    C. Service

第 10 章

升级 AI 敌人

　　在本章中，我们将为AI敌人增加更多功能，以引入玩家失败的可能性，并创造游戏玩法的多样性。基于这一点，我们将开始确定想要为玩家提供的挑战类型。我们将创造僵尸一样的敌人来无情地追捕玩家，创造一种以动作为核心的体验，让玩家必须在面对成群的敌人时努力奔跑才能生存。我们首先赋予AI敌人更多能力，包括对玩家造成伤害和使用巡逻模式来增加玩家生存难度。然后我们将赋予玩家反击这些危险敌人的能力。最后，我们将通过创建一个系统，使游戏世界中逐渐产生新敌人，从而实现难度增加的平衡。

　　在这个过程中，我们将涉及以下内容。

- ⊙ 创建敌人的攻击功能
- ⊙ 让敌人听到声音并识别位置
- ⊙ 摧毁敌人
- ⊙ 在游戏过程中生成更多的敌人
- ⊙ 创建敌人的巡逻行为

　　在本章结束时，我们将拥有一个敌人生成器，不仅能够生成攻击玩家的AI敌人，敌人还可以听到玩家的脚步声和射击声，并随机在关卡中巡逻。

10.1 创建敌人的攻击功能

如果所创造的敌人阻碍了玩家实现我们设定的目标，那么首先需要赋予敌人伤害玩家的能力。在"第9章 用人工智能构建智能敌人"中，我们设计了敌人攻击模式的基本结构，该结构会在玩家进入敌人的视野时触发并让敌人追逐玩家。我们现在将在这种攻击中引入伤害元素，以确保敌人进入玩家的近战范围时产生一些伤害的效果。

10.1.1 创建攻击任务

我们将创建一个名为BTTask_DoAttack的攻击任务，来对玩家造成伤害。我们还将扩展在敌人行为树中创建的**Attack Player**序列。该任务包含两个变量：一个用于存储伤害目标；另一个用于保存要施加的损伤数量。

我们可以按照以下步骤创建攻击任务。

（1）在内容浏览器中访问"内容/FirstPerson/Eemy"文件夹，然后双击BT_EnemyBehavior资产，打开**行为树编辑器**。

（2）单击工具栏上的**"新建任务"**下三角按钮，选择BTTask_BlueprintBase选项，打开**"资产另存为"**对话框，单击**"保存"**按钮。该任务与创建的**行为树**（内容/FirstPerson/Eemy）在同一文件夹中。

（3）在内容浏览器中，将新创建的BTTask_BlueprintBase_New资产重命名为"BTTask_DoAttack"。双击BTTask_DoAttack返回**蓝图编辑器**。

（4）**"细节"**面板中显示了类默认设置值，我们将**"节点名称"**字段更改为DoAttack。

（5）在**"我的蓝图"**面板中，单击**"变量"**类别的加号按钮创建变量。在**"细节"**面板中，设置**"变量命名"**为TargetActorKey，将**"变量类型"**更改为**"黑板键选择器"**，然后勾选**"可编辑实例"**复选框，如图10-1所示。

⬆图10-1 创建TargetActorKey变量

（6）在**"我的蓝图"**面板中创建另一个变量。在**"细节"**面板中，设置**"变量命名"**为Damage，将**"变量类型"**更改为**"浮点"**，然后勾选**"可编辑实例"**复选框。编译蓝图并将**"默认值"**设置为0.25，这意味着攻击将占用玩家25%的生命值，如下页图10-2所示。

图10-2 Damage变量的默认值是0.25

（7）将光标悬停在"**我的蓝图**"面板的"**函数**"类别上，单击"**重载**"下拉按钮，然后选择"**接收执行**"选项以添加事件。

（8）在Event Receive Execute事件中，确保Target Actor有效，然后对其施加伤害。该事件从黑板上获取Target Actor引用，并在调用Apply Damage函数之前检查其是否有效，如图10-3所示。

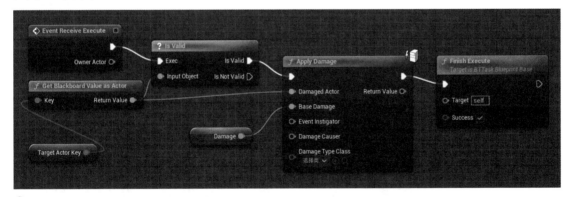

图10-3 Event Receive Execute操作

（9）步骤（9）～（12）的节点是从**黑板**上获取Target Actor引用，并检查其是否有效。从Event Receive Execute节点的白色引脚上拖出引线，在打开的上下文菜单中添加Is Valid宏节点。

（10）从"**我的蓝图**"面板中拖动Target Actor Key变量，放入"**事件图表**"的空白处，然后在列表中选择"**获取Target Actor Key**"选项，添加节点。

（11）从Target Actor Key节点拖出引线，并添加Get Blackboard Value as Actor节点。

（12）从Get Blackboard Value as Actor节点的Return Value中拖出引线，连接到Is Valid节点的Input Object引脚。

（13）步骤（13）～（15）的节点将使用Target Actor引用调用Apply Damage函数。从Get Blackboard Value as Actor节点的Return Value中拖出引线，并添加Apply Damage节点。将Is Valid输出引脚连接到Apply Damage节点的白色输入引脚。

（14）从Apply Damage节点的Base Damage输入引脚上拖出引线，并添加Get Damage节点。

（15）从Apply Damage的白色输出引脚上拖出引线，并添加Finish Execute节点，勾选Finish Execute节点的Success参数复选框。

（16）编译、保存并关闭蓝图编辑器。

现在，我们需要将攻击任务添加到BT_EnemyBehavior的攻击序列中。

$IO.I.2$ 使用行为树中的攻击任务

敌人的攻击是近战攻击，所以敌人只有在接近玩家后才能开始攻击。

我们可以按照以下步骤使用DoAttack任务。

（1）在行为树编辑器中，从Attack Player序列节点向下拖出引线，并在Move To和Wait任务节点之间添加BTTask_DoAttack任务节点。

（2）在"细节"面板中，将"默认"类别中的Target Actor Key更改为PlayerCharacter。将"描述"类别中的"节点名称"更改为Damage Player，以描述如何使用BTTask_DoAttack，如图10-4所示。

⬆图10-4 设置BTTask_DoAttack属性

（3）保存行为树。Attack Player序列，如图10-5所示。

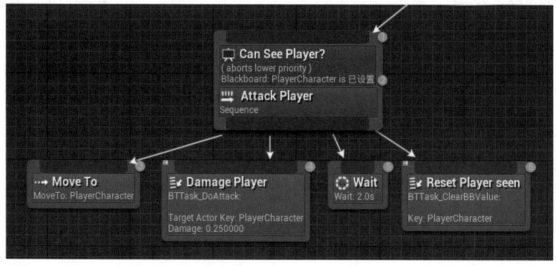

⬆图10-5 BTTask_DoAttack节点的攻击玩家序列

Attack Player序列创建完成。接下来，我们需要更新FirstPersonCharacter蓝图，以减少造成伤害时的生命值。

IO.I.3 更新生命值

生命值进度条与FirstPersonCharacter蓝图中的玩家生命值变量相关联。接下来，我们将使用Event AnyDamage事件来降低玩家生命值变量的值。

以下是创建Event AnyDamage事件的步骤。

（1）在内容浏览器中访问"内容/FirstPerson/Blueprints"文件夹，然后双击FirstPerson-Character蓝图。

（2）在"**事件图表**"的空白区域右击，在打开的上下文菜单中添加Event AnyDamage节点。我们将把相关的节点添加到该事件中，如图10-6所示。

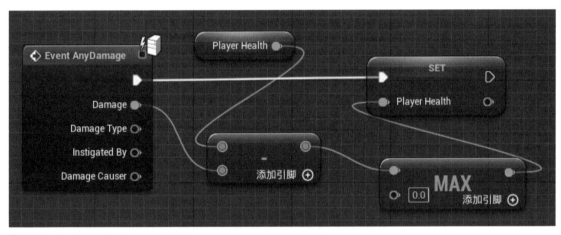

⬆ 图10-6　Event AnyDamage的操作

（3）从Event AnyDamage节点的白色输出引脚拖出引线，然后添加SET Player Health节点。

（4）从SET Player Health节点的输入引脚拖出引线，然后添加MAX（float）节点。我们使用此节点来确保玩家生命值永远不会低于0.0。

（5）从Max（float）节点的顶部输入引脚拖出引线，然后创建一个Subtract节点。

（6）从Subtract节点的顶部输入引脚拖出引线，然后添加GET Player Health节点。

（7）从Subtract节点的底部输入引脚拖出引线，并连接到Event AnyDamage节点的Damage输出引脚。

（8）编译并保存蓝图，然后单击"**播放**"按钮进行游戏测试。

需要注意，当敌人进入玩家的攻击范围时，玩家的生命值会逐渐耗尽。

目前玩家正面临敌人的攻击，因此我们希望提供更多关于敌人如何察觉玩家的功能。

10.2 让敌人听到声音并识别位置

在现在的游戏中，玩家可以很容易地避开那些在他们前方追逐的敌人。为了解决这个问题，我们将利用PawnSensing组件让敌人能够识别玩家在附近发出的声音。如果玩家在敌人的探测范围内发出声音，敌人会前往该声音的位置进行检查。一旦发现玩家，敌人就会试图进攻；否则，敌人将在声音的位置等待片刻，然后返回继续巡逻。

10.2.1 将听觉添加到行为树

本节将添加一系列当敌人听到声音时发生的任务。我们希望敌人在看到玩家后继续攻击他们，因此在行为树上识别声音的优先级较低。

为了让敌人识别出听到声音的位置，我们需要在黑板内创建两个键。HasHeardSound键是"**布尔**"类型的，用于存储是否听到声音；LocationOfSound键是"**向量**"类型的，用于存储声音来自的位置。

我们可以按照以下步骤创建黑板键，并将Investigate Sound序列节点添加到行为树中。

（1）在内容浏览器中访问"内容/FirstPerson/Enemy"文件夹，双击BT_EnemyBehavior资产，打开**行为树编辑器**。

（2）单击"**黑板**"按钮，切换至该选项卡，如图10-7所示。

⬆ 图10-7　将行为树编辑器切换到黑板模式

（3）在"**黑板**"面板中单击"**新键**"下三角按钮，在列表中选择"**布尔**"选项作为键类型。在"**黑板细节**"面板"**键**"的类别下将"**条目名称**"设置为HasHeardSound，如图10-8所示。

（4）再次单击"**新建**"下三角按钮，在列表中选择"**向量**"选项作为关键点类型。在"**黑板细节**"面板中将"**条目名称**"设置为LocationOfSound，如图10-9所示。

⬆ 图10-8　创建布尔类型的HasHeardSound

⬆ 图10-8　创建向量类型的LocationOfSound

（5）保存黑板并切换换至"**行为树**"选项卡。

（6）在行为树中移动Attack Player序列及其所有任务节点，在Attack Player和Move to Patrol之间留出空间，用于添加听觉序列。

（7）从Selector节点向下拖出引线，并添加一个Sequence节点。将此节点重命名为Investigate Sound。

（8）在Investigate Sound节点上右击，将光标悬停在"**添加装饰器**"菜单上方以显示子菜单，然后选择Blackboard命令以添加装饰器。

（9）单击装饰器，在"**细节**"面板中，将"**流控制**"类别中"**观察器中止**"设置为Lower Priority、在"**黑板**"类别中设置"**黑板键**"为HasHeardSound、在"**描述**"类别中设置"**节点名称**"为"HeardSound?"，如图10-10所示。

⬆ 图10-10　装饰器设置

图10-11显示了带有**装饰器**的Investigate Sound序列节点。需要注意，行为树中节点的优先级是从左到右的。

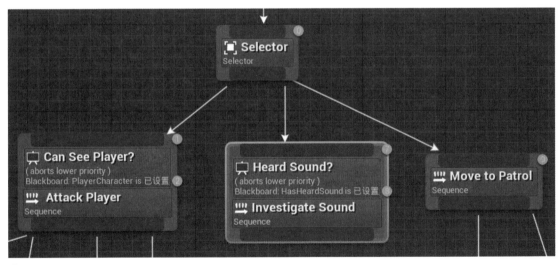

⬆ 图10-11　Investigate Sound序列节点

现在，我们已经创建了**黑板键**、**序列节点**和**装饰器**。接下来需要创建Investigate Sound序列的任务节点。

10.2.2 设置调查任务

Investigate Sound序列的功能与Attack Player序列类似，如下页图10-12所示。如果敌人正在巡逻并听到声音，他们会移动到声音的位置。

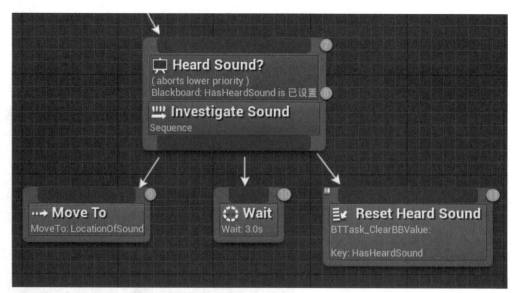

图10-12　Investigate Sound序列的任务节点

我们可以按照以下步骤添加任务节点。

（1）从Investigate Sound节点拖出引线，并添加Move To任务节点。在"**细节**"面板中，将"**黑板**"类别中"**黑板键**"更改为LocationOfSound。

（2）从Investigate Sound节点中拖出引线，并添加Wait任务节点。在"**细节**"面板中，将"**等待**"类别中的"**等待时间**"设置为3.0。

（3）从Investigate Sound序列节点拖出引线，并添加BTTask_ClearBBValue任务节点。在"**细节**"面板中，将"**默认**"类别中Key更改为HasHeardSound，将"**描述**"类别中"**节点名称**"更改为Reset HeardSound。

（4）保存行为树并关闭行为树编辑器。

现在，我们需要回到BP_EnemyController蓝图，并添加一些操作，指导AI敌人如何对游戏中的声音做出反应。

10.2.3 | 创建变量和宏来更新黑板

在本小节中，我们将在BP_EnemyController蓝图中创建变量和宏，以更新与声音相关的BB_EnemyBlackboard的键。

我们可以按照以下步骤进行操作。

（1）打开内容浏览器，进入"内容/FirstPerson/Enemy"文件夹，双击BP_EnemyController蓝图。

（2）在"**我的蓝图**"面板的"**变量**"类别中单击加号按钮，创建一个变量。在"**细节**"面板中将变量命名HearingDistance，将"**变量类型**"更改为"**浮点**"。编译蓝图并设置"默认值"为1600.0。

（3）接下来，在"**我的蓝图**"面板中创建另一个变量。在"**细节**"面板中，将变量命名为HasHeardSoundKey，将"**变量类型**"更改为"**命名**"。编译蓝图并将"**默认值**"设置为HasHeardSound。

（4）创建另一个名为LocationOfSoundKey
的变量，设置"**变量类型**"为"**命名**"。编译蓝
图并将"**默认值**"设置为LocationOfSound。

（5）在"**我的蓝图**"面板中，单击"**宏**"
类别中的加号按钮以创建宏。将宏的名称更改为
UpdateSoundBB。

（6）在宏的"**细节**"面板中，创建一个
"**执行**"类型的名称为In的输入参数、一个
"**向量**"类型的名称为Location的输入参数，以 ⬆ 图10-13 创建宏参数
及一个"**执行**"类型的名称为Out的输出参数，如图10-13所示。

（7）图10-14显示了在UpdateSoundBB宏中创建的节点。

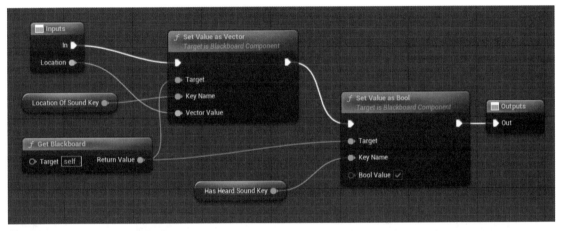

⬆ 图10-14 UpdateSoundBB宏

（8）步骤（8）～（11）所创建的节点将使用Location Of Sound Key节点在黑板中存储
声音的位置。在为UpdateSoundBB宏创建的选项卡的空白处右击，在打开的上下文菜单中添
加Get Blackboard功能节点。

（9）从Get Blackboard节点的Return Value引脚上拖出引线，并添加Set Value as
Vector节点。

（10）从Set Value as Vector节点的Key Name引脚上拖出引线，并添加GET
Location Of Sound Key节点。

（11）将Inputs节点的Location输出引脚连接到Set Value as Vector节点的Vector
Value输入引脚，并将Inputs节点和Set Value as Vector节点的白色执行引脚连接。

（12）步骤（12）～（14）所创建的节点将在黑板的Has Heard Sound Key中设置True
值。从Get Blackboard节点的Return Value输出引脚上拖出引线，添加Set Value as Bool
节点，并勾选Bool Value复选框。

（13）从Set Value as Bool节点的Key Name输出引脚上拖出引线，并添加GET Has
Heard Sound Key节点。

（14）将Set Value as Vector、Set Value as Bool和Outputs节点的白色执行引脚连接起来。关闭UpdateSoundBB宏选项卡并编译蓝图。

创建UpdateSoundBB宏后，我们将使用PawnSensing组件的另一个事件来检测声音。

10.2.4 解释和存储噪声事件数据

在本节中，我们将在BP_EnemyController中添加PawnSensing组件，为在AI敌人中构建视觉和听觉感知提供基础。我们将使用**On Hear Noise**事件，当PawnSencing组件检测到Pawn Noise发射器发出的特殊类型的声音时，该事件就会被激活。

此外，我们要建立蓝图，确保敌人只能探测到在很短距离内发出的声音；否则，如果玩家从地图的另一个角落开枪，所有敌人立即知道玩家所在的位置，这就不公平了。

我们可以按照以下步骤创建**On Hear Noise**事件。

（1）在"**组件**"面板中，选择PawnSensing组件。在"**细节**"面板中，展开"**事件**"类别，单击"**监听噪点上**"事件右侧的加号按钮，将其添加到"**事件图表**"中，如图10-15所示。

（2）在**On Hear Noise**事件中，如果声音位置与敌人之间的距离小于**HearingDistance**的值，我们将调用UpdateSoundBB宏，如图10-16所示。

⬆ 图10-15 单击"监听噪点上"事件右侧的加号按钮

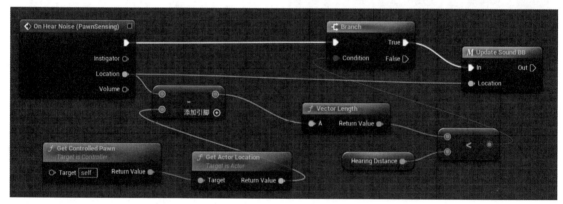

⬆ 图10-16 On Hear Noise行为

（3）从**On Hear Noise**（PawnSensing）节点的白色接点拖出引线，然后添加一个Branch节点。接下来的步骤将创建一个表达式，该表达式使用VectorLength函数来计算声音位置和敌人位置之间的距离。如果此表达式的结果小于**Hearing Distance**的值，则执行Branch节点的True输出引脚。

（4）从Branch节点的True输出引脚拖出引线，然后添加Update Sound BB宏节点。将**On Hear Noise**（PawnSensing）节点的Location输出引脚连接到Update Sound BB宏的Location输入引脚。

（5）从Branch节点的Condition输入引脚拖出引线，然后添加一个Less节点。

（6）从Less节点的底部输入引脚拖出引线，然后添加GET Hearing Distance节点。

（7）在"事件图表"的空白区域右击，在打开的上下文菜单中添加Get Controlled Pawn节点，可以获取该BP_EnemyController正在控制的敌方实例。

（8）从Get Controlled Pawn节点的Return Value输出引脚拖出引线，然后添加一个GetActorLocation节点来获取敌人的位置。

（9）从On Hear Noise（PawnSensing）节点的Location输出引脚拖出引线，然后添加一个Subtract节点。

（10）将Subtract节点的底部输入引脚连接到GetActorLocation节点的Return Value输出引脚。

（11）从Subtract节点的输出引脚拖出引线，然后添加一个VectorLength节点。

（12）将VectorLength节点的Retrun Value输出引用连接到Less节点的顶部输入引脚。VectorLength节点的Return Value是声音位置和敌人位置之间的距离。

（13）编译并保存蓝图。

经过修改，AI敌人已经能够检测到玩家发出的声音。接下来，我们需要在FirstPersonCharacter蓝图中创建节点，以触发听觉响应，并将其附加到玩家的动作中。

10.2.5 为玩家的动作添加噪声

EnemyController的Pawn Sensing组件只能检测到从Pawn Noise发射器产生的噪声。当玩家开枪时，所播放的音效不会触发敌人的Pawn Sensing组件。重要的是要明确，产生噪声的感知节点与玩家听到的声音没有直接关系，噪声的存在只是为了产生一个AI敌人可以听到并做出反应的事件。

Pawn Noise发射器组件必须被添加到角色中，以便它广播的噪声能够被传感器检测到。我们将改变两个玩家的能力，即冲刺和射击，通过使用这个组件来产生可检测的噪声。

下面介绍使用Pawn Noise Emitter的具体操作方法。

（1）在内容浏览器中访问"内容/FirstPerson/Blueprints"文件夹，双击FirstPersonCharacter蓝图。

（2）在"**组件**"面板中，单击"**添加**"按钮并搜索"pawn"。选择"**Pawn噪点发射器组件**"选项，如图10-17所示。

（3）我们将从给玩家的冲刺加入噪声开始。在"**我的蓝图**"面板中双击ManageStaminaDrain宏，打开该宏选项卡。在SET Player Stamina节点之后添加Make Noise节点，如下页图10-18所示。

⬆ 图10-17　添加Pawn噪点发射器组件

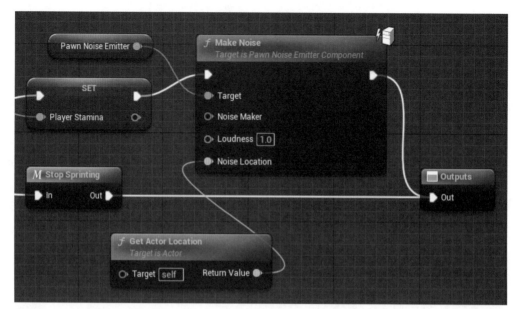

⬆ 图10-18　修改ManageStaminaDrain宏以产生噪声

（4）将Outputs节点拖到右侧，为添加另一个功能节点腾出空间。

（5）从**SET Player Stamina**节点的白色输出引脚上拖出引线，在打开的上下文菜单的搜索框中输入"make noise"，并添加**"制造噪点（PawnNoiseEmitter）"**函数，如图10-19所示。

（6）然后，将**Make Noise**节点的**Loudness**输入参数更改为1.0。

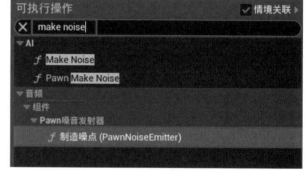

⬆ 图10-19　增加PawnNoiseEmitter组件的Make Noise功能

（7）从**Make Noise**节点的**Noise Location**输入引脚中拖出引线，并添加**GetActorLocation**节点，如图10-20所示。

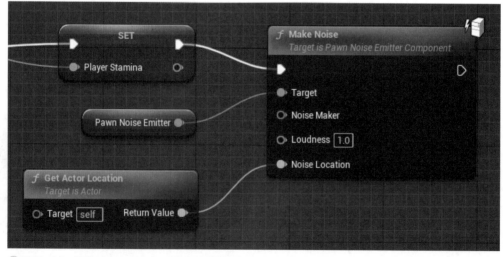

⬆ 图10-20　修改InputAction Fire事件以产生噪声

（8）将相关节点的白色输出与Outputs节点连接。最后编译并保存，单击"**播放**"按钮进行游戏测试。

当玩家位于敌人身后或超出其视线范围时，奔跑或射击会暴露玩家的位置。如果敌人在巡逻过程中发现玩家，那么他们就会直接朝玩家靠近。

由于敌人可以通过视觉和听觉进行检测，现在玩家会很难不被敌人发现。现在我们将注意力转向游戏平衡的另一面，为玩家提供与敌人作战的手段。

10.3 摧毁敌人

在之前的章节中，我们创建的目标敌人是圆柱体，玩家可以使用炮弹击中几次后摧毁目标。我们希望给予玩家类似的能力，减轻新敌人所带来的威胁。因此，我们将在BP_EnemyCharacter中添加蓝图节点来处理伤害和破坏，玩家需要击中敌人角色三次才能摧毁他们。

我们可以按照以下步骤进行操作。

（1）首先打开内容浏览器，访问"内容/FirstPerson/Enemy"文件夹，双击BP_EnemyCharacter蓝图。

（2）在"**我的蓝图**"面板的"**变量**"类别中单击加号按钮，添加一个变量，并设置"**变量命名**"为EnemyHealth。

（3）在"**细节**"面板中，将"**变量类型**"设置为"**整数**"。编译蓝图并将"**默认值**"类别中的Enemy Health设置为3，如图10-21所示。

🔵 图10-21　设置敌人被射杀前需要击中的次数

（4）在"**事件图表**"的空白处右击，并添加一个Event Hit节点。下页的图10-22显示了Event Hit动作的第一部分。

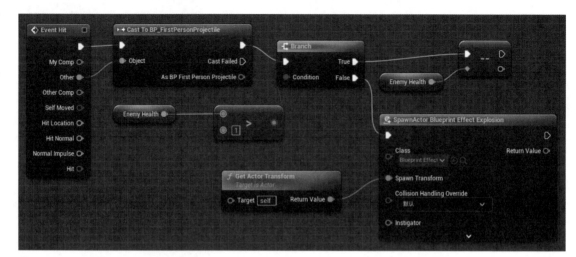

图10-22 Event Hit动作的第一部分

（5）首先，我们将从Event Hit节点的Other输出引脚上拖出引线，并添加Cast To BP_FirstPersonProjectile节点。这时，Event Hit和Cast To BP_FirstPersonProjectile的白色引脚将自动连接起来。

（6）从Cast To BP_FirstPersonProjectile节点的白色输出引脚拖出引线，并添加一个Branch节点。

（7）从Branch节点的Condition输入引脚上拖出引线，然后添加一个Greater节点。

（8）从Greater节点的顶部输入引脚拖出引线，并添加一个Get Enemy Health节点。将Greater节点的底部输入设置为1。

（9）从Branch节点的True输出引脚拖出引线，然后添加Decrement Int节点。

（10）从Decrement Int节点的输入引脚拖出引线，然后添加一个Get Enemy Health节点。

（11）从Branch节点的False输出引脚拖出引线，在打开的上下文菜单的搜索框中输入spawnactor，然后选择Spawn Actor from Class选项。在Class参数列表中选择Blueprint_Effect_Explosion类，该类是入门内容中的蓝图。

（12）从Spawn Transform参数中拖出引线，并添加一个GetActorTransform节点。

（13）Event Hit第二部分的节点与BP_CylinderTarget蓝图中使用的节点相同，如图10-23所示。

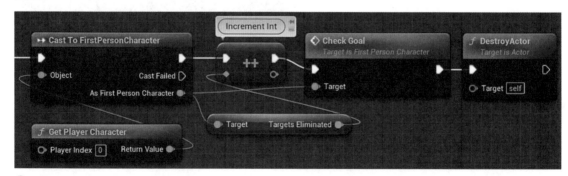

图10-23 Event Hit动作的第二部分

（14）打开位于"内容/FirstPerson/Blueprints"文件夹中的BP_CylinderTarget蓝图。

（15）选择并复制上页图10-23中的节点，然后粘贴到BP_EnemyCharacter蓝图中。

（16）将**Spawn Actor**节点的白色输出引脚连接到**Cast to FirstPersonCharacter**节点的白色输入引脚。

（17）编译、保存蓝图，然后单击"**播放**"进行游戏测试。

从现在开始，当玩家成功射击敌人三次时，敌人就会爆炸并被摧毁，其方式与之前的目标圆柱体类似。

既然玩家可以消灭敌人，接下来为了提升玩家的难度，我们需要再创作更多的敌人。

10.4 在游戏过程中生成更多的敌人

我们将定期在关卡中生成新的敌人，这样，如果玩家消灭了最初的几个敌人，游戏还可以继续。但是如果玩家打败敌人的速度太慢了，那么敌人的数量会增加，游戏的难度就会逐渐增加。

在本小节，我们将创建一个蓝图，在关卡的随机位置生成敌人。生成敌人的刷新时间由一个名为SpawnTime的变量决定。此外，还有一个名为MaxEnemies的变量，用于限制敌人的生成数量。

我们可以按照以下步骤创建蓝图。

（1）在内容浏览器中访问"内容/FirstPerson/Enemy"文件夹。单击"**添加**"按钮，然后选择"**蓝图类**"选项。

（2）在打开的"**选取父类**"窗口中，选择**Actor**作为父类。将创建的蓝图命名为BP_EnemySpawner，然后双击它以打开蓝图编辑器。

（3）在"**我的蓝图**"面板的"**变量**"类别中，单击加号按钮添加变量，并将其命名为SpawnTime。在"**细节**"面板中，将"**变量类型**"更改为"**浮点**"，然后勾选"**可编辑实例**"复选框。编译蓝图并将"**默认值**"类别中的参数设置为10.0，如下页图10-24所示。

（4）在"**我的蓝图**"面板中创建另一个变量，并将其命名为MaxEnemies。在"**细节**"面板中，将"**变量类型**"更改为"**整数**"，然后勾选"**可编辑实例**"复选框。编译蓝图并将"**默认值**"中的参数设置为5，如下页图10-25所示。

（5）在"**我的蓝图**"面板中，单击"**宏**"类别中的加号按钮创建宏，将宏的名称改为SpawnEnemy。

（6）在宏的"**细节**"面板中，创建一个名为In的输入参数和一个名为Out的输出参数，两个参数都是"**执行**"类型。

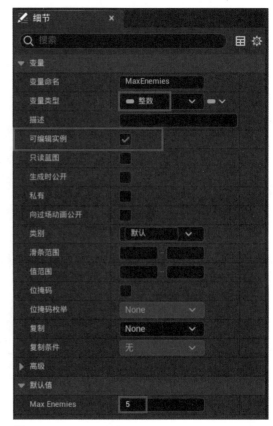

图10-24　创建浮点类型的变量SpawnTime　　　图10-25　创建整数类型的变量MaxEnemies

（7）切换到**SpawnEnemy**宏的选项卡上，添加节点以在关卡中的随机位置生成BP_EnemyCharacter实例，如图10-26所示。

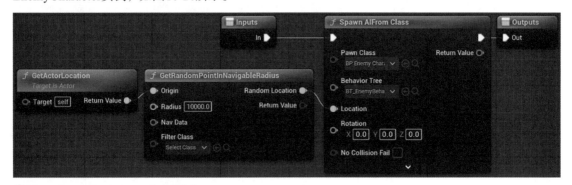

图10-26　SpawnEnemy宏中的节点

（8）在图表的空白处右击，在打开的上下文菜单中添加一个**Spawn AIFrom Class**节点。连接Inputs、**Spawn AIFrom Class**和Outputs节点的白色执行引脚。

（9）在**Spawn AIFrom Class**节点，单击**Pawn Class**参数的下三角按钮，在列表中选择BP_EnemyCharacter选项。根据相同的方法，在**Behavior Tree**参数中，选择BT_EnemyBehavior选项。

（10）从**Location**输入引用拖出引线，然后添加GetRandomPointInNavigableRadius节点，并将Radius参数设定为10000.0。此节点返回基于导航网格的随机位置。

（11）从Origin输出引脚拖出引线，然后添加一个GetActorLocation节点。

（12）在BP_EnemySpawner的"**事件图表**"中，从Event BeginPlay的白色执行引脚上拖出引线，并添加一个Set Timer by Event节点。

（13）勾选Looping复选框。从Time参数中拖出引线，并添加一个Get Spawn Time节点。

（14）从Event输入引脚拖出引线，然后添加自定义事件，将添加的自定义事件命名为TryToSpawnEnemy。

（15）从TryToSpawnEnemy事件的白色引脚拖出引线，然后添加一个Get All Actors of Class节点。在Actor Class的参数列表中，选择BP_EnemyCharacter选项。

（16）从Get All Actors of Class的白色输出引脚拖出引线，然后添加Branch节点。

（17）从Branch节点的True输出引脚上拖出引线，然后添加Spawn Enemy宏节点。

（18）从Get All Actors of Class节点的Out Actors输出引脚上拖出引线，并添加Length节点。Length节点的返回值将是关卡中敌人的数量。

（19）从Length节点的输出引脚拖出引线，然后添加Less节点。将Less节点的输出引脚连接到Branch节点的Condition参数。

（20）从Less节点的底部引脚拖出引线，然后添加Get Max Enemies节点，如图10-27所示。

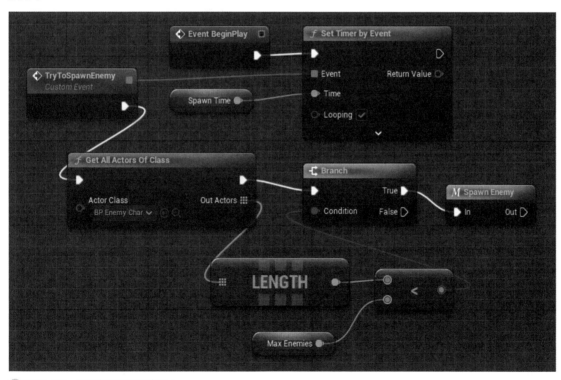

🔵 图10-27　设置定时器以产生敌人

（21）编译、保存并关闭蓝图编辑器。从内容浏览器中拖动BP_EnemySpawner到该关卡的任何位置以创建实例。单击"**播放**"按钮测试生成敌人的效果。

运行游戏时，我们会经常看到有新的敌人出现。值得注意的是，敌人生成后并不会主动移动，除非他们听到或看到玩家。这是因为他们没有建立一个可追踪的巡逻点。接下来我们将为敌人的导航行为增加随机性，而不是为衍生敌人增加巡逻点。

10.5 创建敌人的巡逻行为

在"第9章 用人工智能构建智能敌人"中，我们将敌人的默认行为设置为两点之间的巡逻动作。虽然这样能有效地测试听觉和视觉组件，并且适用于以潜行为导向的游戏，但将此行为替换为随机漫游，可以提升游戏体验的挑战性和互动性。这将使玩家躲避敌人变得更加困难，并鼓励更直接的对抗。要实现这一点，我们将返回BT_EnemyBehavior行为树。

10.5.1 使用自定义任务识别巡逻点

我们需要在BB_EnemyBlackboard中创建一个键，用于存储敌人应该漫游的下一个目的地的位置。与PatrolPoint键不同的是，我们的目的地不会由游戏中的角色表示，而是由向量坐标表示。接着，我们将创建一个任务来确定敌人应该在关卡的哪个位置徘徊。

我们可以按照以下步骤创建键和任务。

（1）在内容浏览器中双击BT_EnemyBehavior资产，打开**行为树编辑器**。

（2）单击工具栏中的"**黑板**"按钮，编辑BB_EnemyBlackboard。

（3）单击"**新建**"下三角按钮，选择"**向量**"作为关键点类型。将此新关键帧命名为WanderPoint，如图10-28所示。

⬆ 图10-28　在黑板上创建WanderPoint键

（4）保存黑板并单击"**行为树**"按钮，返回到"**行为树**"选项卡。

（5）单击工具栏上的"**新建任务**"下三角按钮，从出现的下拉列表中选择**BTTask_BlueprintBase**选项，在打开的"**资产另存为**"对话框中单击"**保存**"按钮。

（6）在内容浏览器中，将新创建的BTTask_BlueprintBase_New资产重命名为BTTask_FindWanderPoint。双击BTTask_FindWanderPoint返回到蓝图编辑器。

（7）"**细节**"面板显示了类的默认值。将节点名称字段更改为FindWanderPoint。

（8）在"**我的蓝图**"面板中，单击"**变量**"类别的加号按钮。在"**细节**"面板中，将"变量命名"设置为WanderKey，将"变量类型"更改为"黑板键选择器"，并勾选"可编辑实例"复选框，如图10-29所示。

（9）将光标悬停在"我的蓝图"面板的"函数"类别上，单击"重载"下三角按钮，在列表中选择"接收执行"选项。

（10）在Event Receive Execute事件中，我们将获得关卡的随机位置并存储在黑板中，如图10-30所示。

图10-29 创建WanderKey变量

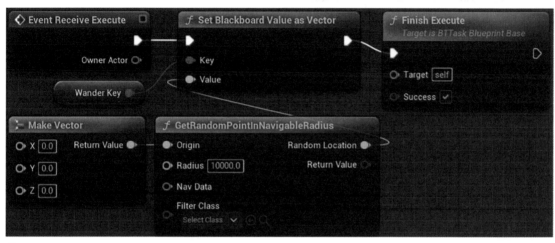

图10-30 Event Receive Execute的动作

（11）从Event Receive Execute节点的白色引脚拖出引线，并添加Set Blackboard Value as Vector节点。

（12）从Set Blackboard Value as Vector节点的白色输出引脚上拖出引线，添加一个Finish Execute节点，并勾选节点中Success参数复选框。

（13）从Set Blackboard Value as Vector节点的Key输入引脚拖出引线，并添加Get Wander Key节点。

（14）从Set Blackboard Value as Vector节点的Value输出引脚拖出引线，并添加一个GetRandomPointInNavigableRadius节点。设置Radius为10000.0。

（15）从Origin输入引脚拖出引线，并添加Make Vector节点。

（16）编译并保存蓝图。

现在我们已经具备了自定义任务的能力，可以修改BT_EnemyBehavior，使敌人能够寻找并移动到WanderPoint。

10.5.2 在行为树中添加巡逻状态

在本小节，我们将把Move To Patrol序列转换为Wander序列。新的Wander序列在行为树中由下页图10-31的节点表示。

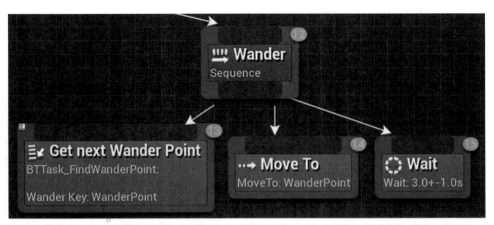

↑图10-31 添加任务节点

我们可以按照以下步骤修改行为树。

（1）在内容浏览器中双击BT_EnemyBehavior资产，打开行为树编辑器。

（2）然后，选择Move To Patrol序列节点。在"**细节**"面板中，将"**节点名称**"更改为Wander。

（3）选择Move To任务节点，在"**细节**"面板中将"**黑板**"类别中"**黑板键**"更改为WanderPoint。

（4）接下来，将引线从Wander序列节点拖到其他节点的左侧，并添加BTTask_FindWanderPoint节点。

（5）在"**细节**"面板中，将Wander Key设置为WanderPoint。另外，将节点名称更改为Get Next Wander Point。

（6）保存并关闭行为树编辑器。

这就是我们需要在行为树中更改的全部内容，以包括敌人的巡逻行为。接下来需要对这两个蓝图进行一些调整。

$IO.5.3$ | 最后的调整和测试

在本小节，我们将移除用于设置巡逻点的BP_EnemyCharacter的Event BeginPlay事件，因为我们现在使用随机的WanderPoint。

我们需要进行的另一个改进，是将FirstPersonCharacter的**Target Goal**值修改得更高，以延长游戏时间。我们将这个值设置为20，这样玩家在赢得游戏之前必须消灭20个敌人。

以下是调整蓝图的步骤。

（1）打开BP_EnemyCharacter蓝图。

（2）在"**事件图表**"中，删除Event BeginPlay事件和所有连接的节点。

（3）编译、保存并关闭蓝图编辑器。

（4）打开FirstPersonCharacter蓝图。

（5）在"**我的蓝图**"面板中，选择TargetGoal变量。在"**细节**"面板中，将"**默认值**"更改为20，如下页图10-32所示。

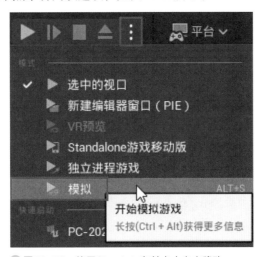

图10-32　更改TargetGoal的默认值

（6）编译、保存并关闭蓝图编辑器。

（7）为了测试敌人的巡逻行为，最佳做法是使用菜单中的**"模拟"**选项。我们可以通过单击**"播放"**按钮旁边的三个点来访问该选项，如图10-33所示。

图10-33　使用Simulate在关卡中自由移动

按住鼠标右键，并使用键盘上的W、A、S、D键和光标在关卡上自由移动。我们可以看到敌人在关卡中生成并移动到一个随机位置。

在本小节中，我们创建了一个自定义任务来查找随机巡逻点，并修改了行为树来使用这个新任务。现在，由BP_EnemyShopper生成的敌人已经具备了在关卡中移动的能力。

10.6 本章总结

在本章中，我们通过增强AI敌人的能力，设计出具有一定挑战性的游戏体验。我们让敌人漫无目的地在关卡中游荡，直到通过视觉或听觉发现玩家。我们还赋予敌人发现玩家并发起近战攻击时向前冲锋的能力，从而降低玩家的生命值。为了平衡游戏，我们设计玩家可以通过反击敌人来保护自己，最终在敌人生命耗尽后摧毁他们。最后，在设置一个系统来创造新敌人方面，我们为游戏赋予了更大的灵活性。

到目前为止，游戏的核心内容几乎完成了。我们应该为自己取得的重大进展感到自豪！我们可以花一些时间调整所创建变量的许多方面，以根据自己的喜好定制玩法。或者，如果已经准备好进入最终系统阶段，请继续阅读。

在下一章中，我们将添加完整游戏体验所需的最后元素。当玩家生命耗尽时，游戏将结束，创建一个基于回合的推进系统，并创建一个保存系统，以便玩家可以返回到之前保存的游戏状态。

10.7 测试

（1）行为树任务中使用的事件名称是什么？（　　）

A. Tick
B. Event Receive Execute

C. Event Begin Play

（2）用于为AI敌人添加视觉和听觉的组件名称是什么？（　　）

A. Pawn Sensing
B. AISensing

C. AIPerception

（3）在黑板中可以创建"向量"类型的键吗？（　　）

A. 可以
B. 不可以

（4）Set Timer by Event节点中有Function Name参数。（　　）

A. 对
B. 错

（5）GetRandomPointInNavigableRadius节点用于返回基于导航网格的随机位置。（　　）

A. 对
B. 错

第 *11* 章

游戏状态和收尾工作

在本章中，我们将进行最后的操作，将游戏发展成一个完整的、有趣的并能对玩家造成一定挑战的体验。首先，我们将引入玩家死亡机制，当玩家的生命值完全耗尽时激活该机制。然后，引入一个回合系统，通过要求玩家在每个回合中击败越来越多的敌人，来提高玩家的挑战。最后，我们还将引入一个保存和加载的系统，以便玩家可以离开当前游戏并返回上一回合。

在本章中，我们将介绍以下内容：

- ⊙ 引入玩家死亡机制
- ⊙ 使用保存的游戏创建回合机制
- ⊙ 暂停游戏并重置保存文件

在本章结束时，我们将推出一款具有街机风格的第一人称射击游戏，玩家可以不断地回到游戏中去面对越来越困难的挑战。

11.1 引入玩家死亡机制

在"第10章 升级AI敌人"中，我们在平衡游戏方面取得了重大进展，即敌人会威胁玩家，但玩家可以运用技能来摧毁敌人。目前仍有一个关键要素明显缺失，那就是如果玩家的生命值耗尽了，他们就不应该继续进行游戏了。因此，我们将借鉴"第8章 创建约束和游戏目标"所学习的创建获胜时屏幕显示内容的知识，应用于设计失败时屏幕显示的内容。这个界面将使玩家能够在满弹药和满血条的状态下重新开始关卡，但也将否定他们在达到目标过程中所取得的任何进展。

11.1.1 设计游戏失败时显示的信息

当玩家的生命值耗尽时，将在屏幕上显示失败的信息，然后显示重新开始上一轮比赛或退出

比赛的选项。我们借鉴之前创建的胜利界面的方法，制作出类似的选项。我们可以使用**WinMenu**资产作为模板来提高效率，而不是从头开始重新制作UI界面。

我们可以按照以下步骤创建LoseMenu。

（1）在内容浏览器中访问"内容/FirstPerson/UI"文件夹。在**WinMenu**上右击，并在快捷菜单中选择**"复制"**命令。

⬆图11-1 复制WinMenu并重命名

（2）然后将复制的控件蓝图命名为LoseMenu，如图11-1所示。

（3）双击LoseMenu资产，打开**UMG编辑器**。选择显示"You Win！"文本对象。在**"细节"**面板中，将文本元素重命名为Lose msg，将**"内容"**类别下的**"文本"**字段更改为"You Lose！"，并将**"颜色和不透明度"**更改为暗红色，如图11-2所示。

⬆图11-2 设置LoseMenu的消息

（4）编译并保存。Restart和Quit这两个按钮目前在外观和功能上可以与WinMenu的对应按钮保持相同。

接下来，我们需要修改FirstPersonCharacter蓝图以显示失败时的屏幕信息。

11.1.2 显示失败时的屏幕

我们将创建一个名为LostGame的自定义事件，当玩家耗尽生命值时调用该事件。

我们可以按照以下步骤创建自定义事件。

（1）在内容浏览器中访问"内容/FirstPerson/Blueprints"文件夹，然后双击FirstPerson-Character蓝图。

（2）在"**事件图表**"选项卡的空白处右击，在打开的上下文菜单中添加自定义事件，并重命名为LostGame。图11-3是添加到LostGame事件中的节点。

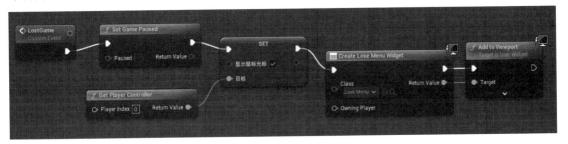

⬆图11-3 LostGame操作

（3）从LostGame事件的输出执行引脚上拖出引线，添加**Set Game Paused**节点，并勾选Paused复选框。

（4）在"**事件图表**"空白处右击，在打开的上下文菜单中添加**Get Player Controller**节点。从Return Value输出引脚拖动并添加**SET Show Mouse Cursor**节点。勾选"**显示鼠标光标**"复选框，并将此节点附加到**Set Game Paused**的输出执行引脚上。

（5）从**SET Show Mouse Cursor**节点的输出执行引脚拖出引线，然后添加**Create Widget**节点。单击Class参数右侧下三角按钮，在列表中选择LoseMenu选项。

（6）拖动**Create Widget**节点的**Return Value**输出引脚，添加**Add to Viewport**节点。

（7）如果玩家的生命值接近0，我们将修改事件AnyDamage来调用LostGame事件，如图11-4所示。

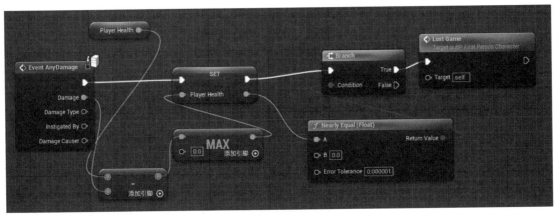

⬆图11-4 修改事件AnyDamage

（8）从SET Player Health节点的白色输出引脚拖出引线，然后添加一个Branch节点。

（9）从SET Player Health节点的输出引脚拖出引线，然后添加一个Nearly Equal（float）节点。将Return Value输入引脚连接到Branch节点的Condition输入引脚。

（10）从Branch节点的True输出引脚拖出引线，然后添加LostGame节点。

（11）编译并保存，然后单击"**播放**"按钮来测试创建的内容。如果玩家在敌人身边的时间过长，导致生命值耗尽，屏幕上会显示刚创建的LoseMenu。

现在，玩家需要更加警惕敌人的行动，以免输掉游戏。要让游戏变得更有趣，下一步我们将创造基于回合的体验。

11.2 使用保存的游戏创建回合机制

我们现在拥有一款支持完整的游戏体验的游戏。然而，游戏体验受到我们设定的目标敌人数量的限制，这导致游戏趣味性的降低。为了解决这个问题，我们可以采用街机游戏中使用的技术，即随着玩家在一系列回合中的进展增加游戏的难度。这是一种使用现有资产为游戏增加深度和乐趣的方式，我们无须花费数小时创建自定义内容。

我们创建的回合机制将作为玩家的得分。玩家到达的回合越高，所取得的等级就越高。为了确保玩家达到的最大回合数仅受他们的技能限制，而不是受他们每次玩游戏的时间限制，我们将创建一个保存系统，以便让玩家在离开游戏后，可以从上次离开的地方重新开始游戏。

11.2.1 使用SaveGame类存储游戏信息

为了创建保存系统，我们首先需要创建SaveGame类的蓝图子级，用于存储游戏数据。我们想要追踪玩家在退出比赛之前所处的游戏回合，不需要存储玩家击败了多少敌人的数据，因为对于玩家来说，在一轮比赛开始时的每个游戏环节更有意义。

我们可以按照以下步骤创建SaveGame类的子类。

（1）在内容浏览器中，访问"内容/FirstPerson/Blueprints"文件夹。单击"**添加**"按钮，然后在列表中选择"**蓝图类**"选项。

（2）在打开的"**选取父类**"窗口中搜索并选择SaveGame作为父类，如图11-5所示。

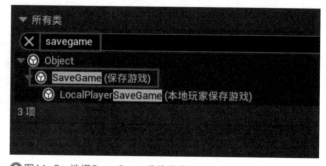

⬆图11-5 选择SaveGame作为父类

（3）将蓝图命名为BP_SaveInfo并双击它，打开蓝图编辑器。

（4）在"**我的蓝图**"面板的"**变量**"类别中单击加号按钮，添加变量。在"**细节**"面板中，将"**变量命名**"设置为Round，并将"**变量类型**"更改为"**整数**"。编译蓝图，然后将"**默认值**"设置为1，如图11-6所示。

（5）编译、保存并关闭蓝图编辑器。

以上是我们在BP_SaveInfo蓝图中需要做的全部工作。下一步是学习如何使用BP_SaveInfo蓝图进行游戏的保存和加载。

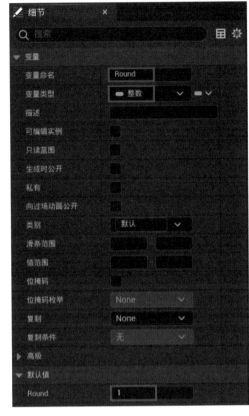

⬆图11-6 创建整数类型的变量Round

11.2.2 保存游戏信息

现在我们有了保存数据的容器，还需要确保这些数据存储在玩家设备上的某个位置，并且能够在玩家返回游戏时检索到这些数据。与我们的其他游戏设置一样，我们将把这个过程添加到FirstPersonCharacter蓝图中，并创建变量和宏来保存游戏信息。

我们可以按照以下步骤创建变量和宏。

（1）在内容浏览器中，访问"内容/FirstPerson/Blueprints"文件夹，然后双击FirstPerson-Character蓝图。

（2）在"**我的蓝图**"面板的"**变量**"类别中单击加号按钮，添加一个变量。在"**细节**"面板中，将"**变量命名**"设置为CurrentRound，并将"**变量类型**"更改为"**整数**"。编译蓝图，然后将"**默认值**"设置为1。

（3）在"**我的蓝图**"面板中创建一个变量，并将其命名为SaveInfoRef。

（4）在"**细节**"面板中，单击"**变量类型**"下三角按钮，在列表中搜索BP Save Info，将光标悬停在BP_SaveInfo上，然后在显示的子菜单中选择"对象引用"命令，如图11-7所示。

⬆图11-7 SaveInfoRef变量引用了BP_SaveInfo的一个实例

（5）在"**我的蓝图**"面板中创建另一个变量。在"**细节**"面板中，将"**变量命名**"设置为SaveSlotName，并将"**变量类型**"更改为"**字符串**"。编译蓝图并将"默认值"设置为SaveGameFile。此变量存储文件名，如图11-8所示。

（6）在"**我的蓝图**"面板中，通过单击"**宏**"类别中的加号按钮来创建宏。将宏的名称更改为SaveRound。在宏的"**细节**"面板中，创建名为In、类型为"**执行**"的输入参数和名为Out、类型为"**执行**"的输出参数。

（7）在为宏SaveRound创建的选项卡上，添加图11-9所示的节点。检查SaveInfoRef是否有效，如果无效，则创建BP_SaveInfo的实例并将其存储在SaveInfoRef中。更新SaveInfoRef的Round变量，然后保存SaveInfoRef的内容，如图11-9所示。

⬆图11-8 创建SaveSlotName变量用于存储文件名

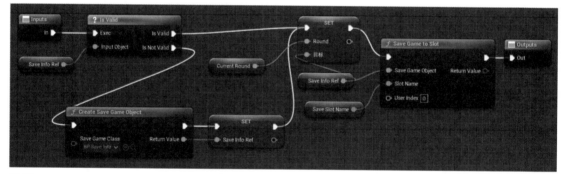

⬆图11-9 SaveRound宏

（8）从Inputs节点的In输出引脚上拖出引线，并添加一个Is Valid宏节点。

（9）从Input Object输入引脚拖出引线，并添加一个Get Save Info Ref节点。

（10）在"**事件图表**"空白处右击，在打开的上下文菜单中添加另一个Get Save Info Ref节点。从Get Save Info Ref节点拖出引线，并添加SET Round节点。

（11）将Is Valid输出引脚连接到SET Round节点的白色输入引脚。从Round输入引脚拖出引线，并添加Get Current Round节点。

（12）从SET Round节点的白色输出引脚上拖出引线，并添加Save Game to Slot节点。将Save Game to Slot的白色输出引脚连接到Outputs节点的Out输入引脚。

（13）将Save Game Object输入引脚连接到Get Save Info Ref节点。从Slot Name输入引脚拖出引线，然后添加Get Save Slot Name节点。

（14）从Is Not Valid输出引脚拖出引线，然后添加Create Save Game Object节点。单击Save Game Class参数的下三角按钮，在列表中选择BP_SaveInfo选项。

（15）从Create Save Game Object的Return Value输出引脚拖出引线，然后添加一个SET Save Info Ref节点。将SET Save Info Ref的白色输出引脚连接到SET Round节点的白色输入引脚。

（16）编译并保存蓝图。

在下一小节，我们将通过创建宏来加载使用SaveRound宏保存的内容。

11.2.3 加载游戏信息

下面，我们将创建一个名为LoadRound的宏，用于检索保存的Round，并将其存储在CurrentRound变量中。

请根据以下步骤创建宏。

（1）在FirstPersonCharacter蓝图的"**我的蓝图**"面板中，单击"**宏**"类别中的加号按钮，创建一个宏并命名为LoadRound。在宏的"**详细**"面板中，创建"**执行**"类型的输入参数In和"**执行**"类型的输出参数Out。

（2）在为LoadRound宏创建的选项卡上，添加图11-10的节点。

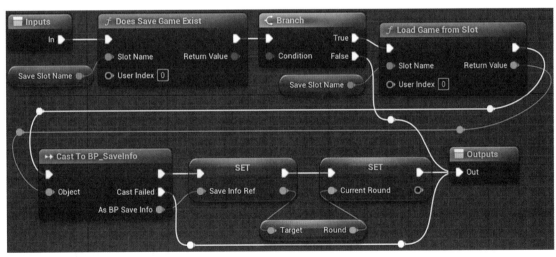

⬆图11-10　LoadRound宏

（3）从Inputs节点的In输出引脚拖出引线，然后添加Does Save Game Exist节点。从Slot Name输入引脚拖出引线，然后添加Get Save Slot Name节点。

（4）从Return Value输出引脚拖出引线，然后添加Branch节点。Does Save Game Exist节点的白色输出引脚将自动连接到Branch节点的白色输入引脚。

（5）将Branch节点的False输出引脚连接到Outputs节点的Out输入引脚。双击引线可以添加重新布线节点并修改引线的形状和位置。

（6）从Branch节点的True输出引脚上拖出引线，然后添加Load Game from Slot节点。从Slot Name输入引脚拖出引线，然后添加Get Save Slot Name节点。

（7）从Load Game from Slot节点的Return Value输出引脚上拖出引线，并添加一个Cast To BP_SaveInfo节点。Load Game from Slot节点的白色输出引脚将自动连接到Cast to BP_SaveInfo节点的白色输入引脚。

（8）将Cast To BP_SaveInfo节点的Cast Failed输出引脚连接到Outputs节点的Out输入引脚。如有需要，可以再添加一个重路由节点。

（9）从Cast To BP_SaveInfo节点的As BP Save Info输入引脚拖出引线，添加SET SaveInfo Ref节点，Cast To BP_SaveInfo和SET SaveInfo Ref节点将自动连接。

（10）从SET Save Info Ref的输出蓝色引脚上拖出引线，并添加Get Round节点。

（11）从Round输出引脚上拖出引线并添加SET Current Round节点。我们可以获取保存Round变量的值，并将其存储在FirstPersonCharacter蓝图的Current Round变量中。

（12）连接SET Save Info Ref、SET Current Round和Output节点的白色引脚。

（13）编译并保存蓝图。

使用SaveRound和LoadRound宏，可以让玩家在他们停止的那一回合继续游戏。为了增加挑战，接下来我们将根据回合设置TargetGoal。

11.2.4 增加目标

我们将利用存储在文件中的数据，在玩家进行游戏时修改游戏玩法。为了实现这一点，我们将创建一个名为RoundScaleMultiplier的变量，通过该变量与Current Round相乘来设置新的目标。

请按照以下步骤增加目标。

（1）在"我的蓝图"面板的"变量"类别中单击加号按钮，添加一个变量。在"细节"面板中，将"变量命名"设置为RoundScaleMultiplier，然后将"变量类型"更改为"整数"。编译蓝图，然后将"默认值"设置为2，如图11-11所示。

（2）在"我的蓝图"面板中单击"宏"类别中的加号按钮，创建宏。将宏的名称更改为SetRoundTargetGoal。在宏的"细节"面板中，创建"执行"类型的输入参数In和"执行"类型的输出参数Out。

（3）在为SetRoundTargetGoal宏创建的选项卡上，添加下页图11-12的节点。

↑图11-11　创建RoundScaleMultiplier变量

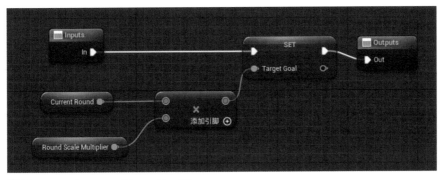

↑图11-12　SetRoundTargetGoal宏

（4）从Inputs节点的In输出引脚上拖出引线，并添加SET Target Goal节点。将SET Target Goal节点的白色输出引脚连接到Outputs节点的Out输入引脚。

（5）从Target Goal输入引脚上拖出引线，并添加Multiply节点。

（6）从Multiply节点的顶部输入引脚拖出引线，并添加Get Current Round节点。

（7）从Multiply节点的底部输入引脚拖出引线，然后添加Get Round Scale Multiplier节点。

（8）编译并保存蓝图，然后返回到"**事件图表**"选项卡。

（9）切换至"**我的蓝图**"面板，访问"**图表**"类别中的Event BeginPlay事件，并添加Load Round和Set Round Target Goal宏节点，如图11-13所示。

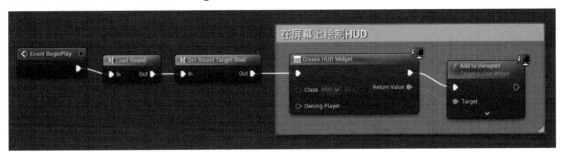

↑图11-13　修改Event BeginPlay事件

每一轮游戏开始时，我们会使用Load Round宏来加载已保存的文件（如果该文件存在）。然后使用Set Round Target Goal宏来设置TargetGoal。

当玩家到达TargetGoal时，我们需要显示一个过渡画面。

II.2.5 创建在回合之间显示的过渡画面

目前，当玩家击败足够多的敌人以满足TargetGoal的要求时，他们就会获得WinMenu。同时会向玩家表示祝贺，并为他们提供重新开始游戏或退出应用程序的选项。现在采用的是基于回合制的游戏玩法，我们将把这个WinMenu作为一个过渡画面，以便玩家顺利进入下一轮的游戏中。

请按照以下步骤创建转换屏幕。

（1）在内容浏览器中访问"内容/FirstPerson/UI"文件夹，并将WinMenu控件蓝图重命名为RoundTransition，以便更准确地反映其新用途。

（2）双击RoundTransition控件蓝图，打开UMG编辑器。新的RoundTransition屏幕将包含图11-14的元素。

（3）在"**层级**"面板中，删除"You Win！"文本元素和Btn Quit按钮，因为我们不需要在循环转换期间显示退出选项。

（4）切换至"**图表**"选项卡。在"**事件图表**"中，删除**On Clicked**（**Btnquit**）事件。再切换至"**设计器**"选项卡返回UMG编辑器。

↑图11-14　RoundTransition层次结构

（5）选择Txt restart元素，将其重命名为Txt begin。在"**细节**"面板中，将"**文本**"从Restart更改为Begin Round。将Btn restart重命名为Btn begin。重新加载关卡的功能将保持不变。

（6）将"**控制板**"面板中的"**水平框**"拖到"**层级**"面板中Btn restart按钮上方。

（7）在"**细节**"面板中，单击"**锚点**"下三角按钮，在列表中选择居中顶部选项。设置"**位置X**"为-300.0、"**位置Y**"为200.0。勾选"**大小到内容**"复选框，这样我们就不需要改变"**尺寸X**"和"**尺寸Y**"的值。这个水平框的大小将根据它的子元素的大小自动调整，如图11-15所示。

（8）将"**文本**"对象拖放到水平框上。在"**细节**"面板中，将"**内容**"类别下的"**文本**"字段更改为Round。在"**外观**"类别中，将字体"**尺寸**"更改为120。

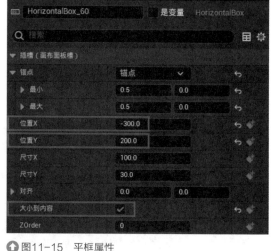

↑图11-15　平框属性

（9）将另一个"**文本**"对象拖到水平框上。在"**细节**"面板中，将"**填充**"类别下的"**左边**"设置为20.0，并将"**内容**"类别下的"**文本**"字段更改为99，仅作为参考。在"**外观**"类别中，将字体"**尺寸**"更改为120。RoundTransition的布局效果，如图11-16所示。

（10）在"**细节**"面板中，单击"**文本**"字段旁边的"**绑定**"下三角按钮，然后选择"**创建绑定**"选项，如图11-17所示。

↑图11-16　RoundTransition的布局效果

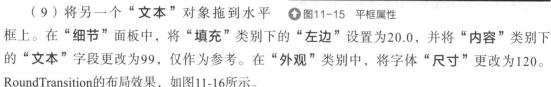

↑图11-17　为Round创建绑定

（11）在显示的Get Text图形视图的空白处右击，在打开的窗口中添加Get Player Character节点。根据相同的方法添加Cast To FirstPersonCharacter节点进行强制转换，然后拖动As First Person Character的输出引脚，添加Get Current Round节点。

（12）将Current Round和Return Node节点连接，编辑器将创建一个ToText（integer）节点来将数字转换为文本格式，如图11-18所示。

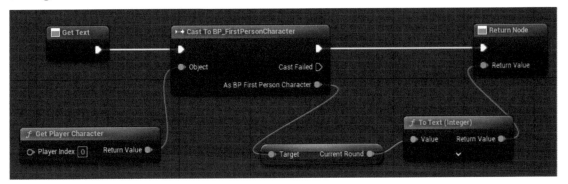

⬆ 图11-18　在屏幕上显示本轮变量的值

（13）编译、保存并关闭UMG编辑器。

为了完成基于回合的系统，接下来我们将修改End Game事件。

11.2.6 当前回合获胜时过渡到新回合

在FirstPersonCharacter蓝图中可以很方便地修改End Game事件，因为它是WinMenu的修改版本，所以会显示RoundTransition屏幕。

当玩家赢得一局，我们将增加当前回合变量并进行保存。

请按照以下步骤修改End Game事件。

（1）在内容浏览器中访问"内容/FirstPerson/Blueprints"文件夹，然后双击FirstPersonCharacter蓝图。

（2）在"**事件图表**"中，选择End Game事件。在"**细节**"面板中，将事件名称更改为End Round。

（3）为其添加注释，内容为"结束循环：显示过渡菜单"，如图11-19所示。

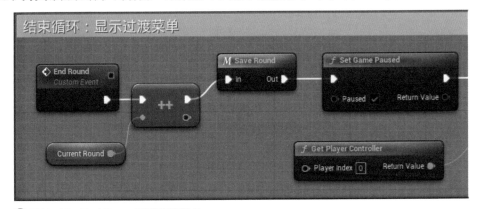

⬆ 图11-19　End Round事件的新节点

（4）断开End Round和Set Game Paused节点之间的引线。将End Round节点向左移动，为更多节点腾出空间。

（5）在"**事件图表**"空白处右击，在打开的图表中添加Get Current Round节点。

（6）从Get Current Round节点的输出引脚拖出引线，然后添加Increment Int节点。连接Increment Int和End Round节点的白色接点。

（7）从Increment Int的输出白色引脚拖出引线，然后添加Save Round宏节点。

（8）将Save Round的Out输出引脚连接到Set Game Paused节点的白色输入引脚。

（9）编译并保存，单击"**播放**"按钮进行测试。

当我们加载游戏时，可以看到游戏界面顶部的目标计数器显示了少量的目标敌人。一旦击败指定目标的敌人数量，会弹出回合转换画面，并显示Round2。当按下Begin Round按钮时，玩家将会在恢复生命值和弹药的情况下重新加载关卡，并且目标敌人的数量增多。如果退出游戏并再次单击"**播放**"按钮，将会看到游戏加载了上一轮的游戏。

现在我们可以追踪玩家的进度，如果玩家希望重新开始游戏，我们应该为游戏提供重置保存文件的选项。

II.3 暂停游戏并重置保存文件

在本节，我们将创建**暂停菜单**，用于向玩家提供恢复游戏、重置游戏到第一轮或退出应用程序的选项。

II.3.I 创建暂停菜单

暂停菜单与我们之前创建的**失败菜单**类似，因此，我们将使用之前的失败菜单作为模板。图11-20显示了我们想要在**暂停菜单**中显示的元素。

请按照以下步骤创建**暂停菜单**。

（1）在内容浏览器中，访问"内容/FirstPersonBP/UI"文件夹。在LoseMenu上右击，在打开的快捷菜单中选择"**复制**"命令。

（2）将复制的控件蓝图命名为PauseMenu，双击并打开。

（3）选择显示"You Lose！"的文本，在"**细节**"面板中将"**文本**"字段更改为Paused，并将"**颜色和不透明度**"更改为蓝色，如图11-21所示。

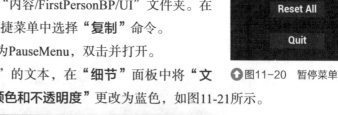

⬆图11-20　暂停菜单元素

⬆图11-21　设置暂停菜单元素

（4）我们将把暂停的文本进一步向上移动，为另一个按钮腾出空间。在"**插槽**"类别中，设置"**位置X**"为-170.0，设置"**位置Y**"为-450.0，如图11-22所示。

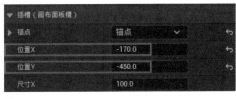

⬆图11-22 设置暂停文本的位置

（5）我们将在游戏中添加一个Resume按钮，并将Restart按钮更改为Reset All按钮。PauseMenu的"**层级**"面板如图11-23所示。

（6）将"**按钮**"控件从"**控制板**"面板中拖动到"**层级**"面板中PausedMenu下方的CanvasPanel对象上。在"**细节**"面板中，将名称更改为Btn resume，单击"**锚点**"下三角按钮，在列表中选择锚点位于屏幕中心的选项。

（7）设置"**位置X**"为-180.0，设置"**位置Y**"为-250.0，设置"**尺寸X**"为360.0，设置"**尺寸Y**"为100.0。

⬆图11-23 PauseMenu的"层级"面板

（8）将"**文本**"对象从"**控制板**"面板拖动到"**层级**"面板中的Btn resume按钮上。在"**细节**"面板中，将名称设置为Txt resume，将"**内容**"类别下的"**文本**"字段更改为Resume，并将字号大小设置为48。

（9）接下来，我们将Restart按钮转换为Reset All按钮。首先将Btn restart按钮名称更改为Btn reset，将Txt restart更改为Txt reset，然后将"**文本**"字段更改为Reset All。

（10）编译并保存。

现在，我们已经为暂停菜单添加了视觉元素，接下来我们将实现其功能。

11.3.2 恢复游戏

要恢复游戏，我们需要从"**视口**"中删除暂停菜单，隐藏鼠标光标，然后取消暂停游戏。

以下是添加恢复按钮功能的步骤。

（1）单击Btn resume元素，向下滚动到"**细节**"面板的底部，然后单击"**事件**"类别中"**点击时**"旁边的加号按钮。

（2）切换到"**事件图表**"选项卡中，将图11-24的节点添加到On Clicked（Btnresume）事件中。

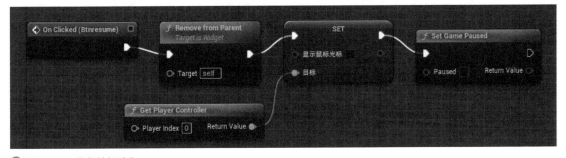

⬆图11-24 恢复按钮动作

（3）从On Clicked（Btnresume）节点拖出引线，然后添加Remove from Parent节点。

（4）在"事件图表"的空白处右击，在打开的上下文菜单中添加Get Player Controller节点。

（5）从Get Player Controller节点的Return Value输出引脚拖出引线，然后添加SET Show Mouse Cursor节点。将Remove from Parent节点的白色输出引脚连接到SET Show Mouse Cursor的白色输入引脚。此时保持"显示鼠标光标"复选框为未勾选状态。

（6）从SET Show Mouse Cursor节点的白色输出引脚拖出引线，并添加SET Game Paused节点，取消勾选Paused参数的复选框。

以上是添加Btn resume按钮功能的操作。接下来，我们将为Reset All按钮添加功能。

11.3.3 | 重置保存文件

Reset All按钮用于消除已保存的游戏数据（如果该游戏存在），然后重新加载游戏关卡。在本小节中，我们将创建一个用于删除已保存游戏的宏。

请按照以下步骤创建宏。

（1）在"我的蓝图"面板中，单击"宏"类别中的加号按钮，创建宏。将宏的名称更改为DeleteFile。在宏的"细节"面板中，创建"执行"类型的输入参数In和"执行"类型的输出参数Out。

（2）在DeleteFile宏创建的选项卡上，添加图11-25中显示的节点。我们需要获取对FirstPersonCharacter实例的引用，以检索Save Slot Name变量的值。

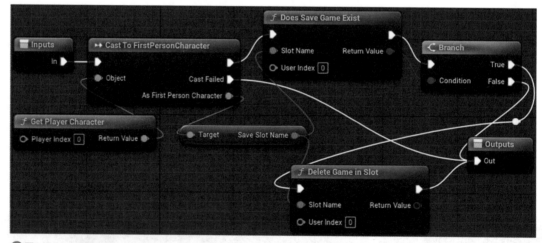

⬆图11-25　DeleteFile宏操作

（3）添加Get Player Character节点，使用Cast To FirstPersonCharacter节点进行转换，然后拖出As First Person Character输出引脚并添加Get Save Slot Name节点。

（4）从Cast To FirstPersonCharacter的白色输出引脚上拖出引线，并添加Does Save Game Exist节点。连接Slot Name输入引脚到Get Save Slot Name节点。

（5）从Does Save Game Exist节点中拖出引线，然后添加Branch节点。将Return

Value输出引脚连接到Condition输入引脚。

（6）从Branch节点的True输出引脚拖出引线，然后添加Delete Game in Slot节点。将Slot Name输入引脚连接到Get Save Slot Name节点。将白色输出引脚连接到Outputs节点的Out输入引脚。

（7）将Cast To FirstPersonCharacter节点的Cast Failed输出引脚和Branch节点的False输出引脚连接到Outputs节点的Out输入引脚。

（8）在"事件图表"中，在On Clicked（Btnreset）事件之后添加Delete File宏节点，如图11-26所示。

⬆图11-26　修改On Clicked（Btnreset）事件

（9）编译并保存PauseMenu。

我们已经成功创建了PauseMenu界面。接下来我们需要实现让玩家打开PauseMenu。

11.3.4 触发暂停菜单

在本小节，我们将实现按下回车键暂停游戏并调出暂停菜单的功能。我们需要在"**项目设置……**"中添加Pause操作映射，并将操作添加到为Pause动作映射创建的InputAction事件中。

请按照以下步骤触发暂停菜单。

（1）要更改游戏的输入设置，请单击工具栏最右侧的"**设置**"下三角按钮，然后在列表中选择"**项目设置……**"选项，如图11-27所示。

（2）在打开的"**项目设置**"窗口的左侧，展开"**引擎**"类别并选择"**输入**"选项。单击"**操作映射**"旁边的加号按钮。将新操作命名为Pause，并从下拉列表中选择"**回车键**"选项，将该键映射到Pause事件，如图11-28所示。

⬆图11-27　选择"项目设置……"选项

⬆图11-28　创建动作映射

（3）接下来，我们将打开内容浏览器，访问"内容/FirstPerson/Blueprints"文件夹，然后双击FirstPersonCharacter蓝图。

（4）在"**事件图表**"的空白处右击，打开上下文菜单，在搜索框中输入input action pause，并添加Pause事件节点。复制LostGame自定义事件中的所有节点，并将它们粘贴到InputAction Pause节点附近，如图11-29所示。

⬆图11-29　InputAction Pause事件动作

（5）将InputAction Pause节点的Pressed输出引脚连接到Set Game Paused节点的白色输入引脚。

（6）将Create Widget节点的Class参数更改为Pause Menu。

（7）编译并保存后单击"**播放**"按钮，进行游戏测试。

现在，在播放游戏时，可以通过按下设置的回车键来调出暂停菜单。单击Resume按钮，可以关闭暂停菜单并返回游戏。如果玩家已经进行了几轮游戏，并在暂停菜单中单击了Reset All按钮，则会自动重新加载关卡，使进度回到游戏的第一轮。如果我们创建的游戏可以完成以上操作，说明我们在创建一个能够存储、加载和重置多轮游戏进度的保存系统方面取得了重大成就。

11.4　本章总结

在本章中，我们已经在制作完整的游戏体验方面取得了重大进展。我们实现了根据玩家的输赢来显示不同的屏幕提示，还学习了如何创建一个保存系统，让玩家在进度不变的情况下返回到之前的游戏环节中。此外，我们引入了一个回合系统，用于在玩家进入新的回合时，修改游戏目标。最后，我们增加了为玩家提供正在进行的回合信息的菜单系统，并让玩家有机会暂停游戏，甚至重置自己的保存文件。

在下一章中，我们将探索如何构建之前创建的游戏，以便与他人共享游戏体验。

11.5 测试

（1）Create Widget节点用于创建在参数中选择的控件类实例。（   ）

    A. 对   B. 错

（2）用来存储要保存数据的类的名称是什么？（   ）

    A. SaveData   B. SaveInfo

    C. SaveGame

（3）Save Game to Slot函数接收一个结构作为输入参数，其中包含将被保存的数据。（   ）

    A. 对   B. 错

（4）从Load Game from Slot函数返回SaveGame类的一个实例。我们需要使用Cast to节点来访问保存的变量。（   ）

    A. 对   B. 错

（5）名为Shoot的操作映射会触发名为InputAction Shoot的事件。（   ）

    A. 对   B. 错

第12章

构建和发行

作为一名游戏开发者，最好的成长方式之一是与他人分享创建的作品，这样可以获得关于设计和内容改进的有价值反馈。在早期，首要任务应该是创建可共享的游戏，以便其他人可以自己玩游戏。幸运的是，虚幻引擎5可以非常简单地为多个平台创建游戏。在本章中，我们将着眼于如何优化游戏的设置以及如何为目标桌面平台构建游戏。在这个过程中，我们将涉及以下内容。

- ⊙ 优化图形设置
- ⊙ 与他人共享游戏
- ⊙ 打包游戏
- ⊙ 构建配置和打包设置

在本章结束时，我们将拥有自己的游戏打包版本，可以与他人分享并安装在其他设备上使用。

12.1 优化图形设置

在创建一个版本的游戏或我们的游戏经过优化以在特定平台上发行之前，应该更改游戏的图形设置，以确保它们适合目标设备和平台。虚幻引擎5中的图形设置被标识为引擎可延展性设置（Engine Scalability Settings），该设置界面由几个图形设置组成，每个图形设置都决定了游戏中一个元素的最终视觉质量。在任何游戏中，高质量的效果和视觉效果都需要对游戏帧速率方面的性能进行权衡。

从游戏玩法的角度来看，即使其机制是可靠的，低帧率也会给玩家带来极差的体验感。因此，在追求游戏画面质量的同时，也需要了解玩家所使用设备性能的影响，并在两者之间取得平衡。

请按照以下步骤进行引擎可延展性设置。

（1）单击位于关卡编辑器工具栏右侧的**"设置"**按钮，如图12-1所示。

（2）将光标悬停在**"引擎可延展性设置"**选项上，弹出可以调整质量设置的参数菜单，如图12-2所示。

⬆图12-1 单击"设置"按钮

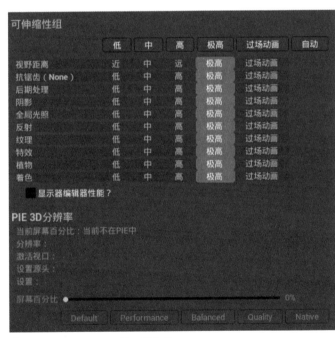

⬆图12-2 引擎可延展性设置参数

（3）这个菜单顶部包含从"低"到"极高"的按钮，作为基于运行时目标的性能和质量的广泛水平设置的预设。单击"低"按钮，将所有的质量设置到最低，提供最好的性能，以换取最不具吸引力的视觉设置。单击"极高"按钮则是另一个极端，根据所选择的资产，以牺牲显著的性能为代价，将所有引擎质量设置提高到最大值。

（4）单击**"过场动画"**按钮，将所有的质量设置为动画质量，这是用于渲染动画。此设置不适用于在游戏过程或运行时使用。

（5）单击"**自动**"按钮将检测当前正在运行编辑器的设备硬件，并将图形设置调整到能够在该设备的图形性能和图形质量之间达到良好平衡的水平。如果目标硬件大致相当于正在开发的设备，那么使用"**自动**"设置可以简单地构建图形设置。

（6）如果我们希望单独调整设置，可以参考以下对其功能的简要描述。

- ⊙ **屏幕百分比**：该设置使引擎以低于玩家所设定的目标分辨率渲染游戏，并使用软件将游戏升级到目标分辨率。这提高了游戏的性能，但代价是在较低分辨率下会感知到模糊效果。
- ⊙ **视野距离**：用于确定距离相机多远的对象被渲染，超过此距离的对象将不会被渲染。较短的视图距离可以提高性能，但可能会导致对象在越过视图边界时突然进入视野。
- ⊙ **抗锯齿（None）**：此参数可以有效减少3D对象的锯齿状边缘，从而显著提升游戏画面质量。然而，在较高的设置下，虽然能够减少锯齿状边缘的出现频率，但也会对游戏性能造成一定影响。
- ⊙ **后期处理**：此参数会更改场景创建后应用于屏幕的几个过滤器的基本质量设置，例如运动模糊和亮光绽放效果。
- ⊙ **阴影**：该设置将对游戏中的阴影外观起重要作用，因为它们决定了捆绑设置的基本质量。高度详细的阴影通常会对性能产生显著影响。
- ⊙ **纹理**：此参数将影响引擎对游戏中使用的纹理进行管理的过程。如果游戏中包含大量高分辨率纹理，降低此设置可以有效避免图形内存不足，从而提升性能。
- ⊙ **特效**：此参数调整了游戏中几个特殊效果的基准质量，例如材质反射和半透明效果。
- ⊙ **植物**：此参数将影响游戏中使用的植物的质量。
- ⊙ **着色**：此参数将影响材质的质量。

优化游戏性能的最佳方法是定期在目标设备上进行测试，以确保玩家能够流畅地享受游戏。如果我们发现性能下降，需要记录这些现象发生的位置。如果游戏性能总是很低，我们可能需要减少一些后期处理或抗锯齿效果。如果只是在关卡的某些区域表现较差，则可以考虑减少该区域的对象密度或降低特定游戏模型的质量。

现在我们知道了如何调整图形设置，接下来我们还需要在构建之前对一些项目进行自定义设置。

12.2 与他人共享游戏

虚幻引擎5提供了广泛的平台选择，用于构建游戏，并且随着引擎新版本和新技术的发布，这个功能将继续扩大。我们可以在Windows、macOS、iOS、Android和Linux上部署游戏。该引擎支持为各种虚拟现实平台（如Oculus Quest）创建内容，也兼容第8代和第9代主机，但是需要注册为主机开发者，并获得适当的开发工具包。

对于游戏开发，每个平台都有自己独特的需求和最佳实践。手机游戏需要更高的优化要求才能让游戏表现出色。

我们可以自定义一些设置，以确保我们的项目在设备上呈现出理想的显示效果。

请按照以下步骤自定义项目设置。

（1）单击关卡编辑器工具栏中的**"设置"**按钮，然后在列表中选择**"项目设置……"**选项，如图12-3所示。

（2）在"项目设置"窗口左侧面板中包含各种选项，用于自定义游戏、引擎和平台交互等。默认情况下，将打开**"项目−描述"**界面，此界面可以自定义项目名称、

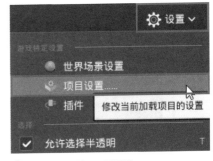

↑图12-3　访问项目设置

显示虚幻引擎项目选择器中的缩略图，以及项目、项目创建者或发布者的简要描述，如图12-4所示。

↑图12-4　"项目−描述"界面

（3）单击左侧面板中的**"地图和模式"**链接将进入"项目-地图和模式"界面，从而确定游戏默认加载的地图，如下页图12-5所示。尽管我们的游戏只有一个地图，但通常需要指定一个专门用于主菜单屏幕的地图作为第一个加载项。在创建具有多个地图的游戏时，需要确保加载的第一个地图能够管理下一个加载的地图，从而为游戏提供良好的体验。

⬆图12-5 "项目-地图和模式"界面

（4）最后，单击此游戏构建的目标平台，进入该平台的自定义页面。平台选项位于"**项目设置**"窗口左侧的"**平台**"区域。

（5）在图12-6的Windows示例中，Splash屏幕和游戏的图标图像可以更改。选择不同平台时，该区域将有不同的更改选项，这些选项将根据不同的平台进行调整。

⬆图12-6 "平台-Windows"界面

（6）将默认的Splash和Icon替换为我们想要在游戏中使用的图像，以个性化游戏体验。这像本书中编辑游戏的屏幕截图一样简单，或者可以展示专门为游戏图标或游戏启动画面制作的自定义图像。

对项目设置满意后，关闭"**项目设置**"窗口，这样我们就可以开始打包项目了。

12.3 打包游戏

为一个平台创建可发行形式的游戏，需要一个称为打包的过程。打包过程将整合游戏的所有代码和资产，并将其设置为合适的格式，以便能够在选定的平台上运行。我们将按照游戏的Windows或macOS版本进行发布。

注意事项

需要注意的是，虚幻引擎5只能从运行在Windows系统上的引擎副本创建Windows版本，而OS X则是从安装在运行OS X的macOS副本创建版本。因此，我们所开发游戏的目标平台将部分受到所使用设备的限制。如果是在Windows台式机上开发并希望创建一个OS X版本的游戏，可以在macOS上安装虚幻引擎5并将项目文件复制到这台新设备上。从那里，我们能够生成适用于OS X平台的版本，无须进一步更改。

以下是将游戏打包到特定平台上的步骤。

（1）单击工具栏中的"**平台**"按钮，将光标悬停在所需平台选项上，此处选择Windows选项，然后在子列表中选择"**打包项目**"选项，如图12-7所示。

⬆图12-7　为Windows打包项目

（2）选择目标平台后，系统会提示我们在计算机上选择存储构建游戏的位置，以存储打包的项目。选择位置后，弹出提示窗口显示引擎正在打包项目。如果在打包过程中出现错误，弹出的输出日志窗口中会显示错误的详细信息。根据项目的复杂程度和规模大小，打包一个项目需要花费一定的时间，如果没有遇到任何错误，那么最终将看到一条提示打包完成的信息。至此，我们已经创建了一个完整的游戏！

（3）导航到存储打包项目的文件夹。在Windows系统上，将打开名为Windows的文件夹（对于macOS系统，则打开名为MacNoEditor的文件夹），双击应用程序即可启动。花点时间体验一下我们所创建的游戏的最终版本，并思考一下我们在此过程中学到的技术和取得的进步。

至此，我们有了一个可以供其他玩家共同玩乐的游戏。即使是简单的游戏，也不是一件容易的事，所以我们应该为自己的成就感到骄傲！

本小节的操作中，我们使用的是默认设置打包项目。在打包过程中，大家可以根据自己的需要设置不同的选项。

12.4 构建配置和打包设置

在本节中，我们将介绍一些用于构建和打包的设置选项。

在"**项目设置**"窗口左侧的"**项目**"子列表中选择"**打包**"选项，打开可修改配置选项的"**项目–打包**"界面，如图12-8所示。

项目 - 打包

详细调整您项目的打包方式，以便进行发布。　　　　　　　　　　　　导出……　导入……

🔓 这些设置被保存在DefaultGame.ini中，它当前可写入。

▶ 打包

▼ 项目

编译	若项目拥有代码，或运行本地构建编辑器 ⌄
编译配置	开发 ⌄
编译目标	
完整重编译	☐
用于分步	☐
在发布版本中包含调试文件	☐

▶ 先决条件

⬆ 图12-8 "项目–打包"界面

打包类别包含许多可用于优化打包的技术选项。"**编译配置**"选项定义如何进行编译。在仅使用蓝图的项目中，我们可以选择**开发**和**发行**两个版本选项。开发版本包含用于调试的信息，以帮助我们查找错误。发行版本更简洁，因为它们没有调试信息，一般用于创建将要发行的游戏的最终版本。

设置完成后，可以关闭"**项目–打包**"界面。

如果想要将项目移动到另一台计算机或传送给其他人，可以在关卡编辑器的"**文件**"菜单中选择"**压缩项目**"选项，如图12-9所示。"**压缩项目**"选项可以复制并压缩重要的项目文件。

⬆ 图12-9 选择"压缩项目"选项

在众多打包选项中，有些是用于特定平台的。我们可以花点时间研究游戏目标平台的各种打包选项的功能。

I2.5 本章总结

在本章中，我们探讨了如何在多个平台上创建游戏的方法。我们学习了如何优化图像设置，并介绍了使游戏适合其他玩家的配置。最后，还学习了如何更改构建配置和打包设置。

通过本章内容的学习，我们能够更好地展示项目，并将其发布到不同的平台上，以便与他人分享。

这一章结束了第3部分，也标志着这款射击游戏的实现告一段落。在接下来的第4部分，我们将介绍高级蓝图的概念。在下一章中，我们将学习数据结构和流控制。

I2.6 测试

（1）我们可以在引擎可延展性设置面板中调整游戏的图形设置。（　　）

    A. 对　　　　　　　　　　　　　　B. 错

（2）在虚幻引擎5中，即使不是注册的游戏机开发者，我们也可以将游戏打包到游戏机上。
（　　）

    A. 对　　　　　　　　　　　　　　B. 错

（3）要打包游戏，需要单击"平台"按钮访问菜单。（　　）

    A. 对　　　　　　　　　　　　　　B. 错

（4）在仅蓝图项目中，以下哪个选项不属构建配置选项？（　　）

    A. 开发　　　　　　　　　　　　　B. 发行

    C. 调试

（5）如果想将项目移动到另一台计算机或传递给其他人，可以在关卡编辑器的"文件"菜单中执行"压缩项目"命令。（　　）

    A. 对　　　　　　　　　　　　　　B. 错

第4部分

高级蓝图

本部分将探讨高级蓝图的相关内容，这些内容将在我们开发复杂游戏时非常有帮助。我们将研究数据结构、流控制、跟踪节点和蓝图技巧，以提高蓝图的质量。第16章介绍了虚拟现实（VR）的相关概念，并了解了虚拟现实模板的相关应用。

本部分包括以下4个章节：

- ◉ 第13章 数据结构和流控制
- ◉ 第14章 检测节点
- ◉ 第15章 蓝图技巧
- ◉ 第16章 虚拟现实开发

第13章

数据结构和流控制

在第3部分，我们学习了如何利用行为树构建一款基本的人工智能游戏、添加游戏状态，以及打包游戏并发行。

第4部分将介绍关于高级蓝图的相关内容，以助于开发复杂的游戏。我们将学习数据结构、流控制、跟踪节点和蓝图技巧，并了解虚拟现实的开发等。

本章将详细解释数据结构的概念，并介绍如何在蓝图中使用它们来组织数据。我们将学习容器的概念，以及如何使用数组、集和映射等方式对多个元素进行分组，同时还会探讨使用枚举、结构和数据表等方法来组织数据。此外，本章还将介绍各种类型的流控制节点如何管理蓝图的执行流。

我们将在本章中介绍以下内容。

- ⊙ 探索不同类型的容器
- ⊙ 集
- ⊙ 映射
- ⊙ 探索其他数据结构
- ⊙ 流控制节点

在本章结束时，我们将了解各种数据结构和流控制节点的应用，从而提升我们解决蓝图中问题的能力。

13.1 探索不同类型的容器

容器是一种数据结构，其实例可以存储值或实例的集合。容器中的值必须具有相同的类型，我们可以使用与该元素相关联的标签来检索容器的元素。

蓝图中可用的容器包括**数组**、**集**和**映射**。要将变量转换为容器，可以单击"**变量类型**"旁边的下拉图标，然后在列表中选择需要的容器选项，如图13-1所示。

下面我们将从最常用的容器类型——数组开始容器的学习。

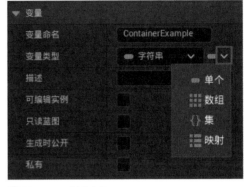

↑ 图13-1 创建容器

13.1.1 数组

数组是一种容器类型，用于存储特定数据类型的一个或多个值。因此，我们可以使用单个变量来存储多个值，而不是为每个值使用单独的变量。

数组提供对其元素的**索引**访问，因此用于检索元素的标签是元素在容器中的顺序索引。除非在数组中间插入了元素，否则每个元素都将保持其位置不变。

以下是创建数组的步骤。

（1）在"**我的蓝图**"面板中创建一个变量并设置为"**整数**"类型。

（2）单击"**变量类型**"右侧的下三角按钮，在列表中选择"**整数**"选项，如图13-2所示。

（3）编译蓝图以便能够添加数组的默认值。在变量的"**默认值**"区域中单击加号图标，将元素添加到数组中。

↑ 图13-2 创建整数数组

图13-3展示了名为Ammo Slot的整数数组示例，其中有4个元素用于存储玩家不同武器的弹药数量。每个数组元素代表一种特定武器所拥有的弹药量。

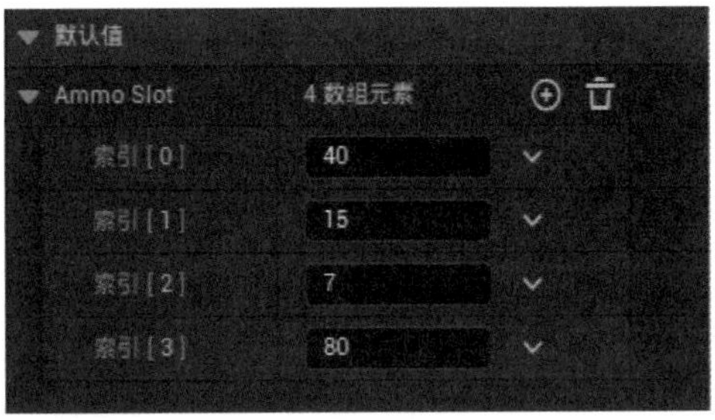

注意事项

数组总是从"索引0"开始。因此，在前面包含4个元素的示例中，第一个元素的索引是0，最后一个元素的索引是3。

↑ 图13-3 添加数组的默认值

要从**数组**中获取值，需要使用Get（a copy）节点。该节点有两个输入参数，分别是对数组的引用和元素的索引，如图13-4所示。Get（a copy）节点可以创建存储在数组中的值的临时副本，因此，对检索值的任何更改都不会影响存储在数组中的实际值。

⬆图13-4　从数组中获取值

要修改数组中的元素，可以使用**Set Array Elem**节点。图13-5的示例中，将索引为2的元素的Item参数值设置为10。

虚幻引擎5中有两个节点可以用于向数组中添加元素。其中**ADD**节点可以将一个元素添加到数组的末尾。而**INSERT**节点在作为输入参数传递的索

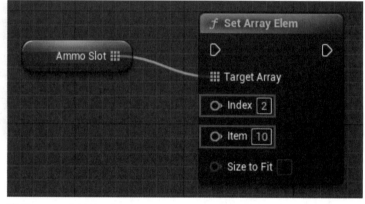

⬆图13-5　在数组元素中设置一个值

引处添加一个元素，并且在此索引之后的所有元素都将依次向下移动到下一个索引位置。两个节点如图13-6所示。例如，我们在索引2处插入一个元素，那么位于索引2处的后一个元素将移动到索引3，位于索引3的元素将移动到索引4，以此类推。使用这些节点时，数组的长度会动态增加。两个节点都接收一个作为数组参数的引用，以及对将添加到数组中的元素的引用。

我们可以使用LENGTH节点来获取数组中的元素数量。由于数组的索引从0开始，最后一个元素的索引将是LENGTH–1。或者使用LAST INDEX节点返回数组最后一个元素的索引。图13-7显示了这两个节点。

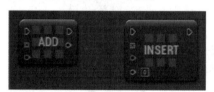

⬆图13-6　向数组中添加元素的节点

⬆图13-7　获取数组的长度和最后一个索引的节点

注意事项

需要注意，不要在数组中访问大于最后一个索引的索引，这可能会产生意想不到的结果，进而导致以后难以追踪的问题。

我们可以使用Random Array Item节点来获取数组的随机元素。IS EMPTY或IS NOT EMPTY节点用于检查数组中是否包含元素。这三个节点如图13-8所示。

⬆图13-8　获取数组的随机元素并检查数组是否包含元素的节点

Make Array节点用于从**"事件图表"**选项卡的**"变量"**类别下创建数组，单击**"添加引脚"**按钮，添加输入引脚。图13-9的示例来自关卡蓝图，该关卡中有四个PointLight实例，其中Make Array节点用于创建Point Lights Array。

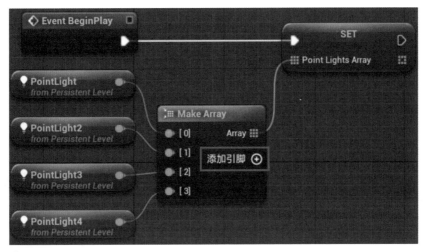

🔼 图13-9　使用Make Array节点

接下来，我们将通过一个示例来阐述如何利用数组存储对象引用。

13.1.2 数组示例－创建BP_RandomShawer蓝图

在本例中，我们将创建一个名为BP_RandomSpawner的蓝图，其中包含一个"目标点"数组。"目标点"数组的元素可以在关卡编辑器中设置。当关卡开始时，BP_RandomSpawner蓝图将随机选择目标点数组中的一个元素，并在选定的目标点处生成一个指定Actor类的实例。

以下是实现此示例的步骤。

（1）创建一个基于第三人称游戏模板的项目，并勾选"初学者内容包"复选框。

（2）在内容浏览器中访问**"内容"**文件夹。在文件夹空白处右击，在快捷菜单中选择**"新建文件夹"**命令，将新建的文件夹命名为BookUE5。我们将使用这个文件夹来存储本章的资产。

（3）打开刚刚创建的BookUE5文件夹，然后单击内容浏览器中的**"添加"**下三角按钮，在列表中选择**"蓝图类"**选项。

（4）在打开的**"选取父类"**对话框中，选择Actor作为父类。将创建的蓝图命名为BP_RandomSpawner并双击，打开蓝图编辑器。

（5）在**"我的蓝图"**面板中创建一个名为TargetPoints的变量。在**"细节"**面板中单击**"变量类型"**下三角按钮，在列表搜索框中搜索target point。将光标悬停在**"目标点"**上，显示子列表后选择**"对象引用"**选项。单击**"变量类型"**右侧的下三角按钮，然后在列表中选择**"数组"**选项，并勾选**"可编辑实例"**复选框，如图13-10所示。

🔼 图13-10　创建一个目标点数组

223

（6）再创建一个变量，将其命名为SpawnClass。单击**"变量类型"**下三角按钮，在列表搜索框中搜索actor。将光标悬停在**Actor**上，显示子列表后选择**"类引用"**选项，如图13-11所示。

（7）单击**"变量类型"**右侧的下拉按钮，在列表中选择**"单个"**选项，并勾选**"可编辑实例"**复选框，如图13-12所示。生成角色时，我们将使用SpawnClass变量中指定的类。

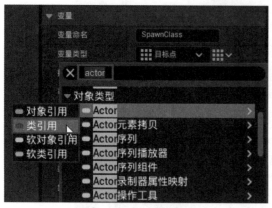

图13-11　创建一个引用Actor类的变量

图13-12　可以在关卡的实例中指定SpawnClass

在**Event BeginPlay**事件中，我们将使用**Branch**节点来验证Spawn Class和Target Points变量。任何存储引用的变量都应该在使用之前进行验证，以避免运行时错误。如果变量是有效的，则使用存储在Spawn Class变量中的类和存储在数组中随机选择的目标点的变换来生成一个角色，如图13-13所示。

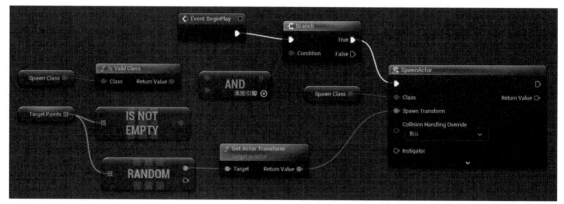

图13-13　Event BeginPlay事件的操作

（8）步骤（8）～（13）的节点将验证Spawn Class和Target Points变量。从**"我的蓝图"**面板中拖动Spawn Class变量，放入**"事件图表"**选项卡中**Event beginPlay**事件附近，然后在列表中选择**"获取Spawn Class"**选项。

（9）从Spawn Class节点拖出引线，然后添加一个Is Valid Class节点。

（10）从Is Valid Class节点的Return Value输出引脚上拖出引线，并添加一个AND节点。此处使用AND节点，是因为只有两个变量都有效，才会生成Actor。

（11）从**"我的蓝图"**面板拖动Target Points数组变量，放在**"事件图表"**中Spawn Class节点附近，然后在列表中选择**"获取Target Points"**选项。

（12）从TargetPoints节点拖出引线，然后添加IS NOT EMPTY节点。将IS NOT

EMPTY节点的输出引脚连接到AND节点的底部输入引脚。我们需要检查数组是否有元素。

（13）从AND节点的输出引脚拖出引线，然后添加Branch节点。将Event BeginPlay的白色引脚连接到Branch节点的白色输入引脚。

（14）步骤（14）～（18）的节点将使用存储在Spawn Class中的类来生成一个Actor。从Branch节点的True输出引脚中拖出引线，添加SpawnActor from Class节点。

（15）从SpawnActor节点的Class输入引脚拖出引线，并添加Get Spawn Class节点。

（16）从Target Points节点拖出引线，然后添加一个Random Array Item节点。

（17）从Random节点的顶部输出引脚拖出引线，然后添加GetActorTransform节点。

（18）将GetActorTransform节点的Return Value输出引脚连接到SpawnActor节点的Spawn Transform输入引脚。

（19）编译并保存蓝图。

接下来，我们需要准备关卡，以便能够测试BP_RandomSpawner。

13.1.3 | 测试BP_RandomSpawner

在本小节中，我们将在关卡中添加一些Target Point实例，并通过BP_RandomSpawner实例对目标点进行变换。

（1）在关卡编辑器中，我们可以使用**"放置Actors"**面板来轻松找到Target Point类。单击工具栏上的**"快速添加到项目"**下三角按钮，在打开的列表中选择**"放置Actors面板"**选项，如图13-14所示。

（2）在**"放置Actor"**面板中搜索目标，如图13-15所示。拖动**"目标点"**在关卡的不同位置放置一些实例。

🔼 图13-14 访问放置Actor面板　　🔼 图13-15 寻找目标点类

（3）从内容浏览器中拖动BP_RandomSpawner并放到关卡中。TargetPoints和Spawn Class变量出现在实例的**"细节"**面板中，是因为勾选了**"可编辑实例"**复选框。单击加号图标，向数组中添加元素。展开每个元素的下拉菜单，选择关卡中的一个TargetPoint实例。在**SpawnClass**的列表中选择**Blueprint_Effect_Smoke**选项，如图13-16所示。

🔼图13-16　设置BP_RandomStoner实例的变量

（4）单击关卡编辑器的**"播放"**按钮。BP_RandomSpawner将在一个TargetPoint实例上生成一个Blueprint Effect Smoke的实例。退出并再次播放，可以看到蓝图效果烟雾在不同位置生成，如图13-17所示。

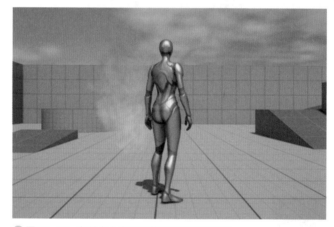

🔼图13-17　在关卡上生成了蓝图效果烟雾实例

数组在游戏开发中被广泛使用。接下来，让我们学习其他类型的容器。

13.2 集

集是另一种类型的容器，是一个无序的唯一元素的列表。对**集**中元素的搜索是基于元素本身的值，是没有索引的。集中的元素必须具有相同的类型，并且不允许有重复的元素。

请按照以下步骤创建集。

（1）在**"我的蓝图"**面板中创建一个变量并定义其类型。

（2）单击**"变量类型"**右侧的下拉按钮，然后在列表中选择**"集"**选项，如下页图13-18所示。

（3）编译蓝图，以便我们可以向该集合添加默认值。在变量的**"默认值"**区域中，单击加号图标，将元素添加到集中。

（4）图13-19显示了包含4个元素的字符串集的示例。

🔼 图13-18 创建一个字符串集

🔼 图13-19 向集合添加默认值

图13-20显示了集容器的一些节点。以下是对每个节点进行的简要描述。

- ⦿ ADD：向集中添加一个元素。
- ⦿ ADD ITEMS：将数组中的元素添加到集中。该数组必须与集的类型相同。
- ⦿ CONTAINS：如果集中包含该元素，则返回True。
- ⦿ LENGTH：返回集中元素的个数。

🔼 图13-20 集的相关节点

集没有GET元素节点，因此，如果需要遍历集的元素，则可以将集的元素复制到数组中。图13-21显示了TO ARRAY节点和用于删除元素的其他节点。

- ⦿ TO ARRAY：将集的元素复制到数组中。需要注意，复制整个大型对象数组可能是一项非常难的操作。
- ⦿ CLEAR：删除集的所有元素。
- ⦿ REMOVE：删除集中的一个元素。如果移除了指定的元素，则返回True；如果找不到该元素，则返回False。
- ⦿ REMOVE ITEMS：从集中删除数组中指定的元素。

🔼 图13-21 用于删除项目并将集转换为数组的节点

有些节点对两个集执行操作，并返回一个不同的集。下页图13-22显示了这些节点。

- ⦿ UNION：生成的集包含两个集中的所有元素。结果是一个集，所有重复项都将被删除。
- ⦿ DIFFERENCE：生成的集包含第一个集中不在第二个集中的元素。

⊙ INTERSECTION：生成的集只包含两个集中同时存在的元素。

⬆图13-22　两个集的操作节点

　　使用Make Set节点从**"事件图表"**选项卡中的**"变量"**类别中创建一个集。单击**"添加引脚"**按钮添加输入引脚，如图13-23所示。

　　图13-24显示了一个使用集的简单示例。这个集名为Unique Names，用于存储赢过至少一轮比赛的玩家姓名。在本示例中，我们关注的是那些至少赢了一轮的玩家，不需要知道他们赢了多少轮。

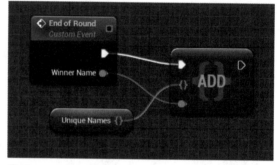

⬆图13-23　Make Set节点　　⬆图13-24　一个集容器使用示例

　　集容器的使用频率不如数组频繁。在下一节，我们将学习蓝图中最后一个可用容器——映射。

I3.3 映射

　　映射容器使用**键值对**来定义每个元素，其中**键**的类型可以与**值**类型不同。由于映射是无序的，并且需要使用键值进行查找，因此不允许出现重复的键，但允许存在重复的值。

　　以下是创建映射的步骤。

　　（1）创建一个变量，重命名变量并设置**"变量类型"**为**"字符串"**。

　　（2）单击**"变量类型"**右侧的下拉按钮，然后在列表中选择**"映射"**选项。

　　（3）之后，单击出现的第二个下三角按钮，在下拉列表中选择值类型，此处选择**"浮点"**选项，如图13-25所示。

⬆图13-25　创建映射容器

（4）就像蓝图中的任何其他新变量一样，在添加映射的默认值之前需要编译蓝图。在变量的"**默认值**"区域中单击加号图标，向映射中添加元素。

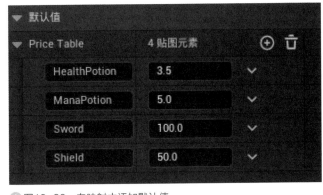

（5）图13-26显示了包含4个元素的映射示例。每个元素都有一个字符串键和一个浮点值。

⬆ 图13-26　向映射中添加默认值

图13-27显示了一些添加元素、删除元素和删除所有元素的映射节点。

- ⊙ ADD：将键值对添加到映射中。如果该键已存在于映射中，则与该键关联的值被覆盖。
- ⊙ REMOVE：从映射中删除键值对。如果键值对已删除，则返回True。如果未找到键值对，则节点将返回False。
- ⊙ CLEAR：删除映射中所有元素。

⬆ 图13-27　添加和删除元素的映射节点

用于获取映射的长度、检查键是否存在以及获取与映射中的键相关联的值的节点，如图13-28所示。

- ⊙ LENGTH：返回映射中的元素数量。
- ⊙ CONTAINS：接收一个键作为输入参数，如果映射包含使用该键的元素，则返回True。
- ⊙ FIND：该节点与CONTAINS节点类似，但它返回与搜索中使用的键相关的值。

⬆ 图13-28　用以获得长度并搜索键的映射节点

用于将映射的键和值复制到数组的节点，如图13-29所示。

- ⊙ KEYS：将映射的所有键复制到一个数组中。
- ⊙ VALUES：将映射的所有值复制到一个数组中。

⬆ 图13-29　将键和值复制到数组的映射节点

使用Make Map节点从"**事件图表**"选项卡中的"**变量**"类别创建一个映射。单击"**添加引脚**"加号按钮，添加输入引脚，如图13-30所示。

图13-31显示了映射的示例。Price Table是一个以Product Name作为键、以产品的价格作为值的映射。函数Calculate Total Price的输入参数包括Product Name和Amount，用于计算购买产品的数量。通过在Price Table映射中搜索Product Name，可以获得产品的价格。将产品的价格乘以Amount得到Total Price。

⬆ 图13-30　Make Map节点

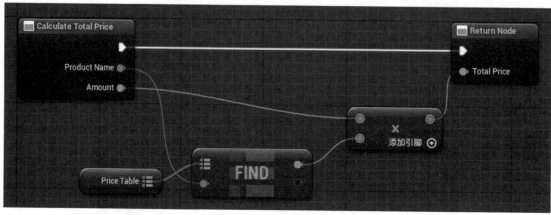

⬆ 图13-31　使用映射获取产品价格

我们介绍了蓝图中可用的容器，包括数组、集和映射，并了解了何时使用它们。容器的使用避免了创建多个单一变量来存储信息的麻烦。在下一节中，我们将学习有助于在游戏或应用程序中组织数据的其他数据结构。

13.4 探索其他数据结构

有些数据结构不是在蓝图类中创建的，它们是可以在蓝图中使用的独立辅助资产。使用这些数据结构资产，我们可以将自己的数据类型添加到项目中，并学习如何使用工具来处理项目中的大量数据。

下面，我们将学习如何创建和使用**枚举**、**结构**和**数据表**。

13.4.1 枚举

枚举（也称为enum）是一种数据类型，包含一组固定的命名常量，可用于定义变量的类型。类型为枚举的变量值仅限于枚举中定义的常量集。

请按照以下步骤创建枚举。

（1）单击内容浏览器中的"**添加**"按钮，在打开的列表中选择"**蓝图**"选项，在子列表中选择"**枚举**"选项，如图13-32所示。

（2）有一种命名约定，即枚举的名称以大写字母E开头。这里，我们为创建的枚举指定名称为EWeaponCategory，然后双击来编辑对应的值。

（3）在**枚举编辑器**中单击"**添加枚举器**"按钮，来向该枚举添加命名常量。本示例将添加5个命名常量，如图13-33所示。我们也可以为枚举和每个常量添加描述。

⬆图13-32　创建枚举

⬆图13-33　添加枚举的元素

（4）要使用枚举数据类型，需要在蓝图编辑器中创建一个变量。即单击"**变量类型**"下三角按钮，在列表中搜索枚举的名称并选择该选项，如图13-34所示。

图13-35显示使用枚举类型定义的变量仅限于枚举的常量。

⬆图13-34　使用枚举数据类型

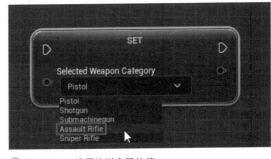

⬆图13-35　设置枚举变量的值

对于每种枚举类型，都有一个Switch on节点，用于根据枚举值更改执行流程，如图13-36所示。

以上就是我们需要了解的关于枚举的全部内容。接下来要介绍的数据资产是结构。

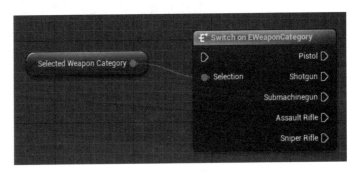

⬆图13-36　在枚举上使用Switch on节点

13.4.2 结构

结构（也称为struct）是一种复合数据类型，可以将不同类型的变量分组为一个类型。结构的元素可以是复杂类型，例如另一个可以是结构、数组、集、映射或对象引用。

以下是创建结构的步骤。

（1）单击内容浏览器中的"**添加**"按钮，然后在"**蓝图**"子列表中选择"**结构**"选项，如图13-37所示。

（2）将创建的结构重命名为Weapon Type并双击，然后定义它的变量。

（3）在结构编辑器中单击"**添加变量**"按

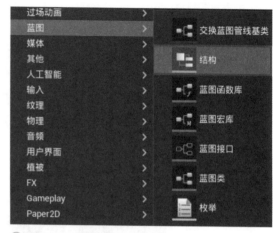

图13-37　创建结构

钮，向结构中添加变量。每个变量可以是不同的类型，也可以单击容器图标将变量转换为容器，例如数组、集或映射。

（4）接着添加图13-38的变量。需要注意，Category变量是之前创建的EWeapon Category枚举类型。

图13-38　Weapon Type结构的变量

（5）要使用"**结构**"数据类型，需要在蓝图编辑器中创建一个变量，即单击"**变量类型**"下拉按钮，然后搜索该结构的名称，如图13-39所示。

图13-39　使用结构数据类型

（6）编译蓝图，以便可以编辑默认值。下页图13-40显示了该结构，并填充了武器的示例值。

注意事项

在图13-40中，浮点变量以相对值表示百分比，例如0.5表示50%、1.0表示100%。

每种结构类型，都有可在蓝图中使用的Make和Break节点。Make节点接收单独的元素作为输入，并创建一个结构。Break节点接收一个结构作为输入，并分离其元素。图13-41显示了Weapon Type结构的Make和Break节点。

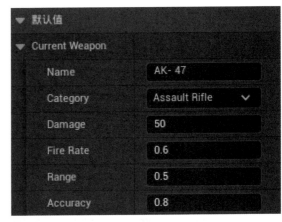

↑ 图13-40 向结构类型变量添加默认值

↑ 图13-41 用于创建结构并获取其元素的节点

该结构在蓝图中非常有用，可以将多个变量组合成一个新的类型。接下来，我们将学习的最后一个数据结构是数据表格。

13.4.3 数据表格

数据表格是基于特定结构的值表，可以用来表示电子表格文档。这对于需要不断修改和平衡游戏数据的数据驱动游戏玩法非常有用。在这种情况下，数据可以在电子表格编辑器中修改，然后导入到游戏中。

我们可以按照以下步骤创建数据表格。

（1）单击内容浏览器中的**"添加"**按钮，然后在**"其他"**子菜单中选择**"数据表格"**选项，如图13-42所示。

↑ 图13-42 创建数据表格

（2）选择**"数据表格"**选项后，虚幻编辑器将要求选择一个表示行的结构。单击下三角按钮，在列表中选择WeaponType结构，单击**"确定"**按钮，如图13-43所示。

⬆图13-43 选择数据表使用的结构

（3）将创建的数据表格重命名为Weapon-Table并双击，打开数据表格编辑器。

（4）单击**"添加"**按钮，向表中添加一行。每行都有一个行名来标识该行，行名必须是唯一的。要更改行名，需要右键单击行并在快速菜单中选择**"重命名"**命令。在图13-44中，行名是一个简单的索引。

⬆图13-44 编辑数据表格

数据表格也可以从纯文本逗号分隔值（Comma-Separated Values,CSV）文件导入。图13-45显示了一个CSV文件的示例。电子表格编辑器可以将电子表格导出为CSV格式。

```
---,Name,Category,Damage,Fire Rate,Range,Accuracy
1,"Desert Eagle","Pistol","30","0.200000","0.300000","0.600000"
2,"M1887","Shotgun","60","0.300000","0.100000","0.500000"
3,"Uzi","Submachinegun","40","0.500000","0.400000","0.700000"
4,"AK-47","Assault Rifle","50","0.600000","0.500000","0.800000"
5,"Dragunov SVD","Sniper Rifle","70","0.300000","1.000000","0.900000"
```

⬆图13-45 CSV格式的WeaponTable

（5）要导入CSV文件，需要单击内容浏览器中的**"导入"**按钮，在打开的**"导入"**对话框中选择CSV文件。将弹出**"数据表选项"**对话框，单击**"选择Data Tab的行类型"**下三角按钮，在列表中选择一个结构，如图13-46所示。

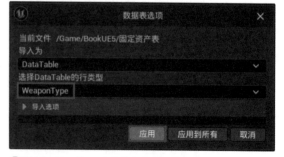

⬆图13-46 从CSV文件导入数据表

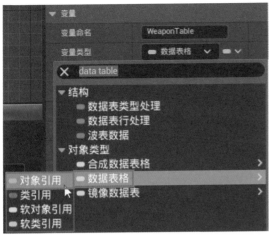

图13-47 从CSV文件导入数据表

（6）要在蓝图中使用数据表格，需要在蓝图编辑器中创建一个变量，选择"**变量类型**"为"**数据表格>对象引用**"选项，如图13-47所示。

（7）编译蓝图，在"**默认值**"类别中选择一个数据表，如图13-48所示。

图13-48 设置默认数据表

图13-49显示了从数据表格中获取数据的一些操作。

- **Get Data Table Row**：返回一个包含特定行数据的结构
- **Get Data Table Row Names**：将数据表的所有行名复制到一个数组中
- **Get Data Table Column as String**：将列的所有值复制到字符串数组中。

图13-49 从数据表中获取内容

图13-50显示了如何使用数据表格的示例。**Select Weapon**函数接收Weapon ID作为输入参数，并在Weapon Table中搜索行名等于Weapon ID的武器。如果它找到了武器，则会将武器数据复制到Current Weapon变量。

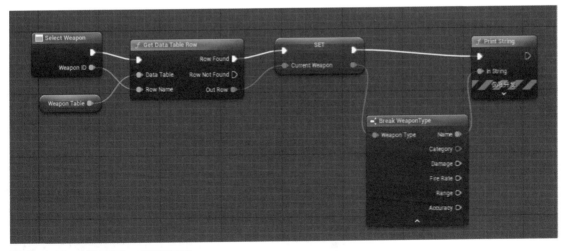

图13-50 从数据表的一行获取数据

235

本节，我们学习了一些数据结构的资产，可以利用它们来有效地组织项目中的数据。接下来，我们将深入学习更多有助于组织脚本的蓝图节点。

13.5 流控制节点

在虚幻引擎5中，有一些节点可以根据条件确定执行路径，从而控制蓝图的执行流程。我们已经了解了Branch节点，它是一个常用的流控制节点。本节我们将继续了解其他主要类型的流控制节点。

13.5.1 Switch节点

Switch节点可以根据输入变量的值确定执行流，有不同类型的交换节点。图13-51显示了Switch on Int节点的示例。

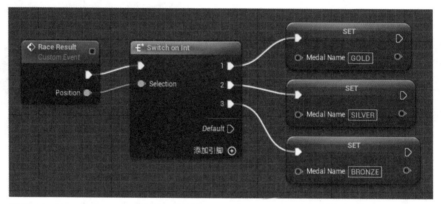

⬆图13-51　Switch on Int节点应用示例

Selection输入引脚接收一个整数值，该值决定将执行的输出引脚。如果输入值没有引脚，则执行默认引脚。我们可以在Switch on Int节点的"细节"面板中更改起始索引。我们可以通过单击"添加引脚"按钮，添加输出引脚。

另一种类型是Switch on String节点，如图13-52所示。Switch on String节点的"细节"面板中，输出值必须添加在"引脚选项"下方的"引脚名"类别下。

此外，还有Switch on Enum节点，它使用枚举的值作为可用的输出引脚。

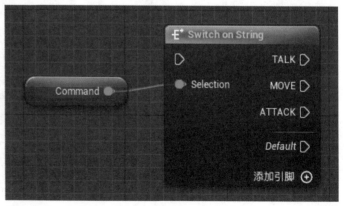

⬆图13-52　Switch on String节点应用示例

13.5.2 触发器

每次执行Flip Flop节点时，都会在两个输出引脚A和B之间切换，还有一个名为Is A的布尔输出参数。如果Is A为True，则表示引脚A正在运行；如果Is A为False，则表示引脚B正在运行。

注意事项

Flip Flop节点不能在函数中正常工作，因为Flip Flop节点有一个内部变量，该变量在函数结束时会被删除。所以，每次A引脚都会在函数内部执行。

Flip Flop节点示例如图13-53所示。

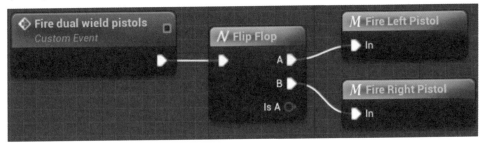

⬆ 图13-53　Flip Flop节点应用示例

如果玩家使用双持手枪，开火时，只有其中一支手枪会进行射击。在下一枪中，另一支手枪会射击。Fire Left Pistol和Fire Right Pistol是自定义宏，用于简化此示例。

13.5.3 Sequence节点

当Sequence节点被触发时，它会按顺序执行连接到输出引脚的所有操作。即它执行一个引脚的所有动作，然后执行下一个引脚的所有动作，以此类推。组织行动组是很有用的。

图13-54显示了使用Sequence节点的示例。Print String函数用于显示执行顺序。

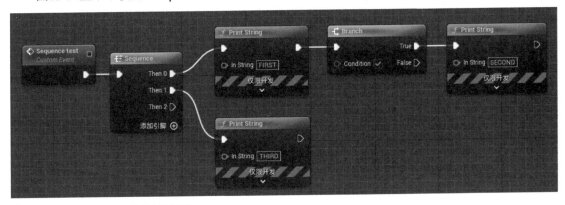

⬆ 图13-54　Sequence节点应用示例

单击"**添加引脚**"按钮，添加输出引脚。要删除一个引脚，则在引脚上右击，在快捷菜单中选择"**移除执行引脚**"命令即可。

13.5.4 For Each Loop节点

For Each Loop节点接收一个数组作为输入参数，并为数组的每个元素执行Loop Body输出引脚的操作。当前数组元素和数组索引可用作输出引脚。Completed输出引脚在For Each Loop节点完成时执行。

图13-55中的For Each Loop节点用于迭代包含房间灯具的Point Light引用数组。

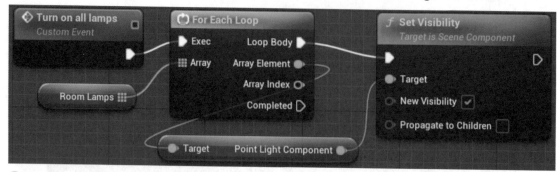

图13-55　For Each Loop节点应用示例

利用位于点光源数组元素内部的Point Light Component的Set Visibility功能，我们可以打开这些灯。

13.5.5 Do Once节点

Do Once节点仅执行一次输出引脚，若再次被触发，则其输出引脚将不会被执行。为了使Do Once节点能够再次运行输出引脚，需要触发Reset输入引脚。

图13-56显示了Do Once的应用示例。

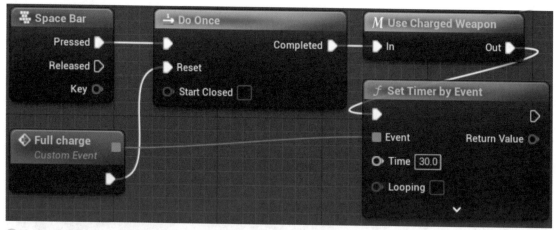

图13-56　Do Once节点应用示例

玩家按下空格键，触发Do Once节点并执行Use Charged Weapon。随后，创建一个计时器来执行Full charge自定义事件，该事件在30.0秒后重置Do Once节点。如果玩家在30秒之前再次按空格键，则Do Once节点不会执行其输出引脚。

13.5.6 Do N

Do N节点允许指定输出引脚执行有限次数。一旦完成执行次数，只有在触发Reset输入引脚时，输出引脚才会再次执行。

图13-57显示了使用Do N节点的示例。

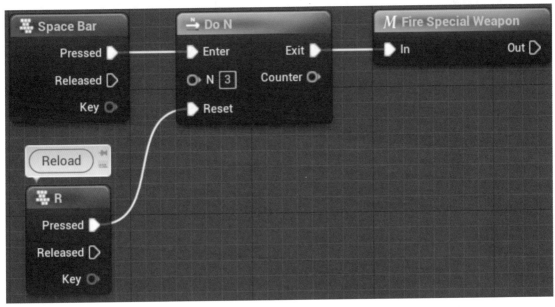

⬆ 图13-57　Do N节点应用示例

玩家可以通过按下空格键来发射特殊武器。在第三次射击后，他们需要按R键重置Do N节点，以便再次进行三次射击。

13.5.7 Gate节点

Gate节点具有内部状态，可以执行打开或关闭操作。如果它处于打开状态，则输出引脚在Gate节点被触发时执行。如果它处于关闭状态，则输出引脚不会执行任何操作。

Gate节点的输入引脚以及相关的含义介绍如下。

- ⦿ Enter：接收执行流的执行引脚。
- ⦿ Open：将Gate状态设置为打开的执行引脚。
- ⦿ Close：将Gate状态设置为关闭的执行引脚。
- ⦿ Toggle：用于切换Gate节点状态的执行引脚。
- ⦿ Start Closed：一个布尔变量，用于确定Gate节点是否应在关闭状态下启动。

下页图13-58展示了Gate节点的应用示例，它能够对重叠的角色施加伤害。

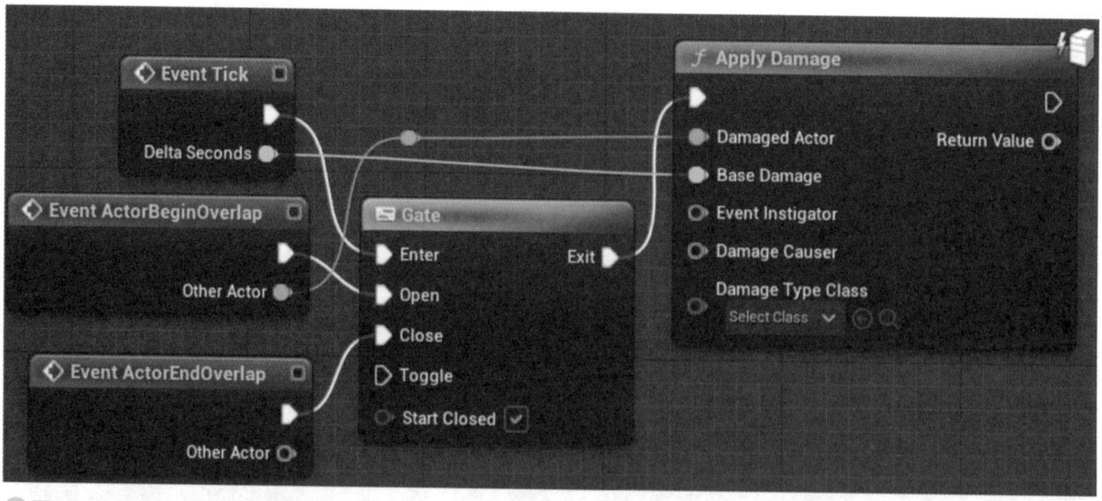

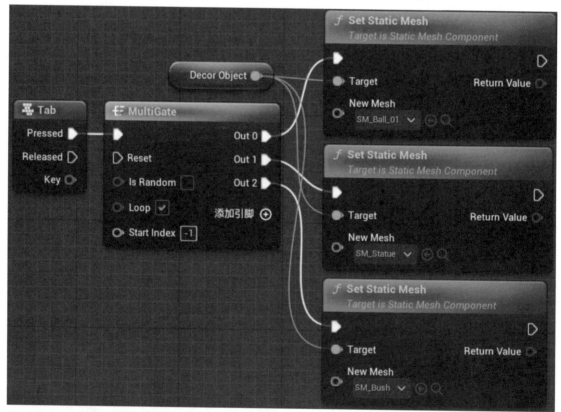

图13-58 Gate节点应用示例

当角色重叠时，Gate节点保持打开状态，并且每隔一秒对角色施加伤害。如果角色停止重叠，Gate节点将关闭，且不再对角色施加伤害。

13.5.8 MultiGate节点

在触发MultiGate节点时，其中一个输出引脚将被执行。MultiGate节点可以有多个输出引脚，如图13-59所示。要添加另一个输出引脚，需要单击"**添加引脚**"按钮。

图13-59 MultiGate节点应用示例

按下Tab键，MultiGate节点用于在每次执行时设置不同的静态网格。由于勾选了Loop复选框，在执行最后一个输出引脚后，MultiGate节点将继续从第一个输出引脚执行。

了解蓝图中的这些可用的流控制节点，对我们的项目非常重要，因为使用它们可以轻松解决一些问题。

13.6 本章总结

在本章中，我们学习了如何使用数据结构来组织蓝图中的数据，包括在数组中存储不同类型的元素，以及获取这些元素的方法。接着，我们学习了如何使用其他类型的容器（如集和映射）来存储数据。

之后，我们学习了如何创建和使用枚举、结构和数据表格，并展示了将它们联系起来的示例。最后介绍几个流控制节点，如Switch、Gate和For Each Loop节点等。

本章展示了各种蓝图的功能，这些功能可以帮助我们组织数据，以便有效地使用数据。流控制节点可以简化"事件图表"选项卡中的编程，因为对于每种情况，可能存在更合适的节点。

在下一章中，我们将学习世界变换和相对变换、向量运算以及使用跟踪来测试碰撞等内容。

13.7 测试

（1）数组中不允许有重复元素。（　　）

    A. 对　　　　　　　　　　　　B. 错

（2）对于每种枚举类型，蓝图中都有一个可用的Switch On节点。（　　）

    A. 对　　　　　　　　　　　　B. 错

（3）结构体中的所有变量必须具有相同的类型。（　　）

    A. 对　　　　　　　　　　　　B. 错

（4）数据表格使用结构来定义表的数据类型。（　　）

    A. 对　　　　　　　　　　　　B. 错

（5）以下哪个节点不是流控制节点?（　　）

    A. For Each Loop　　　　　　B. Spawn Actor from Class

    C. Do Once　　　　　　　　　D. Gate

第14章

检测节点

三维世界的表示是基于数学概念的。如果我们不理解这些概念，就很难理解三维游戏中的某些操作，因此本章解释了三维游戏中需要用到的一些数学概念。我们将学习世界变换和相对变换之间的区别，以及在处理组件时如何使用它们。我们还将学习如何使用向量来表示位置、方向、速度和距离。最后，介绍了检测的概念，并介绍了各种类型的检测。本章还展示了如何使用检测来测试游戏中的碰撞。

以下是本章所涵盖的内容。

- ⊙ 世界变换和相对变换
- ⊙ 点和向量
- ⊙ 检测和检测功能

本章结束时，我们将学会如何使用向量和检测功能使玩家与关卡中的其他玩家进行交互。

14.1 世界变换和相对变换

Actor类的**"变换"**结构有3个变量，分别用于表示**"位置""旋转"**和**"缩放"**。我们可以在**"细节"**面板中修改关卡中角色的**"变换"**相对应的变量值，如图14-1所示。

⬆ 图14-1 在"细节"面板中修改"变换"的值

在关卡编辑器中，选择角色时会显示变换控件。变换控件上有一些按钮可以用于选择将对角色进行变换的类型，如图14-2所示。

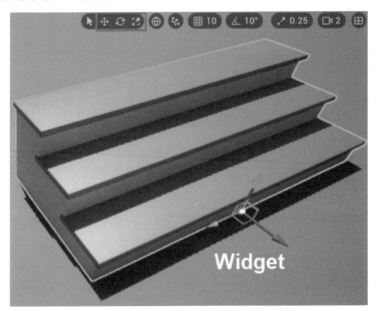

⬆ 图14-2 使用控件进行变换

三维空间由3个轴表示：X、Y和Z。这些轴由不同的颜色表示，红色是X轴、绿色是Y轴、蓝色是Z轴。

"变换"结构的**"位置"**变量具有一组X、Y和Z值，这些值确定了每个轴上的位置。这些值也被称为角色的世界位置。下页的图14-3显示了一些可以用来获取和设置角色位置的节点。

◉ **Get Actor Location：** 返回角色的当前位置。

◉ **Set Actor Location：** 为角色设置新位置。

◉ **Add Actor World Offset：** 使用节点中的Delta Location输入参数修改角色的当前位置。

● 图14-3 获取和设置角色位置的节点

"**变换**"结构的"**旋转**"变量也有一组X、Y和Z的角度值，这些值决定了在每个轴上的旋转角度。图14-4显示设置角色旋转的节点。

- ◉ Get Actor Rotation：返回角色的当前旋转。
- ◉ Set Actor Rotation：为角色设置新的旋转。
- ◉ Add Actor World Rotation：通过节点中的Delta Rotation输入参数设置角色的当前旋转。

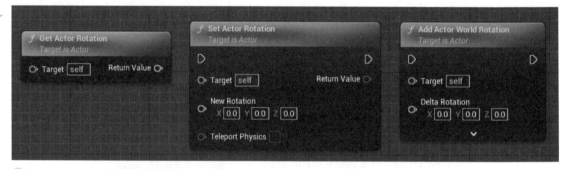

● 图14-4 获取和设置角色旋转

"**变换**"的"**缩放**"变量也有一组X、Y和Z的值，这些值决定了每个轴上的缩放比例。图14-5显示了用于获取和设置角色缩放的节点。

● 图14-5 获取和设置角色比例

当蓝图具有Actor组件时，这些组件的变换称为相对变换，因为它们是相对于组件的父级而言的。下页图14-6显示了一个组件示例。DefaultSceneRoot是一个隐藏在游戏中的白色小球，用于存储角色在世界中的位置。它可以替换为另一个场景组件。

下页图14-6中显示的"**组件**"的结构，在DefaultSceneRoot的下面，有一个名为Table的静态网格体组件，在层次结构中的Table组件的下面，有另一个名称为Statue的静态网格体组件。Table

的变换相对于DefaultSceneRoot变换，Statue组件的变换相对于Table变换。因此，如果在"视口"选项卡中移动Table组件，则Statue组件也会移动，但如果更改Statue组件的相对变换，则Table组件将保持不动。

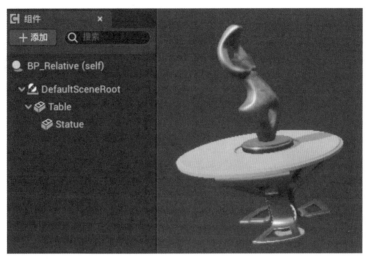

⬆ 图14-6　组件的层次结构

此外，还有一些节点可以获取和设置组件的相对位置，或获取组件的世界位置，如图14-7所示。

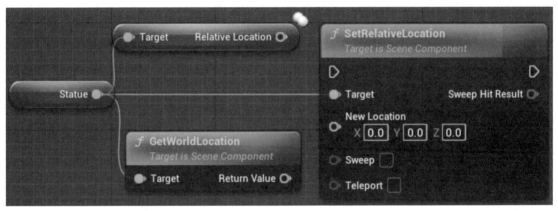

⬆ 图14-7　获取并设置组件的相对位置

位置和比例变量由向量结构表示，这是我们接下来要学习的内容。

14.2　点和向量

虚幻引擎中有一个名为向量的结构，它有3个浮点类型的变量：X、Y和Z。与数学中的向量概念一样，这个向量可以用来表示三维空间中的点（位置）或速度（指定方向上的速度）。

首先让我们看一个使用向量作为三维空间中的点的例子。下页图14-8有两个Actor，一个Actor代表一个玩家，另一个Actor代表一张沙发模型。

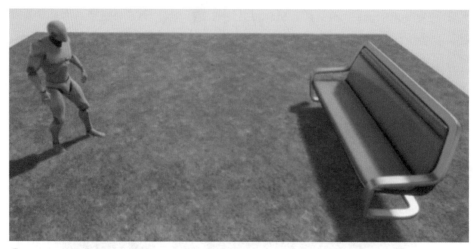

⬆图14-8　关卡中的两个Actor

图14-9显示了角色的位置。"**变换**"结构的"**位置**"变量为"**向量**"类型（*X*、*Y*和*Z*），默认情况下其虚幻单位为1.0cm。

我们可以将角色的位置简单地表示为（50.0,0.0,20.0）。沙发的位置为（450.0,0.0,20.00），设置后的效果如图14-10所示。

⬆图14-9　角色的位置　　　　　　　　　　⬆图14-10　沙发的位置

现在，一起来看看如何使用向量来表示运动。我们将指导角色如何坐到沙发上，首先需要知道角色必须移动的方向和距离。图14-11显示角色将在*X*轴上移动400厘米。

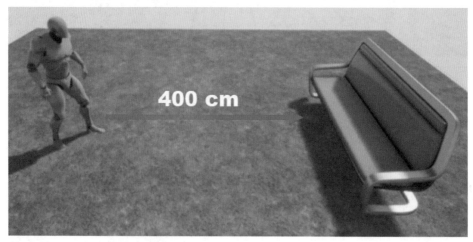

⬆图14-11　角色在*X*轴上移动400cm

方向和距离都由向量表示，使用*X*、*Y*和*Z*值。在图14-11中，描述移动的向量的值为（400,0,0）。

如果我们将角色位置向量添加到表示移动的向量中，结果就是沙发位置向量。将两个向量相加，也就是将它们的每个元素相加，表达式如下。

```
couch_location = character_location + vector_movement
couch_location = (50, 0, 20) + (400, 0, 0)
couch_location = (50 + 400, 0 + 0, 20 + 0)
couch_location = (450, 0, 20)
```

如果有一个起点和一个终点，要想计算出运动向量，只需要将终点减去起点即可。

例如，如果我们想知道从起点（25,40,55）到终点（75,95,130）的向量，则需要使用以下表达式。

```
vector_movement = destination_point − start_point
vector_movement = (75, 95, 130) − (25, 40, 55)
vector_movement = (75 − 25, 95 − 40, 130 − 55)
vector_movement = (50, 55, 75)
```

在下一小节，我们来看看如何表示一个向量。

14.2.1 向量的表示

向量是一条有方向的线段，可以用箭头表示，如图14-12所示。

A点是向量的起始点，B点是向量的终点。所有世界位置的起始点的坐标总是（0,0,0），而所有相对位置的起始点总是组件父元素的终点。

向量有大小（或长度）和方向。如果两个向量有相同的大小和方向，它们是等效的。

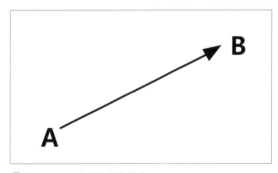

⬆ 图14-12　表示向量的箭头

14.2.2 向量的运算

向量可以进行以下几种数学运算。理解这些操作是在三维空间中操纵对象的基础。

◉ **向量相加：**两个向量的和是通过将它们的每个元素值相加来确定的。以下的例子显示了向量（3,5,0）和向量（5,2,0）的和。

```
V1 = (3, 5, 0)
V2 = (5, 2, 0)
V1 + V2 = (3 + 5, 5 + 2, 0 + 0)
V1 + V2 = (8, 7, 0)
```

下页图14-13是上一个向量加法示例的图形表示。为了简化图形，我们只绘制X轴和Y轴。V1的起始点是世界原点（x=0,y=0,z=0）；V1的终点是（x=3,y=5,z=0）。V2的起始点是V1的终点，V2的终点是两个向量和的结果（x=8,y=7,z=0）。

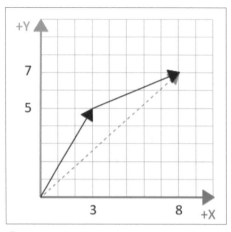

🔼 图14-13　向量的加法

　　例如，如果V1是角色的世界位置，V2是角色武器的相对位置，那么V1+V2将是武器的世界位置。

　　图14-14显示了向量加法的节点。

🔼 图14-14　向量加法的节点

　　◉ **向量减法：** 从一个向量减去另一个向量是通过每个元素值相减来确定的。以下是使用向量（6,8,0）和向量（1,4,0）进行向量减法的例子。

```
V1 = (6, 8, 0)
V2 = (1, 4, 0)
V1 - V2 = (6 - 1, 8 - 4, 0 - 0)
V1 - V2 = (5, 4, 0)
```

　　图14-15是两个向量减法示例的图形表示。由于这是减法，V2向量由其相反的向量表示。

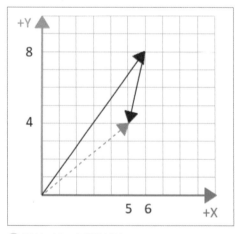

🔼 图14-15　向量的减法

　　例如，如果V1是角色武器的世界位置，而V2是角色武器的相对位置，那么V1-V2将是角色的世界位置。

　　图14-16为向量减法的节点。

🔼 图14-16　向量减法的节点

◉ **向量的长度：** 向量的长度（或大小）是其起点和终点之间的距离。如果有两个世界位置，则两者之间的差的值将是这些世界位置之间的距离。向量的长度是使用图14-17中的蓝图节点计算的。

◉ **向量归一化：** 我们可以使用向量归一化来找到单位向量，单位向量的长度等于1。它经常在需要指示方向时使用。名为**Normalize**的节点可以接收一个向量作为输入并返回归一化后的向量，如图14-18所示。

图14-17　VectorLength节点

图14-18　向量归一化节点

◉ **标量向量乘法：** 整数或浮点数也被称为标量值。向量与标量值的乘法是通过将其每个元素与标量值相乘来完成的。此操作会更改向量的长度，但方向保持不变，除非标量为负。在标量为负的情况下，向量将在相乘后指向相反的方向。图14-19为向量乘以浮点数。

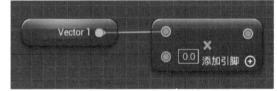

图14-19　向量乘以浮点数

注意事项

乘法节点是一个通配符节点。这意味着将向量变量连接到节点时，会被转换为Vector x Vector节点。我们需要在第2个输入引脚上右击，在快捷菜单中选择"浮点(单精度)"命令。

◉ **Dot product：** Dot product节点可以将一个向量投影到另一个向量上。两个标准化向量的点积等于向量之间形成的角度的余弦，其范围为-1.0到1.0之间。Dot product节点如图14-20所示。

图14-20　Dot product节点

Dot product节点可以用来验证两个向量之间的关系，比如它们是垂直的还是平行的。图14-21显示了两个向量A和B之间点关系的示例。

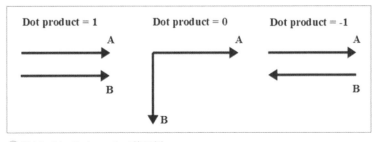

图14-21　Dot product的示例

⊙ **Actor向量：**有一些函数返回角色的向前、向右和向上向量。返回的向量被归一化（长度＝1）。图14-22显示了这些函数，它们通常用于指导角色移动。

🔼 图14-22　获取Actor向量

要找到相反的向量，只需将向量乘以−1即可。这样操作后，可以获取Actor的向后、向左和向下的向量。图14-23显示了如何查找反向向量。

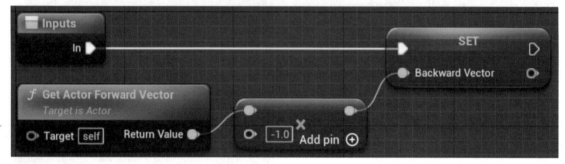

🔼 图14-23　获取反向向量

向量在游戏编程中被广泛使用，它们可以用来指示方向，或表示速度、加速度和作用在物体上的力。

在下一节中，我们将学习用于与三维世界交互的另一个重要概念——**检测**。

I4.3　检测和检测功能

检测用于测试沿已定义的线段是否存在碰撞。检测可以按通道或对象类型执行，并且可以返回已命中的单个或多个对象。

可用的检测通道有Visibility（可见性）和Camera（摄像机）。对象类型可以是WorldStatic、WorldDynamic、Pawn、PhysicsBody、Vehicle、Destructible或Projectile。在关卡编辑器的工具栏中单击"**设置**"按钮，在列表中选择"**项目设置**"选项，在打开的窗口左侧的"**引擎**"类别中选择"**碰撞**"选项，然后创建更多通道和对象类型。

Actor和组件需要定义它们对每个检测通道和对象类型的反应。响应可以是"**忽略**""**重叠**"或"**阻挡**"。

下页图14-24显示了静态网格体Actor的碰撞响应。我们可以在"**碰撞**"类别中单击"**碰撞预设**"下三角按钮，在列表中选择碰撞类型，例如BlockAll、OverlapAllDynamic和Pawn。我们也可以选择Custom（自定义碰撞）选项，并自定义碰撞响应属性。对象类型可以通过单击

"**对象类型**"下三角按钮，在列表中选择相应的选项，而**Visibility**和**Camera**通道是在"**碰撞响**应"下的"**检测响应**"部分定义的。

🔼 图14-24 碰撞响应

当检测函数与某对象发生冲突时，将返回一个或多个**Hit Result**结构。Break Hit Result节点可以用来访问**Hit Result**变量，如图14-25所示。

以下是**Hit Result**结构的一些变量。

- ◉ **Blocking Hit**：是一个布尔值，表示检测是否命中某对象。
- ◉ **Location**：表示命中的位置。
- ◉ **Impact Normal**：表示垂直于被击中表面的法向量。
- ◉ **Hit Actor**：对被检测击中的角色的引用。

在接下来的部分中，我们将学习蓝图中提供的检测函数。

14.3.1 对象检测

LineTraceForObjects函数用于沿着已定义的直线测试碰撞，并返回一个**Hit Result**结构，该结果包含与输入参数中指定的**Object Types**值匹配的第一个碰撞物体的数据。

MultiLineTraceForObjects函数具有与LineTrace-ForObject函数相同的输入参数。这两个函数之间的区别在于，MultiLineTraceForObjects函数返回一个Hit Result结构数组，该数组描述了检测所击中的所有角色，而不仅限于单个结果，这使得执行成本更高。下页图14-26展示了两个TraceForObjects函数。

🔼 图14-25 命中结果结构变量

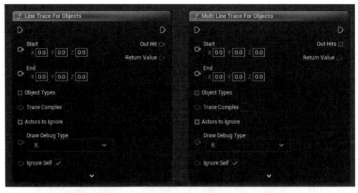

图14-26 TraceForObjects的节点

以下是两个**TraceForObjects**函数的输入参数及其含义。

- ◉ **Start**：定义碰撞测试所用直线起点的位置向量。
- ◉ **End**：定义碰撞测试线终点的位置向量。
- ◉ **Object Types**：包含将与检测一起搜索的对象类型的数组。检测将忽略任何其他类型的所有对象。
- ◉ **Trace Complex**：是一个布尔值。如果为True，则检测针对实际网格体进行测试。如果为False，则检测针对简化的碰撞形状进行测试。
- ◉ **Actors to Ignore**：包含碰撞测试中应忽略的Actor的数组。
- ◉ **Draw Debug Type**：允许绘制表示轨迹的三维线。
- ◉ **Ignore Self**：一个布尔值，表示在碰撞测试中是否应忽略调用函数的蓝图实例。

其他使用检测通道而不是对象类型的射线检测函数，我们将在下一节中继续学习。

$I4.3.2$ 检测通道

LineTraceByChannel函数使用检测通道（Trace Channel），可设置为Visibility或Camera，沿定义的线段测试碰撞，并返回一个**Hit Result**结构，其中包含碰撞测试中第一个被击中物体的数据。**MultiLineTraceByChannel**函数用于返回一个**Hit Result**结构数组，该数组描述检测击中的所有Actors。这两个函数的节点如图14-27所示。

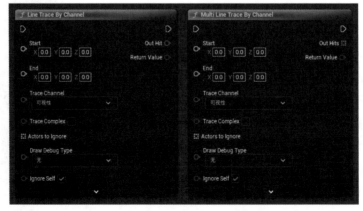

图14-27 TraceByChannel函数

以下是这两个函数的输入参数及其含义。

- ⊙ **Start：**用于定义碰撞测试所用线段起点的位置向量。
- ⊙ **End：**用于定义碰撞测试线段终点的位置向量。
- ⊙ **Trace Channel：**用于碰撞测试的通道，可以是Visibility或Camera。检测将搜索与所选检测通道重叠或阻塞的对象。
- ⊙ **Trace Complex：**为布尔值。如果为True，则检测将针对实际网格体进行测试。如果为False，则检测将针对简化的碰撞形状进行测试。
- ⊙ **Actors to Ignore：**包含碰撞测试中应忽略的Actor的数组。
- ⊙ **Draw Debug Type：**允许绘制表示轨迹的三维线。
- ⊙ **Ignore Self：**为布尔值，指示在碰撞测试中是否应忽略调用函数的蓝图实例。

检测通道并不是检测函数的唯一类型。我们也可以使用形状进行检测。

14.3.3 形状检测

球体、胶囊和长方体形状都有检测函数，但这些函数的执行成本比射线检测更高。

图14-28显示了SphereTraceForObjects、CapsuleTraceForObjects和BoxTraceForObjects函数的节点。

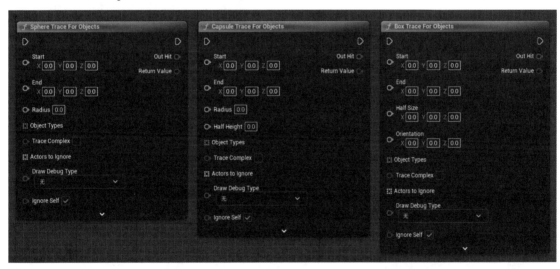

🔺图14-28　形状检测函数

对于这些形状，系统提供了按通道和对象类型进行检测的函数，并且还能够返回单次命中或多次命中结果的函数。

14.3.4 调试线

检测函数可以选择绘制调试线，以便在测试检测时提供帮助。单击检测函数底部的小箭头以显示**Trace Color**、**Trace Hit Color**和**Draw Time**参数，如图14-29所示。

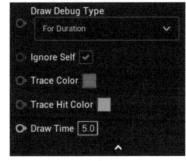

🔺图14-29　调试线的选项

单击**Draw Debug Type**右侧下三角按钮，在列表中可以选择相关选项，各选项介绍如下。

⊙ **None**：不要划清界限。

⊙ **For One Frame**：线条只出现一帧。

⊙ **For Duration**：线条在绘制时间参数中指定的时间内停留。

⊙ **Persistent**：线路没有消失。

当检测未按预期运行时，调试线对于发现问题很有用。

14.3.5 向量和检测节点示例

下面通过一个例子进一步学习如何使用向量和检测节点。我们将修改玩家角色，以便使用射线检测来查找和切换另一个蓝图的灯光。

（1）基于第一人称游戏模板创建一个新项目并勾选"初学者内容包"复选框。

（2）打开位于"内容/FirstPerson/Blueprints"文件夹中的FirstPersonCharacter蓝图。

（3）在**"我的蓝图"**面板中创建一个宏并命名为Trace Locations。在创建宏的**"细节"**面板中添加两个向量类型的输出参数，参数命名为Start Location和End Location，不需要创建输入参数，如图14-30所示。

图14-30 创建宏的输出参数

（4）在**Trace Locations**宏的图表中添加图14-31所示的节点。此宏计算用于射线检测的起始和结束位置。因为这是一款第一人称游戏，所以我们使用摄像机作为起始位置，而结束位置位于摄像机前方300厘米处。

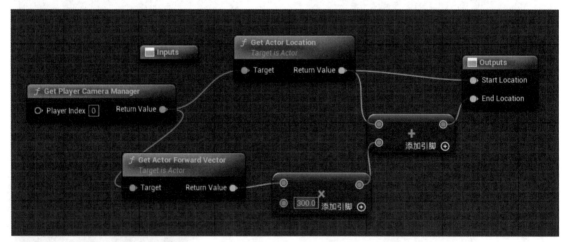

图14-31 Trace Locations的节点

（5）切换至**"事件图表"**选项卡并在空白处右击，在打开的上下文菜单中添加Enter键的节点，如下页图14-32所示。

（6）添加**LineTraceByChannel**节点，并将**TraceLocations**宏添加到**"事件图表"**选

项卡中。将Enter事件的Pressed输出引脚连接到LineTraceByChannel节点的白色引脚。
将宏的输出引脚与Line Trace节点的Start和End输入引脚连接起来，如图14-33所示。

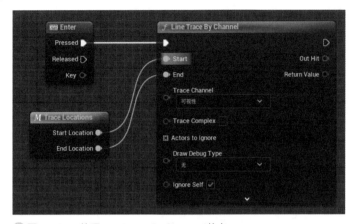

图14-32 添加Enter键盘事件 　　　　　图14-33 使用LineTraceByChannel节点

（7）将图14-34中显示的节点连接到LineTraceByChannel节点的输出引脚。这些节点用
于测试Hit Actor是否为Blueprint_WallSconce类型。如果是，则切换Blueprint_WallSconce
的光源。编译蓝图以更改应用。

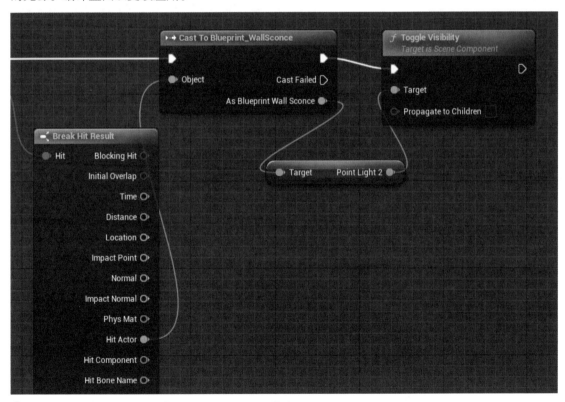

图14-34 测试Hit Actor是否为Blueprint_Wallscce类型

（8）将Blueprint_WallSconce的实例（位于"内容/StarterContent/Blueprints"文件夹中）添加
到关卡中，然后单击"**播放**"按钮。

（9）将角色移到Blueprint_WallSconce实例附近，然后按Enter键切换灯光。下页图14-35显
示了玩家角色和Blueprint_WallSconce的交互效果。

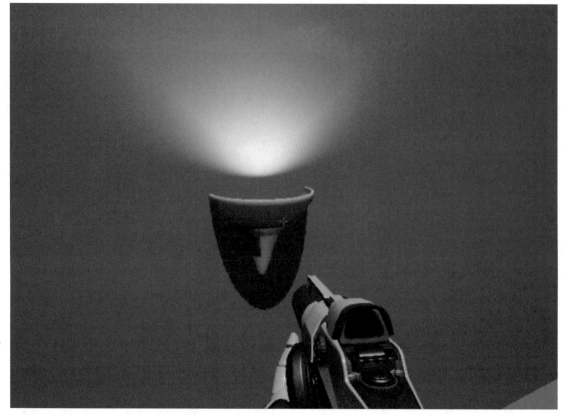

● 图14-35　添加Blueprint_WallSconce的效果

　　本小节的例子展示了向量和检测节点的实际应用，理解这些概念有助于解决三维游戏开发中的许多问题。

14.4　本章总结

　　本章介绍了一些数学的概念，并展示了如何使用世界变换和相对变换。我们演示了如何利用多个蓝图节点来修改元素的变换，例如"**位置**""**旋转**"和"**缩放**"。

　　本章展示了向量结构在三维空间中表示点或数学向量的方法，同时学习了如何使用蓝图节点进行几个向量运算。

　　最后，我们展示了如何利用检测节点进行测试碰撞。检测节点有很多种，它们基于碰撞响应的类型、使用的形状以及检测节点返回的是单次还是多次命中。

　　在下一章中，我们将学习一些技巧，以应对蓝图复杂性和提高蓝图的质量。

I4.5 测试

（1）在虚幻引擎中，**"变换"**是一个包含**"位置""旋转"**和**"缩放"**变量的结构。（　　）

    A. 对　　　　　　　　　　　　　B. 错

（2）**"变换"**结构的**"位置"**和**"缩放"**变量是向量类型。（　　）

    A. 对　　　　　　　　　　　　　B. 错

（3）向量归一化可以是任意长度。（　　）

    A. 对　　　　　　　　　　　　　B. 错

（4）Visibility（可见性）和Camera（摄像机）是对象类型的典型示例。（　　）

    A. 对　　　　　　　　　　　　　B. 错

（5）MultiLineTraceByChannel函数可以返回Hit Result结构的数组。（　　）

    A. 对　　　　　　　　　　　　　B. 错

第15章

蓝图技巧

本章包含一些关于如何提高蓝图质量的技巧。首先,我们学习如何使用各种编辑器的快捷方式来提高工作效率。接着,我们将探讨一些蓝图的最佳实践,帮助我们决定何时应该在哪里执行特定类型的实现。最后,我们将深入了解更多有用的蓝图节点。

以下是本章所涵盖的内容。

- ⊙ 蓝图编辑器的快捷方式
- ⊙ 蓝图的最佳实践
- ⊙ 使用其他蓝图节点

在本章结束时,我们将熟悉快捷方式、最佳实践和蓝图节点,这些将有助于我们开发更复杂的游戏。

15.1 蓝图编辑器的快捷方式

在蓝图编辑器中，我们需要大量使用变量，因此让我们从与变量相关的快捷方式开始。

从"**我的蓝图**"面板拖动变量到"**事件图表**"选项卡中时，会出现一个列表，供我们选择"**获取**"或"**设置**"选项。但是，也有创建GET和SET节点的快捷方式。如果按住Ctrl键并将变量拖动到图表中，则编辑器将创建一个GET节点。若要创建SET节点，则需按住Alt键并将变量拖动到图表中。图15-1显示了使用快捷键创建的GET和SET节点。

↑图15-1　创建GET和SET节点的快捷方式

还有另一种方法可以创建GET和SET节点。拖动变量并将其放置在另一个节点的兼容引脚上，则编辑器将根据参数类型创建GET或SET节点。

图15-2显示了将Score变量放置在输入参数引脚上的示例。如果引脚兼容该变量，编辑器将显示一个提示，其中包含一个复选图标和一个标签，如"**使B=Score**"。此表达式表示节点的B输入引脚将获得Score变量的值。因此，编辑器将创建一个GET Score节点。

↑图15-2　拖拽变量并放到输入引脚上以创建GET节点

如果将Score变量放在输出参数引脚上，则编辑器将显示"**使Score=ReturnValue**"标签，并将使用其他节点的ReturnValue标签作为输入参数创建SET Score节点，如图15-3所示。

↑图15-3　拖拽变量并放到输出引脚上以创建SET节点

蓝图编辑器有一个自动类型转换系统。若要使用它，需要从一个变量类型的引脚拖动引线，然后将其放到另一个变量类型的接点上。下页图15-4显示的提示，用于确认是否可以进行转换。

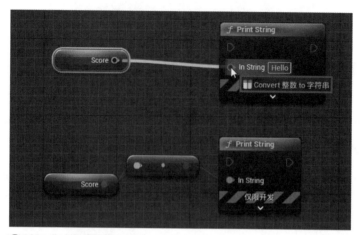

⬆图15-4　创建转换节点

　　蓝图编辑器的另一个有用功能，是可以在不中断连接的情况下，为使用相同变量类型的另一节点更改现有节点。

　　在图15-5的示例中，玩家生命值和玩家耐力是浮点型变量。如果拖动PlayerStamina变量并将其放置在SET Player Health节点上，则该节点更改为SET PlayerStamina节点并保留所有连接。

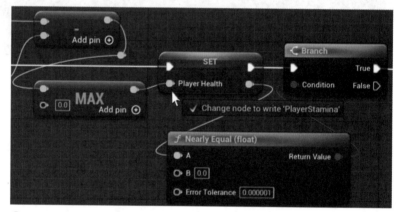

⬆图15-5　更改节点并保持所有连接

　　有一种快捷方式可以根据节点的输入或输出引脚的类型创建变量。要执行此操作，需要在数据引脚上右击，并在快捷菜单中选择**"提升为变量"**命令，如图15-6所示。此功能可以创建一个变量并将其连接到引脚。

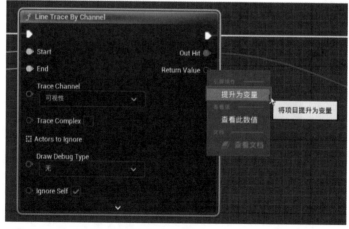

⬆图15-6　将返回值提升为变量

如果需要断开一个引脚的所有连接，可以按住Alt键并单击引脚。我们也可以按住Ctrl键，拖动连接，然后将它们放到另一个引脚上，从而将一个引脚的所有连接移动到另一个兼容的引脚上。这一功能非常实用，因为不需要一个一个地重复连接的工作。图15-7中As First Person Character输出引脚的所有连接都将被移动到As BP Player Character的输出引脚上。

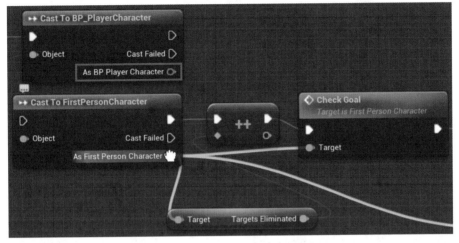

⬆图15-7　将所有连接拖动到另一个引脚

蓝图编辑器提供了几个选项，用于节点对齐。要使用这些功能，首先要选择一些蓝图节点，然后在其中任意一个节点上右击以打开快捷菜单，将光标悬停在**"对齐"**命令上以显示子菜单，子菜单中包含对选中节点实施对齐操作的命名，如图15-8所示。

大多数**"对齐"**命令的含义都是不言自明的，例如**"顶对齐""底对齐"**和**"右对齐"**

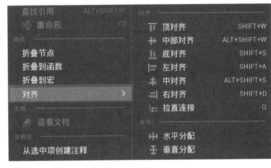

⬆图15-8　对齐命令

等。但是也有让我们很难理解的对齐方式，这就是**"拉直连接"**的对齐方式。下面我们通过示例理解该对齐方式的应用，图15-9显示了所选的3个节点。

⬆图15-9　选中的3个节点

应用"拉直连接"对齐方式后，我们可以观察到3个节点将自动对齐，效果如下页图15-10所示。

⬆图15-10 应用"拉直连接"对齐方式后的节点

在蓝图中，我们可以使用快捷键来创建一些常见的节点。要创建Branch节点，则按住B键并在图表的空白处单击。要创建Sequence节点，则按住S键，在图表中单击，如图15-11所示。

此外，"F键+单击"可以创建For Each Loop节点，"D键+单击"可以创建Delay节点，如图15-12所示。

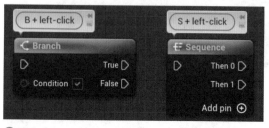

⬆图15-11 创建Branch和Sequence节点的快捷方式

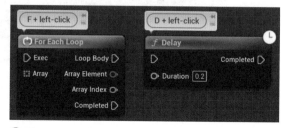

⬆图15-12 创建For Each Loop和Delay节点的快捷方式

要在一些节点周围创建注释框，首先选择节点，然后在所选节点中的任意一个节点上右击，并从快捷菜单中选择"**从选项中创建注释**"命令，或者按C键。图15-13显示了一个标注为"更多快捷键"的注释框。在注释框中，包含用于创建流控制节点的快捷键的示例。

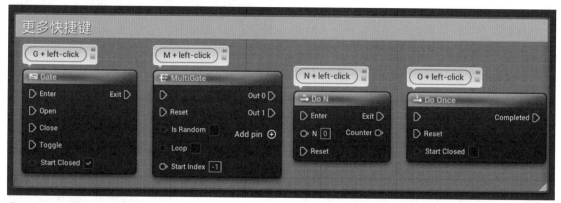

⬆图15-13 一些流控制节点的快捷方式

当我们习惯使用快捷方式后，会发现它们极大地提高了我们的工作效率。接下来，让我们继续学习有助于构建更好的蓝图技巧。

15.2 蓝图的最佳实践

在一个项目中，我们将处理多个蓝图类，其中一些蓝图类会很复杂且包含大量节点。本节中的技巧将帮助我们分析项目，并进行一些实践，以便更有效地管理复杂的蓝图类。我们将这些提示分为两类：**蓝图职责**和**蓝图复杂性**。

15.2.1 蓝图职责

创建蓝图时，需要明确其职责范围。这里的职责指的是创建的蓝图将做什么和不做什么。同时，我们需要尽可能使蓝图独立，并对其内部状态负责。

为了说明蓝图职责的概念，我们将使用一个为教学目的创建的简单示例。在游戏中，玩家由FirstPersonCharacter蓝图代表。如果玩家与敌人的蓝图发生碰撞，那么玩家将死亡，并产生爆炸效果。图15-14显示了在敌方蓝图中实现的事件命中的节点。

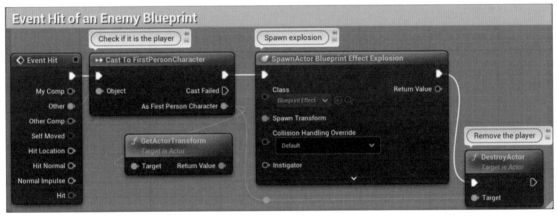

⬆图15-14 敌人蓝图的事件命中的节点

然后，我们将创建另一个蓝图，其功能也可以杀死玩家。因此，我们复制Event Hit事件和图15-14中的节点，并将它们粘贴到新的蓝图中。接着，继续创建另一种不同类型的敌人蓝图，并再次复制和粘贴Event Hit事件。但是，现在我们决定改变玩家的死亡方式：玩家不再爆炸，而是执行死亡动画。然而，要在游戏中进行更改，必须搜索所有可以杀死玩家的蓝图，并修改所有蓝图的编程。这是一个很复杂的操作，我们可能会忘记其中一个蓝图，并且可能会频繁更改编程。

有一种方法可以避免这种类型问题的出现，就是定义玩家死亡方式的编程必须在玩家蓝图中实现。在本例中，该蓝图就是FirstPersonCharacter蓝图。这种方式的关键是玩家蓝图要对玩家的死亡方式负责。接下来重做刚才的例子，但现在，我们将在FirstPersonCharacter蓝图中创建一个名为**Death**的自定义事件，如下页图15-15所示。

⬆图15-15 在FirstPersonCharacter蓝图中创建Death事件

经过以上操作后，如果玩家的死亡方式发生了变化，那么这些变化只需要在FirstPersonCharacter蓝图的**Death**事件中进行修改。

当发生碰撞时，其他能够杀死玩家的蓝图只需要触发FirstPersonCharacter蓝图的Death事件即可。图15-16显示了敌人蓝图的事件命中的新版本。

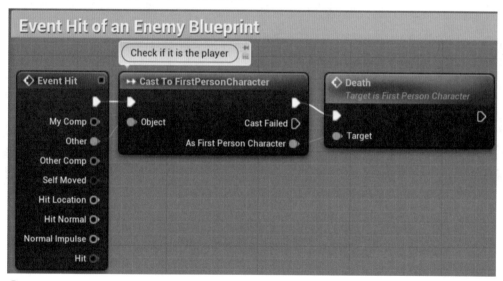

⬆图15-16 新版本的敌方事件命中蓝图

因此，我们可以使用事件和函数来定义蓝图如何与其他蓝图进行通信。如果我们需要在蓝图之间发送数据，则可以通过输入或输出参数发送数据。

与**蓝图职责**相关的另一个主题是**关卡蓝图**。每个关卡都有一个关卡蓝图，如果在**关卡蓝图**中创建游戏规则逻辑，则在添加另一个关卡时，需要将所有蓝图节点复制并粘贴到新关卡的**关卡蓝图**中。如果游戏规则逻辑发生了变化，那么我们需要修改所有**关卡蓝图**中的逻辑，这可能会成为维护游戏的噩梦。

关卡蓝图只能用于特定于某个关卡的逻辑和情境。一个典型的例子就是在关卡中设置一个隐藏触发器。当玩家与其重叠时，敌人就会出现在另一个房间里。

实现游戏规则逻辑的最佳选择是在**"游戏模式基础"**蓝图类中。其他角色的逻辑应该在蓝图类中实现，而不是在关卡蓝图中实现。因为蓝图类的实例可以添加到任何关卡中，所以我们不需要复制和粘贴蓝图节点也可以在另一个关卡中使用相同的功能。

I5.2.2 管理蓝图的复杂性

一个蓝图**"事件图表"**可能变得非常复杂而难以理解。当我们打开别人绘制的这种蓝图时，可能很难理解其中的内涵。

一些实践和蓝图管理工具，可以帮助我们应对复杂的蓝图并确保其可读性。

帮助我们处理复杂蓝图的最重要概念是抽象。抽象是通过隐藏底层细节来处理复杂性，并允许开发人员在较高的抽象级别上关注问题，而不用担心与编程其他部分无关的细节。

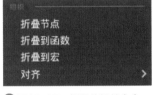

↑图15-17　折叠的相关命令

在**"事件图表"**选项卡中，有一种简单的方法来应用抽象。我们可以选择一组节点并将其转换为折叠图、函数或宏。要转换节点，则右击选择的节点，在打开的快捷菜单的**"组织"**类别中包含了相关命令，如图15-17所示。

让我们来看一个例子。图15-18显示了连接到InputAction Pause事件的一些节点，这些节点负责显示暂停菜单。

↑图15-18　用于显示暂停菜单的节点

选择节点，在其中任意一个节点上右击，在快捷菜单中选择**"折叠节点"**命令，编辑器将创建由单个节点表示的Collapse Graph。为了方便理解这个单个节点，我们可以为该节点指定一个有意义的名称。图15-19显示了名为Show Pause Menu的节点，它表示折叠的图形。如果我们想查看或编辑折叠图形的节点，双击折叠的节点即可。

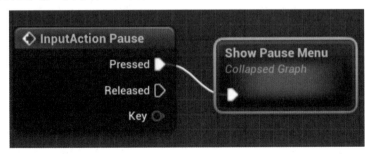

↑图15-19　节点已转换为折叠图

如果一组节点不会在其他地方使用，就可以使用**"折叠节点"**的功能。如果在**"事件图表"**的其他地方还需要使用同一组节点，则可以使用**"折叠到宏"**功能。如果可以从另一个蓝图调用一组节点，则使用**"折叠到函数"**功能。

现在，假设我们正在打开一个非常复杂的蓝图，但是看到的不是一个庞大的节点图，而是具有有意义名称的折叠图、宏和函数，这些有意义的名称至少会让我们了解蓝图的作用。复杂性是存在的，但它们是隐藏的，我们可以在需要时查看特定部件的底层细节。

另一个可以提高复杂的**"事件图表"**选项卡中编程可读性的方便工具是注释框，我们甚至可以改变注释框的颜色进行标注。注释框有助于识别逻辑块。即使在缩小**"事件图表"**时，添加的注释框仍然可见，图15-20显示了带有3个注释框的**"事件图表"**选项卡的效果。

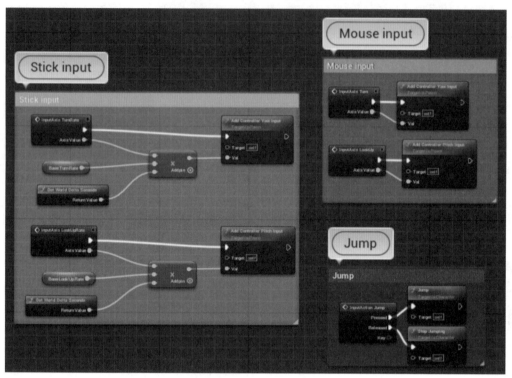

⬆图15-20　当"事件图表"缩小时，注释仍然可见

在**"书签"**窗口中可以查看图表的注释列表，我们可以从顶部菜单中选择**"窗口>书签"**命令进行访问。图15-21显示了**"书签"**窗口。

⬆图15-21　"书签"窗口

如果双击"书签"窗口中的项目，则"事件图表"选项卡将定位在相关位置。我们可以单击位于"事件图表"选项卡左上角的图标，在打开的窗口中通过给书签命名来创建书签，如图15-22所示。

⬆图15-22 创建书签

在"我的蓝图"面板中，可以看到"事件图表"选项卡中使用的事件列表，如图15-23所示。双击事件名称，在"事件图表"选项卡中移动到该事件的位置。

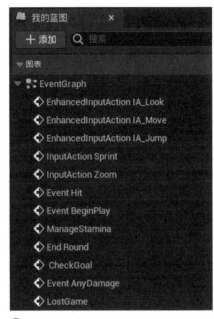

⬆图15-23 "事件图表"中的事件列表

一个复杂的蓝图可能有很多变量，其中"描述"和"类别"这两个变量属性可以帮助我们识别和组织变量。这两个属性位于变量的"细节"面板中，如图15-24所示。

⬆图15-24 变量的"细节"面板

我们可以在"描述"文本框中描述变量的用途。当光标位于变量上，描述的内容将显示，如下页图15-25所示。如果变量被设置为"可编辑实例"，就有一个提示功能，这样在关卡中使用蓝

图实例的设计师可以清楚地了解该变量的用途。

　　"**类别**"属性用于对相关变量进行分组。我们可以在下拉列表中创建类别或选择现有类别。在"**我的蓝图**"面板中按类别对变量进行分组，可以在需要时打开和关闭它，而且这种分组使我们更容易理解蓝图的变量。图15-26显示了一个名为Round State的类别，其中有3个变量。

△图15-25　将光标悬停在变量上显示描述的文本

　　如果需要创建保存临时值的变量来处理更复杂的逻辑，可以考虑创建函数。函数允许创建局部变量，这些变量只在函数内部可见，局部变量的值在函数执行结束时会被丢弃。当我们编辑一个函数时，在"**我的蓝图**"面板中还有一个局部变量类别，如图15-27所示。

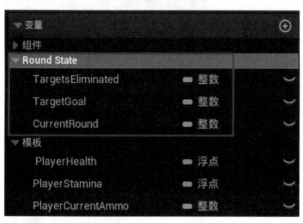

△图15-26　变量按类别分组

△图15-27　创建局部变量

　　本节介绍了一些处理蓝图职责和复杂性的最佳实践。接下来我们将学习如何使用一些有趣的蓝图节点。

15.3 使用其他蓝图节点

　　在本节中，我们将学习一些在特定情况下非常有用的蓝图节点。

　　本节所涉及的节点如下。

- ⊙ Select
- ⊙ Teleport
- ⊙ Format Text
- ⊙ Math Expression
- ⊙ Set View Target with Blend
- ⊙ AttachActorToComponent
- ⊙ Enable Input and Disable Input
- ⊙ Set Input Mode的节点

15.3.1 Select节点

Select节点具有高度灵活性，可以使用多种类型的变量作为索引和选项值。该节点返回与作为输入传递的索引对应的选项关联的值。图15-28显示了Select节点。

⬆图15-28 Select节点

要添加更多的输入引脚，需要单击节点中的"添加引脚"按钮。通过将变量引用或拖动引线到引脚上，可以将引脚类型设置为Option 0、Option 1或Index。Option 0和Option 1可以是任何类型，但Index类型必须是**整数、枚举、布尔或字节**。

图15-29显示了使用Select节点的示例。

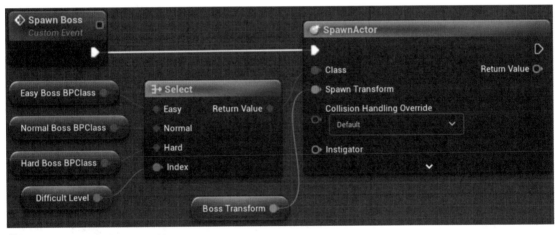

⬆图15-29 Select节点应用示例

这里有一个名为**Difficult Level**的枚举，其值为**Easy、Normal**和**Hard**。Spawn Boss自定义事件将根据Difficult Level枚举变量的值，生成不同类型的Boss蓝图。这个例子中的选项类型是**Actor Class Reference**。

15.3.2 Teleport节点

Teleport节点用于将Actor移动到指定位置。使用Teleport节点而不是设置Actor的位置，其优势是，如果该位置有障碍物，Actor会被转移到附近不会发生碰撞的地方。

下页图15-30显示了使用Teleport节点的示例。

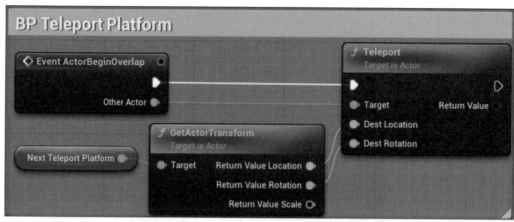

⬆图15-30 Teleport节点应用示例

本示例有一个BP Teleport Platform蓝图，其中引用了Next Teleport Platform。当玩家与BP Teleport Platform重叠时，会被传送到Next Teleport Platform。

15.3.3 Format Text节点

Format Text节点可以根据模板文本和Format输入引脚中指定的参数构建文本。若要在Text中添加新参数，需要使用"{}"分隔符，并将新参数的名称放在分隔符中。为在Format参数中找到的每个"{}"分隔符创建一个输入参数。

图15-31显示了Format Text节点用于打印一轮的结果，其中模板文本：{Name} wins the round with {Score} points。

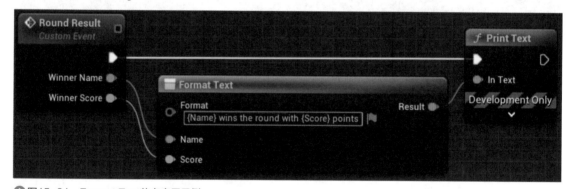

⬆图15-31 Format Text节点应用示例

示例输出：Sarena wins the round with 17 points。

15.3.4 Math Expression节点

Math Expression节点是由编辑器创建的折叠图，它基于在节点名称中键入的表达式来构建。对于表达式中找到的每个变量，都会创建一个输入参数引脚。Return Value输出引脚是表达式的结果。

下页图15-32显示了使用Math Expression节点的示例。

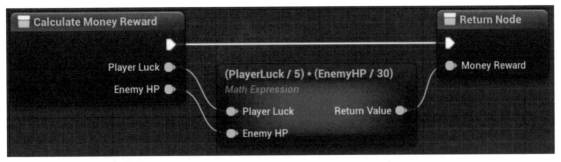

图15-32 Math Expression节点应用示例

本示例有一个名为Calculate Money Reward的函数，该函数使用了一个Math Expression节点。该节点的表达式：(PlayerLuck/5) * (EnemyHP/30)。

15.3.5 Set View Target with Blend节点

Set View Target with Blend节点是Player Controller类中的一个函数，用于在不同的摄像机之间切换游戏视图。New View Target输入引脚是要设置为视图目标的Actor，通常是摄像机。

图15-33显示了使用Set View Target with Blend节点的示例。

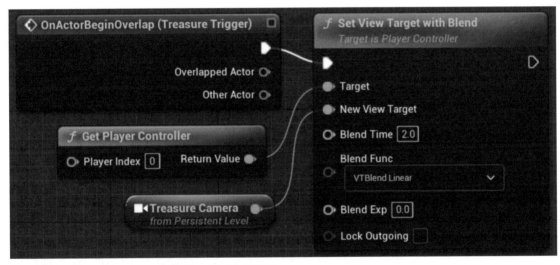

图15-33 Set View Target with Blend节点应用示例

当玩家进入宝藏房间，会触发一个关卡蓝图事件，而Set View Target with Blend节点用于将游戏视图更改为位于宝藏房间的摄像机。

15.3.6 AttachActorToComponent节点

AttachActorToComponent节点可以将一个Actor附加到Parent输入引脚中引用的组件上。父组件的转换会影响附加的Actor。Socket Name输入引脚可用于标识Actor将附加的位置。

下页图15-34显示了使用AttachActorToComponent节点的示例。

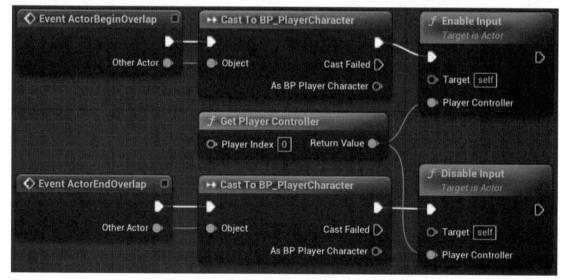

⬆图15-34　AttachActorToComponent节点示例

Equip Shield自定义事件使用**AttachActorToComponent**节点在**Skeletal Mesh**组件上装备**Shield Actor**组件。Skeletal Mesh组件有一个名为LeftArmSocket的插槽，用于将防护罩定位在手臂上。

15.3.7 Enable Input和Disable Input节点

Enable Input和Disable Input节点是用于定义Actor是否应该响应输入事件（例如键盘、鼠标或游戏手柄）的函数。节点需要引用正在使用的**Player Controller**类。

这些节点的一个常见用途是允许Actor只在玩家靠近Actor时接收输入事件，如图15-35所示。

⬆图15-35　Enable Input和Disable Input节点示例

当玩家开始与蓝图重叠时，将调用Enable Input节点。当玩家完成蓝图的重叠时，将调用Disable Input节点。

15.3.8 Set Input Mode节点

Set Input Mode节点有3个，用于定义处理用户输入事件的优先级是UI还是玩家输入，如图15-36所示。

以下是相关的节点。

- ⊙ **Set Input Mode Game Only**：只有玩家控制器接收输入事件。
- ⊙ **Set Input Mode UI Only**：仅UI接收输入事件。
- ⊙ **Set Input Mode Game and UI**：UI在处理输入事件时有优先权，如果UI不处理该事件，则传递给玩家控制器。例如，当玩家与代表商店的蓝图重叠时，UI会显示供玩家选择使用鼠标进行操作的选项，但玩家仍然可以使用箭头键离开商店。

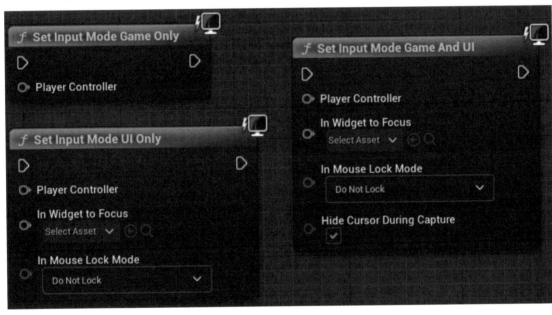

⬆ 图15-36 Set Input Mode节点

建议大家熟悉这些复杂的蓝图节点。在处理项目时，我们将不得不面对一些问题，而这些问题可以通过特定的蓝图节点轻松解决。

15.4 本章总结

在本章中，我们学习了如何使用编辑器的快捷方式创建变量，以及如何使用对齐工具组织蓝图节点。我们还学习了一些用于创建特定蓝图节点的快捷方式。

然后，我们学习了一些蓝图最佳实践的内容，以定义蓝图职责并管理蓝图的复杂性。

最后，我们学习了一些更实用的蓝图节点。所有这些技巧将帮助我们改进编程并构建高质量的项目。

在下一章中，我们将探索虚幻引擎编辑器中可用的虚拟现实模板。

15.5 测试

（1）要创建GET节点，可以按住Alt键并将变量拖到图表中。（　　）

    A. 对　　　　　　　　　　　　　　　B. 错

（2）蓝图必须对其内部状态负责，并尽可能独立。（　　）

    A. 对　　　　　　　　　　　　　　　B. 错

（3）我们可以选择一组节点并将它们转换为折叠节点、函数或宏。（　　）

    A. 对　　　　　　　　　　　　　　　B. 错

（4）Select节点的Index参数可以是任何类型。（　　）

    A. 对　　　　　　　　　　　　　　　B. 错

（5）Math Expression节点为表达式中的每个变量名创建一个输入参数引脚。（　　）

    A. 对　　　　　　　　　　　　　　　B. 错

第 16 章

虚拟现实开发

　　本章介绍了几个虚拟现实（VR）的概念，并探讨了虚拟现实模板。随着虚拟现实头盔价格的下降，用户数量在快速增长。因此，对虚拟现实游戏和商业应用的需求也在上升。我们将重点介绍虚拟现实模板的蓝图，这将是另一个实际使用蓝图节点的机会。我们可以将本章中的一些蓝图概念应用于其他类型的项目中，因此，即使没有虚拟现实头盔，本章内容也是非常有用的。

　　在本章中，我们将分析虚拟现实模板的VRPawn蓝图的功能。我们将介绍如何使用运动控制器创建玩家可以抓取的对象，还将介绍用于实现传送的蓝图功能以及如何使用蓝图通信的接口。我们还将介绍虚拟现实模板中菜单的工作原理。

　　以下是本章所涵盖的内容。

- ⊙ 探索虚拟现实模板
- ⊙ VRPawn蓝图
- ⊙ 传送
- ⊙ 抓取对象
- ⊙ 蓝图使用接口进行通信
- ⊙ 与菜单交互

　　在本章结束时，我们将理解虚拟现实模板是如何工作的，并学会如何创建接口，以及允许不同的蓝图相互共享数据。

16.1 探索虚拟现实模板

虚幻引擎编辑器提供了一个蓝图**虚拟现实**模板，使得初次尝试虚拟现实开发变得更加便捷。该虚拟现实模板使用OpenXR框架，这是一种广泛应用于虚拟现实和增强现实开发的开放标准。由于OpenXR的支持，该**虚拟现实**模板可以在多种设备上工作，而无须进行特定平台的修改。

"**虚拟现实**"模板属于"**游戏**"类别。图16-1显示了使用虚拟现实模板创建项目。

⬆图16-1 选择"虚拟现实"模板

图16-2显示了虚拟现实模板地图，其中包含用户可以抓取的球、武器和立方体。

⬆图16-2 虚拟现实模板地图

如果计算机上安装了虚拟现实显示设备，就可以通过单击"**播放**"按钮，在下拉列表中选择"**VR预览**"选项，启动虚拟现实中的关卡。如果计算机上没有安装虚拟现实显示设备，可以选择"**播放**"列表中的"**新建编辑器窗口**"选项，并按Tab键切换"**观众模式**"来启动关卡。我们还能够使用W、A、S和D键配合光标在关卡上移动。

在虚拟现实模板中，我们可以通过按压右侧控制器的指杆来标记位置，然后释放指杆来执行传送，从而传送到关卡中的不同位置。要想抓取关卡中的某个物体，需要将控制器靠近该物体并按住手柄按钮。要放下物体，松开手柄按钮即可。

模板中使用的蓝图在"**内容/VRTemplate/Blueprints**"文件夹中。我们了解它们是如何工作的，以便更容易地将它们应用于项目。此外，这将是一个学习蓝图实例的好机会。

16.2 VRPawn蓝图

VRPawn蓝图代表关卡中的用户。此蓝图包含来自运动控制器的输入事件逻辑，运动控制器是用户在虚拟现实中进行交互的物理设备。

图16-3显示了VRPawn蓝图的"**组件**"面板。

MotionControllerRight和MotionControllerLeft是跟踪运动控制器设备的运动控制器组件。当我们移动运动控制器设备，此运动的数据被发送到运动控制器组件中。

Camera组件是用户视图。名为HMD的静态网格体组件，可以直观地表示关卡中的头盔式显示器。使用观众摄像机时，由于HMD和运动控制器组件，我们可以看到用户的表现效果，如图16-4所示。

⬆ 图16-3 VRPawn"组件"面板

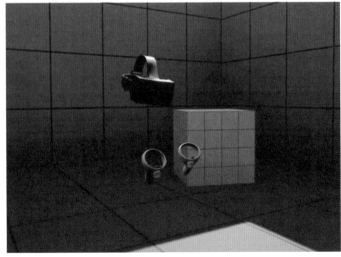

⬆ 图16-4 虚拟现实中用户的表现效果

VRPawn中还包含一个名为TeleportTraceNiagaraSystem的组件，这是一个Niagara粒子系统组件，用于表示传送轨迹。

接下来，我们将介绍一对运动控制器组件。在虚拟现实模板中，这些额外的组件被用作获得目标位置的简单方法。默认情况下，运动控制器组件使用手柄位置，但可以在"细节"面板中更改"运动源"。图16-5显示了MotionControllerRightAim的属性。由于未勾选"显示设备模型"复选框，因此该运动控制器组件不会显示在关卡中。

⬆ 图16-5　MotionControllerRightAim的性质

最后一个要介绍的是Widget Interaction组件，其工作原理与激光笔指示器类似，用于与**控件**菜单交互，通过按下运动控制器上的Menu按钮激活**控件**菜单，如图16-6所示。

⬆ 图16-6　与控件菜单交互

在VRPawn的"**事件图表**"选项卡中，有几个来自运动控制器的输入事件，我们将在传送和抓取对象部分进行详细介绍。

 **传送**

在本节中，我们将介绍在传送中使用的事件和函数。

要启动传送，请按下右侧运动控制器的指杆来标记位置。松开指杆时，将传送到标记的位置。传送目标由VRTeleportVisualizer蓝图表示，如下页图16-7所示。

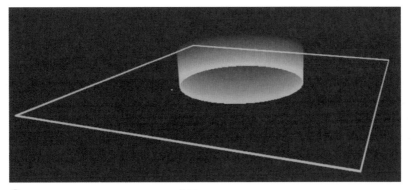

图16-7　VRTeleportVisualizer蓝图

用于传送的输入事件是**InputAxis MovementAxisRight_Y**。事件的第一个节点检查**Axis Value**是否为正（拇指操纵杆是否被按下），并检查**Axis Value**是否大于死区，这是启动传送的最小轴值。相关节点如图16-8所示。

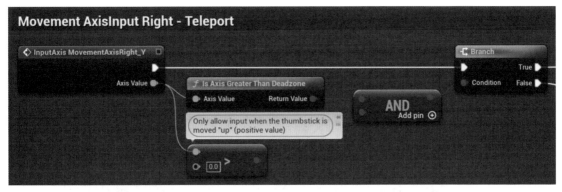

图16-8　第1个节点InputAxis MovementAxisRight_Y

图16-9显示了连接到图16-8的**Branch**节点的**True**输出引脚的相关节点。**Do Once**节点用于确保**Start Teleport Trace**节点在传送跟踪处于活动状态时不会再次运行。当用户按下指杆时，**Teleport Trace**节点会不断更新目的地。

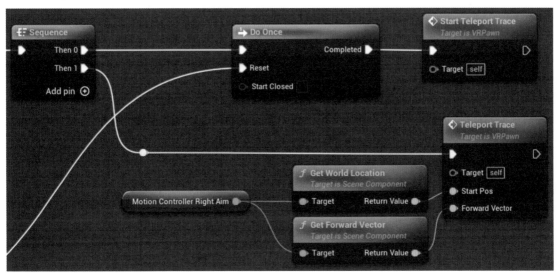

图16-9　激活传送追踪

图16-10显示了连接到图16-8的**Branch**节点的**False**输出引脚的节点，这意味着用户没有按压右运动控制器的指杆。如果传送跟踪处于活动状态，则该事件将结束传送跟踪并尝试传送到目的地。**Try Teleport**节点连接到**Do Once**节点的**Reset**输入引脚。

⬆图16-10　结束传送追踪和传送

接下来，我们将分析在传送中使用的**Start Teleport Trace**、**TeleportTrace**、**End Teleport Trace**和**Try Teleport**函数。

Start Teleport Trace函数将**Teleport TraceActive**布尔变量设置为**True**，将**Teleport Track Niagara System**组件的可见性设置为**True**，并生成一个**VRTeleportVisualizer**实例，如图16-11所示。

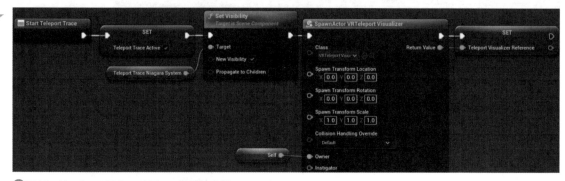

⬆图16-11　Start Teleport Trace函数的功能

TeleportTrace函数使用名为**Predict Projectile Path By Object Type**的函数来计算**Projected Teleport Location**和**Teleport Trace Path Positions**。图16-12显示了**TeleportTrace**函数的最后一个节点，它更新了**TeleportVisualizer**的位置，并设置了**Niagara**粒子系统组件用于传送跟踪视觉效果的向量数组。

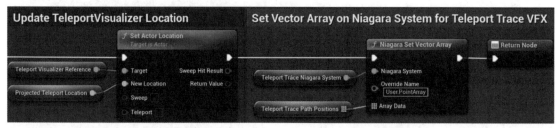

⬆图16-12　Teleport Trace函数的最后一个节点

End Teleport Trace函数与**Start Teleport Trace**函数作用相反，它将**Teleport Trace Active**布尔变量设置为**False**，破坏**Teleport Visualizer**实例，并隐藏**Teleport Track Niagara System**组件，如下页图16-13所示。

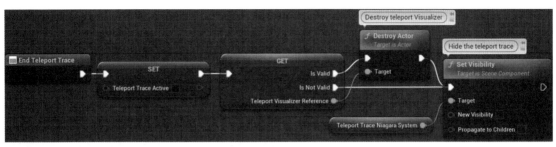

⬆图16-13　End Teleport Trace函数

End Teleport Trace函数使用了Validated Get节点。当存在Object Reference Get节点时，可以在该节点上右击，并在快捷菜单中选择"**转换为有效的Get**"命令，如图16-14所示。

原始节点将转换为具有执行引脚的GET节点，可用于检查对象引用是否有效，如图16-15所示。

⬆图16-14　将Get节点转换为Validated Get节点　　⬆图16-15　具有分支执行引脚的GET节点

Try Teleport函数会检查Valid Teleport Location是否为True，然后使用Teleport函数将用户传送到目标位置，如图16-16所示。

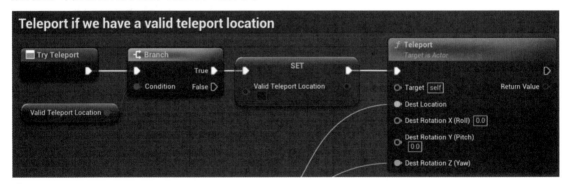

⬆图16-16　Try Teleport函数

在虚拟现实模板中还存在另一种名为Snap Turn的移动类型。在这个运动方式中，可以通过按左运动控制器的操纵杆左键或右键来旋转虚拟角色。用于Snap Turn的输入事件被称为InputAxis MovementAxisLeft_X。

本节，我们学习了用于传送的事件和函数。在下一节中，我们将探讨在虚拟现实模板中抓取对象的运作原理。

16.4 抓取对象

抓取对象系统基于为虚拟现实模板创建的GrabComponent蓝图，该蓝图位于"内容/VRTemplate/Blueprints"文件夹中。

GrabComponent是SceneComponent的一个子类。有关蓝图组件的更多信息，请参见"第18章 创建蓝图库和组件"中的相关内容。

要使关卡中的任何角色都是可抓取的，需要将GrabComponent添加到角色中，并将"细节"面板中的"移动性"设置为"可移动"，如图16-17所示。

在"细节"面板的"默认"类别中包含Grab Type的列表，用于定义对象如何连接到运动控制器。

我们可以在GrabComponent的"细节"面板中设置Grab Type，如图16-18所示。

以下是可用的抓取对象的类型。

图16-17 让角色变得更有吸引力

- ⊙ **None：** 当需要在不移除Actor的Grab组件的情况下禁用抓取时使用此选项。

图16-18 Grad Type的列表

- ⊙ **Free：** 物体附着在运动控制器上，同时保持其相对位置和方向。这种类型最适合用于不需要以某种方式固定的对象，例如虚拟现实模板中的立方体。

- ⊙ **Snap：** 当物体被拿起，对象会捕捉到特定的预定义位置，并相对于抓取对象的运动控制器进行旋转。这种抓取类型通常用于具有明确抓取位置的对象，例如虚拟现实模板中的武器。

- ⊙ **Custom：** 此选项允许开发人员创建自己的抓取类型。Grab组件有bIsHeld布尔变量，以及OnGrabbed和OnDropped事件调度程序，可以用来创建自定义逻辑。

VRPawn处理抓取的事件是InputAction GrabLeft和InputAction GrabRight，它们是由运动控制器的手柄按钮触发的。要抓住关卡中的Actor，将运动控制器靠近Actor并按住手柄按钮。要放下Actor，松开手柄按钮即可。

接下来，我们分析一下InputAction GrabLeft事件。下页图16-19显示了事件的第1个节点。

↑图16-19　InputAction GrabLeft的第1个节点

Get Grab Component Near Motion Controller函数使用球体跟踪来搜索附近的Actor。如果找到Actor，将检查该Actor是否具有GrabComponent类型的组件，如果有，则返回对GrabComponent的引用。

有关检测的更多信息，请参照"第14章 检测节点"的相关内容。

如果没有找到Actor，或者如果找到的Actor没有GrabComponent类型的组件，则NearestComponent输出引脚将返回无效组件（因为没有）。因此，Is Valid节点检查输出的有效性。如果输出有效，则执行GrabComponent的Try Grab函数，此功能将禁用Actor（如果启用），并将Actor连接到运动控制器。GrabComponent引用存储在Holded Component Left变量中。图16-20显示相关的节点。

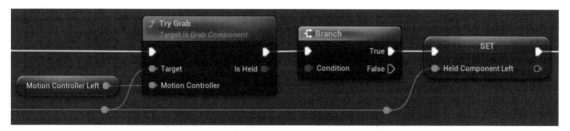

↑图16-20　执行GrabComponent的Try Grab函数

如果抓取的物体被另一只手抓住，需要释放该物体。这可以通过清除另一只手的Hold Component变量中的引用来完成的，如图16-21所示。

↑图16-21　清除Held Component变量

下页图16-22显示了连接到InputAction GrabLeft事件的Release输出引脚的节点。Try Release函数将Actor从运动控制器中分离出来，然后Held Component Lef变量被清除。

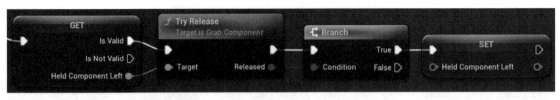

⬆图16-22　用户放下Actor时执行的节点

用户可以通过蓝图接口与一些被抓的Actor互动，比如手枪。

16.5　蓝图使用接口进行通信

蓝图接口是一种特殊类型的蓝图，它只包含函数名和参数，用于允许不同类型的蓝图之间的通信。

按照以下步骤操作，可以创建蓝图接口。

（1）在内容浏览器中单击"**添加**"按钮，在"**蓝图**"子列表中选择"**蓝图接口**"选项，如图16-23所示。

⬆图16-23　创建蓝图接口

（2）虚拟现实模板在"内容/VRTemplate/Blueprints"文件夹中包含名为VRInteraction BPI的蓝图接口，双击可以打开蓝图接口编辑器。图16-24显示了VRInteraction BPI接口的功能。

⬆图16-24　VRInteraction BPI接口的功能

（3）打开Pistol蓝图以查看接口实现的示例。单击蓝图编辑器工具栏中的"**类设置**"按钮。在"**细节**"面板中展开"**接口**"类别，查看VRInteraction BPI接口是否已添加到Pistol蓝图中，如图16-25所示。

⬆ 图16-25　添加一个接口

Pistol蓝图实现了**VRInteraction BPI**接口的**Trigger Pressed**函数。由于**Trigger Pressed**函数没有输出参数，因此它被实现为一个事件，如图16-26所示。

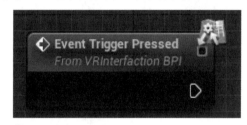

⬆ 图16-26　实现接口的功能

（4）在此事件中，Pistol蓝图会生成一个Projectile蓝图的实例。**Trigger Pressed**函数由InputAction TriggerLeft和InputAction TrigerRight事件中的VRPawn蓝图调用，如图16-27所示。

⬆ 图16-27　VRPawn蓝图调用接口的Trigger Pressed函数

VRPawn蓝图获取**GrabComponent**的Actor所有者，并使用Actor所有者引用来调用**Trigger Pressed**函数。如果Actor有一个已实现的**VRInteraction BPI**接口，则执行**Trigger Pressed**函数。如果角色没有实现**VRInteraction BPI**接口，则不会发生任何事情。

在下一节中，我们将探讨用户如何与虚拟世界中的菜单进行交互。

285

16.6 与菜单交互

虚拟现实模板配备一个菜单系统，我们可以通过按下运动控制器上的Menu按钮来激活。该菜单系统由Menu蓝图和WidgetMenu蓝图实现，并且这两个蓝图都在"内容/VRTemplate/Blueprints"文件夹中。

在VRPawn蓝图中，处理菜单的事件是InputAction MenuToggllleft和InputAction MenuTogglight，它们由运动控制器的Menu按钮触发。该按钮用于显示和隐藏菜单。

图16-28显示了执行VRPawn的**Toggle Menu**函数时所触发的InputAction MenuToggleRight事件。

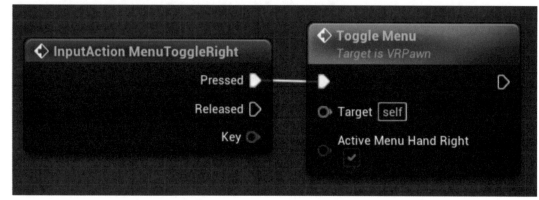

⬆图16-28 InputAction MenuToggleRight事件

Toggle Menu函数用于检查菜单是否处于活动状态。在本示例中，它调用了Menu蓝图的**Close Menu**函数。如果菜单未处于活动状态，则会生成菜单蓝图的实例，如图16-29所示。

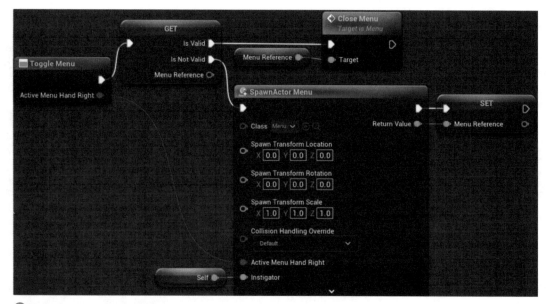

⬆图16-29 Toggle Menu函数

Menu蓝图负责显示连接到运动控制器的**WidgetMenu**，并定义它们之间的交互。

双击**WidgetMenu**打开UMG编辑器，根据需要删除多余的控件，如图16-30所示。

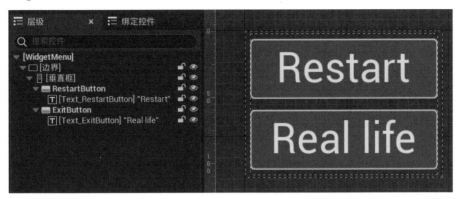

⬆ 图16-30　UMG编辑器中的WidgetMenu

在UMG编辑器的图形选项卡中，我们可以看到按钮的**On Clicked**事件。**On Clicked**
（**RestartButton**）事件使用**Open Level**函数重新加载关卡，如图16-31所示。

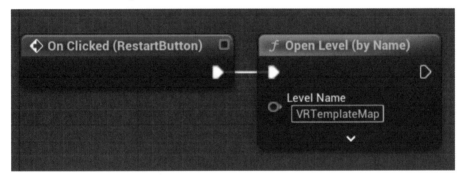

⬆ 图16-31　On Clicked (RestartButton)事件

ExitButton按钮有**Real Life**标签。**On Clicked**（**ExitButton**）事件使用**Quit Game**函
数退出应用程序，如图16-32所示。

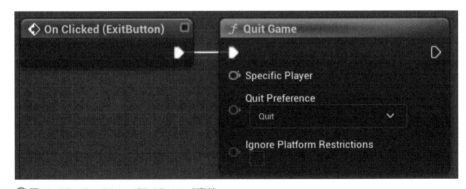

⬆ 图16-32　On Clicked(ExitButton)事件

如果我们希望将命令按钮添加到菜单中，只需要修改**WidgetMenu**蓝图即可。有关UMG的
更多信息，请参照"第7章 创建屏幕UI元素"。

我们已经分析了虚拟现实模板中使用的主要元素，现在可以更加轻松地理解虚拟现实模板中
较为复杂的部分。

16.7 本章总结

在本章中，我们对虚拟现实模板进行了学习，这是一种初次尝试进行虚拟现实开发的简便方法。我们可以看到虚拟现实模板的主要功能集中在VRPawn蓝图中。

接着，我们分析了用于实现传送的蓝图函数，并学习了如何使用GrabComponent来制作可抓取对象。

我们学习了蓝图接口的概念，并展示了如何利用它们使用户能够使用Pistol蓝图进行射击。此外，我们还学习了如何修改虚拟现实模板所使用的UMG菜单。

本章结束"第4部分 高级蓝图"的学习。"第5部分 其他有用的工具"将涵盖虚幻引擎中可用的其他有用的工具。在下一章中，我们将学习动画蓝图的相关内容。

16.8 测试

（1）虚拟现实模板不使用OpenXR框架。（　　）

    A. 对 　　　　　　　　　　　　　B. 错

（2）VRPawn蓝图有运动控制器组件，用于跟踪运动控制器设备。（　　）

    A. 对 　　　　　　　　　　　　　B. 错

（3）我们可以在Object Reference Get节点上右击，并将其转换为具有执行引脚的Validated Get节点，该执行引脚可用于检查引用是否有效。（　　）

    A. 对 　　　　　　　　　　　　　B. 错

（4）要创建具有抓取功能的Actor，需要创建GrabComponent蓝图的蓝图类子级。（　　）

    A. 对 　　　　　　　　　　　　　B. 错

（5）当接口函数没有输出参数时，它将作为事件实现。（　　）

    A. 对 　　　　　　　　　　　　　B. 错

第 5 部分

其他有用的工具

本部分将介绍几个对解决特定问题非常有用的工具。我们将学习如何编写动画蓝图脚本，以及如何创建蓝图宏、函数库和组件。我们还将学习程序化生成，并了解如何使用变体管理器创建产品配置器。

本部分包括以下4个章节：

- ◉ 第17章 动画蓝图
- ◉ 第18章 创建蓝图库和组件
- ◉ 第19章 程序化生成
- ◉ 第20章 使用变体管理器创建产品配置器

第17章

动画蓝图

第4部分介绍了数据结构、流控制、检测的相关节点、蓝图技巧，以及虚拟现实开发等内容。

在第5部分中，我们将介绍动画蓝图、蓝图库和组件、程序生成，以及产品配置器的相关内容。

本章介绍了虚幻引擎动画系统的主要元素，如骨骼、骨骼网格体、动画序列和混合空间，展示了如何使用"事件图表"和AnimGraph编写动画蓝图脚本。此外，还解释了如何在动画中使用状态机以及如何为动画创建新状态。

以下是本章所涵盖的内容。

- ⊙ 动画概述
- ⊙ 创建动画蓝图
- ⊙ 探索状态机
- ⊙ 导入动画初学者内容包
- ⊙ 添加动画状态

在本章结束时，我们将了解如何使用动画蓝图以及如何添加动画状态。

17.1 动画概述

虚幻引擎中的动画系统非常灵活和强大，它由许多协同工作的工具和编辑器组成。在本章中，我们将介绍虚幻引擎中动画的主要概念，重点是动画蓝图。

在本节，我们将从使用第三人称游戏模板的项目开始，了解动画的概念并探索动画编辑器的应用。

我们可以按照以下步骤创建项目。

（1）基于第三人称游戏模板创建项目，并勾选"初学者内容包"复选框，如图17-1所示。

⬆ 图17-1　使用第三人称游戏模板创建项目

（2）单击"**播放**"按钮，尝试第三人称游戏模板中内置的默认游戏。我们可以使用W、A、S和D键移动玩家角色，并通过移动光标四处查看。按下空格键可以使角色跳跃。

接下来，我们将通过一个示例项目，探索动画编辑器的应用。

17.1.1 动画编辑器

虚幻引擎中有5种动画工具可用于处理**骨骼动画**，我们可以通过打开关联的资源来访问这些工具。每个动画工具的右上角都有5个按钮，用于在不同的工具之间切换，如图17-2所示。

⬆ 图17-2　使用按钮在动画工具之间切换

由按钮访问的动画工具从左到右各按钮的含义介绍如下。

- ◎ **骨骼编辑器**（Skeleton Editor）：用于管理骨骼。
- ◎ **骨骼网格体编辑器**（Skeletal Mesh Editor）：用于修改与骨骼相连的骨骼网格体，并在视觉上代表角色。
- ◎ **动画编辑器**（Animation Editor）：允许创建和修改动画资产。

◉ **动画蓝图编辑器**（Animation Blueprint Editor）：允许创建脚本和状态机来控制角色必须根据其当前状态使用的动画。

◉ **物理资产编辑器**（Physics Asset Editor）：用于创建将在模拟中使用的物理体。

下面让我们看看骨骼和骨骼网格体之间的关系。

I7.I.2 骨骼和骨骼网格体

骨骼网格体与**骨骼**相关联的。**骨骼**是一个相互连接的骨骼组成的层次结构，用于为**骨骼网格体**的多边形顶点设置动画。

在虚幻引擎中，**骨骼和骨骼网格体**是两种不同的资产。由于动画是在**骨骼**上制作的，因此相同的**骨骼**可以被多个使用相同骨骼的**骨骼网格体**共享动画。

让我们可视化第三人称游戏模板使用的骨骼。进入"内容/Characters/Mannequins/Meshes"文件夹，双击SK_Mannequin资源打开**骨骼编辑器**，如图17-3所示。

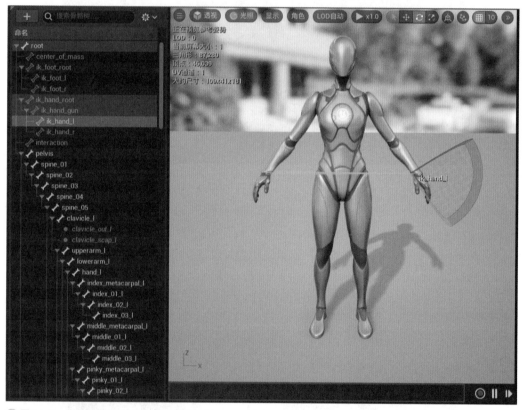

🔼 图17-3　骨骼编辑器（Skeleton Editor）

左侧为**骨骼树**（Skeleton Tree）面板，其中包含骨骼的层次结构，这些骨骼是这个角色骨骼的一部分。我们可以选择骨骼并调整其相对于整个骨骼的位置和旋转。

I7.I.3 动画序列

动画序列资产包含在特定时间指定骨骼转换的关键帧，用于在骨骼网格体上播放单个动画。

骨骼可用的动画序列可以在动画编辑器的**"资产浏览器"**面板中查看。图17-4显示了第三人称游戏模板的动画序列。

图17-4 动画序列

双击动画序列在视口中播放。MM_Run_Fwd动画序列播放的效果如图17-5所示。

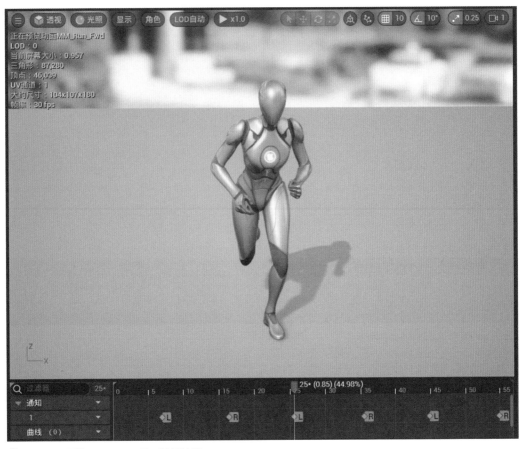

图17-5 预览MM_Run_Fwd动画序列

动画编辑器的"资产浏览器"面板中列出了除了动画序列之外的其他类型的动画资产。例如，在图17-4中，**BS_MM_WalkRun**资产有不同颜色的图标，因为它是一个混合空间，我们将在下一节中介绍相关内容。

17.1.4 混合空间

混合空间是一种资产类型，允许基于一个或两个参数值混合动画。为了便于理解，让我们分析BS_MM_WalkRun资产，这是一个基于一个参数的混合空间。

在"资产浏览器"面板中双击**BS_MM_WalkRun**资源，并在**"视口"**选项卡中打开。这个混合空间有一个名为Speed的参数，并使用三个动画序列，分别是MM_Walk_InPlace、MM_Walk_Fwd和MM_Run_Fwd。按住Ctrl键移动Speed参数预览效果（以绿色加号表示），如图17-6所示。

图17-6　混合行走和跑步动画序列

BS_MM_WalkRun混合空间为每个动画序列映射了以下Speed值。

- ◎ MM_Walk_InPlace：0.0
- ◎ MM_Walk_Fwd：93.75
- ◎ MM_Run_Fwd：375.0

在图17-6的例子中，Speed的值大约是230.1，然后生成的动画使用约50%的MM_Walk_Fwd和约50%的MM_Run_Fwd。

虚幻引擎中的动画是一个广泛的主题，需要动画师研究特定的文档。这个动画概述部分的目的是介绍主要的动画概念，以便你能够在接下来介绍的动画蓝图时正常工作。

17.2 创建动画蓝图

动画蓝图是一种专门的蓝图，包含用于角色动画脚本的工具。动画蓝图编辑器与蓝图编辑器类似，但它有一些特定的动画面板。

请按照以下步骤创建动画蓝图。

（1）单击内容浏览器中的**"添加"**按钮，然后在列表中选择**"动画"**选项，在子列表中选择**"动画蓝图"**选项，如图17-7所示。

（2）在打开的**"创建动画蓝图"**对话框中，我们需要选择目标骨骼，如图17-8所示。动画资产和动画蓝图链接到特定的骨骼，可以选择不同的父类，而不是默认的类。在这个例子中，不要选择父类，而是选择SK_Mannequin_Skeleton，该骨骼位于"内容/Characters/Mannequins/Meshes"文件夹中。

图17-7 创建动画蓝图

图17-8 选择目标骨骼

（3）在内容浏览器中为创建的动画蓝图命名，然后双击就可以打开动画蓝图编辑器。

动画蓝图编辑器有两种类型的图形，它们协同工作来创建动画。**"事件图表"**选项卡与蓝图编辑器中的**"事件图表"**选项卡是一样的，但是有一些特定的动画节点。在AnimGraph选项卡中，我们可以创建状态机并使用节点来播放动画序列和混合空间。

下面我们从分析**"事件图表"**选项卡开始进行介绍。

17.2.1 事件图表

在动画蓝图的**"事件图表"**选项卡中从使用动画蓝图实例的Pawn或Character获取数据，并更新动画蓝图的变量。**"事件图表"**选项卡中已经添加了两个节点，分别是Event Blueprint Update Animation和Try Get Pawn Owner，如下页图17-9所示。

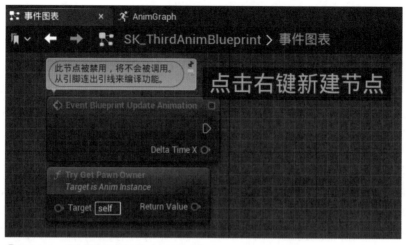

图17-9 动画蓝图编辑器的"事件图表"选项卡

以下是这两个节点的描述。

- **Event Blueprint Update Animation**：该事件在每一帧执行，允许更新动画使用的变量。**Delta Time X**参数是自上一帧以来经过的时间量。
- **Try Get Pawn Owner**：这个函数用于获取正在使用动画蓝图实例的Pawn或角色的引用。使用这个函数，就可以在动画中使用角色数据。

如果需要对动画做一些初始化，可以使用**Event Blueprint Initialize Animation**事件，如图17-10所示。

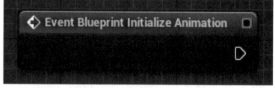

图17-10 用于初始化动画的事件

作为使用**"事件图表"**选项卡的示例，我们首先需要创建Speed变量，并使用动画蓝图实例的Pawn或角色中的数据来更新其值。

以下是创建示例的步骤。

（1）在动画蓝图编辑器的**"我的蓝图"**面板中创建名为Speed的变量，并将**"变量类型"**设置为**"浮点"**，如图17-11所示。

图17-11 创建Speed变量

（2）在**"事件图表"**选项卡中添加图17-12所示的节点。如果**Pawn Owner**引用是有效的，我们将得到Pawn的速度向量，并计算它的长度，得到Speed的标量值。

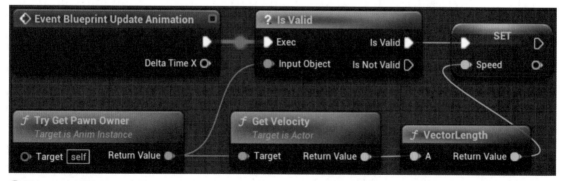

图17-12 更新Speed变量

（3）从Event Blueprint Update Animation的白色执行引脚上拖出引线，并添加Is Valid宏节点。将Input Object引脚连接到Try Get Pawn Owner节点的Return Value输出引脚。

（4）从Is Valid输出引脚拖出引线，并添加SET Speed节点。

（5）从Try Get Pawn Owner节点的Return Value输出引脚上拖出引线，并添加Get Velocity节点。

（6）从Get Velocity节点的Return Value输出引脚上拖出引线，并添加VectorLength节点。

（7）将VectorLength节点的Return Value输出引脚连接到Speed输入引脚。

（8）编译并保存动画蓝图。

现在Speed变量已经更新，我们可以在AnimGraph选项卡中使用它。

17.2.2 AnimGraph

在AnimGraph选项卡中，我们可以使用节点来播放动画序列和混合空间，还可以创建状态机将动画组织成不同的状态。

AnimGraph选项卡只能访问动画蓝图中的变量，因此我们使用"**事件图表**"选项卡从Pawn中获取更新后的值。

动画图表的最后一个节点是Output Pose节点，它将接收每一帧的结果状态，并应用于骨骼网格体，如图17-13所示。

⬆图17-13　带有Output Pose的动画

在动画蓝图编辑器的右下方有一个"**资产浏览器**"面板，如图17-14所示。

⬆图17-14　动画蓝图编辑器中的"资产浏览器"面板

我们可以从**"资产浏览器"**面板中拖动动画资产并将其放入AnimGraph选项卡中，以创建等效节点。在图17-15的示例中，将MM_Run_Fwd动画序列放入AnimGraph选项卡中以创建MM_Run_Fwd节点。需要将MM_Run_Fwd节点的白色角色图标连接到Output Pose节点的白色角色图标，并编译动画蓝图，以便在**"视口"**中预览动画。

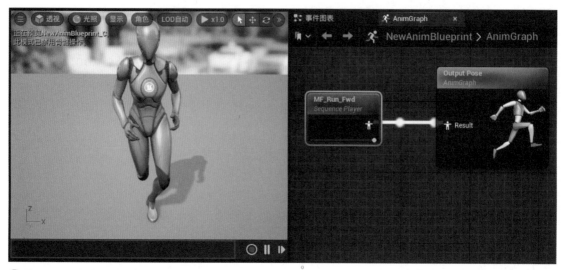

⬆图17-15　在动画蓝图编辑器中播放MM_Run_Fwd动画

要创建Blendspace Player节点，只需拖动一个混合空间资产，如BS_MM_WalkRun，并将其放到AnimGraph选项卡中。图17-16中Speed变量的值被用作混合空间的参数。

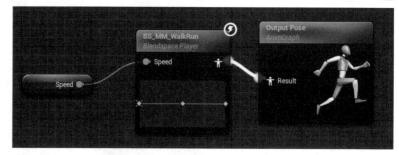

⬆图17-16　在动画蓝图编辑器中播放混合空间

编译动画蓝图后，可以在位于动画蓝图编辑器右下角的**"动画预览编辑器"**面板中修改Speed变量的值，如图17-17所示。

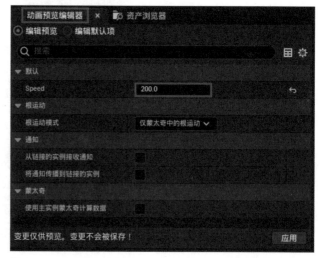

⬆图17-17　动画预览编辑器

为Speed变量指定介于0和375之间的不同值，然后在"**视口**"选项卡中查看生成的动画效果有何不同。

在本节中，我们学习了如何将动画节点直接连接到Output Pose节点，但是AnimGraph选项卡是用状态机创建的。关于状态机，我们将在下一节中讨论。

17.3 探索状态机

AnimGraph选项卡中的状态机允许将动画组织为一系列状态。举例来说，我们将创建一个具有两种状态的状态机：空闲和移动。

我们需要定义**过渡规则**来控制从一个状态到另一个状态的转换。

请按照以下步骤创建状态机。

（1）删除其他动画节点，并在AnimGraph选项卡中仅保留Output Pose节点。

（2）在AnimGraph的空白处右击，在打开的上下文菜单中的搜索框中输入**state machine**，然后选择"**状态机**"类别下的State Machine，如图17-18所示。

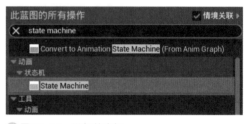

🔺图17-18　添加状态机

（3）选择创建的状态机，在"**细节**"面板中对其进行重命名，将创建的状态机重命名为Char States。将状态机的白色图标连接到Output Pose节点的白色图标，如图17-19所示。

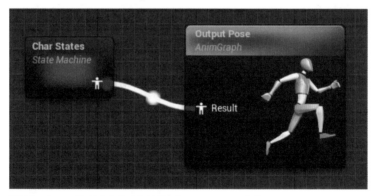

🔺图17-19　将创建的状态机连接到Output Pose节点

（4）双击Char States节点来编辑状态机。然后在图表的空白处右击，在打开的上下文菜单中选择"**添加状态**"选项，如下页图17-20所示。再将状态重命名为Idle，并从Entry连接Idle状态节点。

（5）添加另一个状态并将其重命名为Moving。从Idle状态节点的外边框拖出引线，并将其连接到Moving状态节点的外边框。将另一条连线从Moving状态节点拖到Idle状态节点。箭头表示状态之间可能存在转换，如下页图17-21所示。

⬆图17-20 添加状态

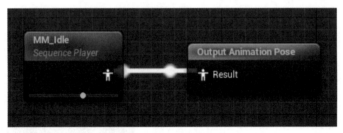

⬆图17-21 状态和它们的转换

（6）双击Idle状态节点以编辑状态。从**"资产浏览器"**面板中拖动MM_Idle动画序列，然后将其放置在AnimGraph选项卡中。连接MM_Idle和Output Animation Pose节点的白色图标，如图17-22所示。

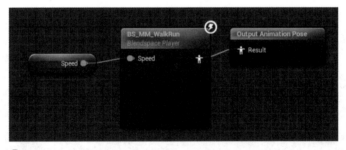

⬆图17-22 编辑Idle状态节点

（7）通过单击位于图表顶部路径中的名称，可以在AnimGraph状态之间进行切换。切换至Char States选项卡，然后双击Moving状态节点。

（8）从**"资产浏览器"**面板中拖动BS_MM_WalkRun混合空间，并将其放置在AnimGraph选项卡中。从Speed输入引脚拖出引线，在打开的上下文菜单中添加Get Speed节点。连接BS_MM_WalkRun和Output Animation Pose节点的白色图标，如图17-23所示。

⬆图17-23 编辑Moving状态节点

（9）下一步是指定过渡规则。返回Char States图表，过渡规则图标与转换箭头一起创建，如图17-24所示。

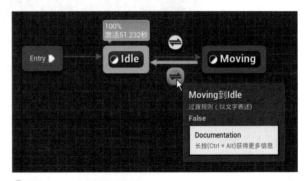

⬆图17-24 过渡规则图标

（10）双击"Idle到Moving"过渡规则图标，也就是上方的图标。当Result节点接收到True值时，就会发生过渡。在我们的示例中，如果Speed大于5.0，则动画从Idle状态变为Moving状态。将这些节点添加到图表中，如图17-25所示。

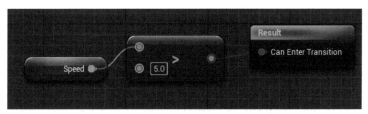

⬆ 图17-25　Idle到Moving的规则

（11）返回到Char States图表并双击"Moving到Idle"过渡规则图标。添加节点，检查Speed是否小于5.0，如果为True，则动画从移动状态变为空闲状态，如图17-26所示。

⬆ 图17-26　Moving到Idle规则

（12）编译动画蓝图并返回到Char States图表。我们可以在"**动画预览编辑器**"中修改Speed变量的值来查看状态之间的转换。

（13）保存并关闭动画蓝图编辑器。

了解了状态机的创建之后，接下来我们可以使用更复杂的状态机了。

17.4 导入动画初学者内容包

在接下来的部分，我们将使用动画初学者内容包，因为它提供了丰富的动画效果。

请按照以下步骤导入动画初学者内容包。

（1）访问Epic Games Launcher应用程序，单击左侧的"**虚幻引擎**"链接，再切换至"**库**"选项卡。在"**我的工程**"区域中搜索"动画初学者内容包"，然后单击"**添加到工程**"按钮，如图17-27所示。

⬆ 图17-27　将动画初学者内容包添加到项目中

注意事项

如果没有安装"动画初学者内容包"，请按照"第9章 用人工智能构建智能敌人"中的相关说明进行安装。

（2）选择为本章创建的项目时，会将AnimStarterPack文件夹添加到项目的**"内容"**文件夹中。

（3）查看关卡编辑器的视口并删除关卡中的ThirdPersonCharacter实例，接下来将使用动画初学者内容包中的角色。

（4）首先，我们打开位于"内容/ThirdPersonBP > Blueprints"文件夹中的ThirdPersonGameMode蓝图类。蓝图将仅作为数据打开蓝图。

（5）在**"细节"**面板的**"类"**类别中，将**"默认Pawn类"**更改为Ue4ASP_Character，这是动画初学者内容包的角色蓝图，如图17-28所示。

⬆图17-28　动画预览编辑器

（6）编译、保存并关闭ThirdPersonGameMode蓝图。

（7）打开位于**"内容/AnimStarterPack"**文件夹中的Ue4ASP_Character蓝图。

（8）要隐藏游戏中的胶囊体组件，则在**"组件"**面板中，选择**"胶囊体组件（CollisionCylinder）"**选项，在**"细节"**面板中，展开**"渲染"**类别，勾选**"游戏中隐藏"**复选框，如图17-29所示。

（9）编译、保存并关闭Ue4ASP_Character蓝图。　⬆图17-29　隐藏胶囊体组件

现在，我们的项目正在使用动画初学者内容包中的角色，接下来将开始修改它使用的动画。

17.5 添加动画状态

本节将修改动画初学者内容包中的角色蓝图和动画蓝图，向状态机添加的状态如下。

◉ Prone

◉ ProneToStand

◉ StandToProne

我们将使用在本章开始时创建的项目，该项目使用动画初学者内容包中的角色。

首先，创建在示例中使用的输入映射，即创建两个输入操作：Prone和Crouch。

注意事项

Crouch输入操作和状态已经存在于动画初学者内容包中。为了使Crouch工作,只需要在项目设置中添加一个名为Crouch的操作映射。

我们可以按照以下步骤创建输入映射。

(1)单击关卡蓝图工具栏中的"**设置**"按钮,在列表中选择"**项目设置……**"选项,如图17-30所示。

(2)在出现的窗口左侧的"**引擎**"类别下选择"**输入**"选项。

(3)右侧显示"**引擎-输入**"区域,在"**绑定**"类别下的两个部分分别称为"**操作映射**"和"**轴映射**"。单击"**操作映射**"左侧的三角按钮,将显示现有映射。

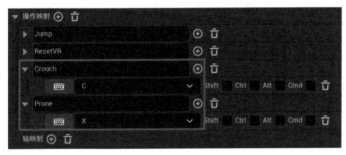
⬆ 图17-30 访问项目设置

(4)单击两次"**操作映射**"旁边的加号,添加两个操作映射,如图17-31所示。

⬆ 图17-31 添加操作映射

(5)将第一个操作命名为**Crouch**。单击键盘图标并选择C键,将该键映射到创建的Crouch事件。

(6)将第二个操作命名为**Prone**。单击键盘图标并选择X键,将该键映射到创建的Prone事件。

关闭窗口时会自动保存更改。接下来,我们将在角色蓝图中实现**Prone**事件。

17.5.1 修改角色蓝图

本小节,我们将实现在动画初学者内容包的角色蓝图中添加一个名为Proning的布尔变量的操作。此变量将指示角色是否俯卧。**Prone**事件将切换**Proning**变量的值。

当角色俯卧时,我们会禁止角色移动。

请按照以下步骤修改角色蓝图。

(1)打开位于"内容/AnimStarterPack"文件夹中的Ue4ASP_Character蓝图。

(2)在"**我的蓝图**"面板中创建一个名为Proning的布尔类型的变量,如图17-32所示。

⬆ 图17-32 创建Proning的布尔类型的变量

（3）在"**事件图表**"选项卡的空白处右击，在打开的上下文菜单的搜索框中输入prone，然后选择Prone事件来放置节点，如图17-33所示。

（4）在Prone事件附近添加Set Proning节点和Get Proning节点，然后再添加Not Boolean节点并连接它们，如图17-34所示。Not Boolean节点将在每次执行Prone事件时切换Proning变量的布尔值（True或Flase）。

⬆图17-33　添加输入动作俯卧事件

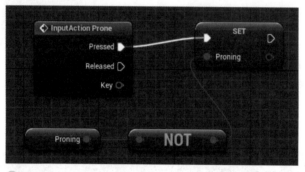

⬆图17-34　输入操作Prone事件的节点

（5）现在，我们将禁止角色俯卧时移动。在"**事件图表**"选项卡中找到InputAxis MoveForward事件。按住Alt键，单击InputAxis MoveForward的白色执行引脚，将其断开连接。

（6）添加Branch节点和Get Proning节点并连接它们，如图17-35所示。只有当Proning变量的值为False时，Add Movement Input节点才会被执行。

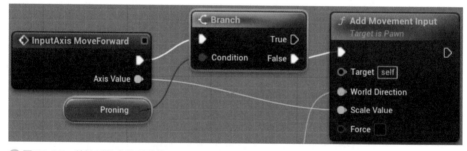

⬆图17-35　俯卧时禁止前后移动

（7）在InputAxis MoveRight事件中重复步骤（5）和步骤（6），如图17-36所示。

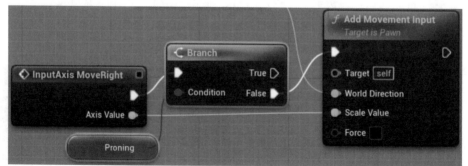

⬆图17-36　俯卧时禁止左右移动

（8）在关闭蓝图之前，让我们看看角色蓝图与动画蓝图是如何关联的。在**"组件"**面板中选择**"网格体（CharacterMesh0）"**，在**"细节"**面板的**"动画"**类别中，**"动画模式"**必须设置为**"使用动画蓝图"**，**"动画类"**必须指定要使用的动画蓝图，如图17-37所示。

⬆图17-37　指定角色使用的动画蓝图

（9）编译、保存和关闭蓝图

目前为止，已经完成了角色蓝图的调整。现在，我们可以将俯卧动画状态添加到动画蓝图中了。

17.5.2 修改动画蓝图

我们还需将Proning布尔类型的变量添加到动画蓝图中，以便在过渡规则中使用它。然后，我们将向状态机添加3个状态。

请按照以下步骤修改动画蓝图。

（1）双击位于"内容/AnimStarterPack"文件夹中的**UE4ASP_HeroTPP_AnimBlueprint**资产，打开动画蓝图编辑器。

（2）在**"我的蓝图"**面板中创建一个布尔类型的名为Proning的变量，如图17-38所示。我们需要在动画蓝图中创建这个变量，因为将在状态过渡规则中使用它。

⬆图17-38　在动画蓝图中创建Proning变量

（3）在**"事件图表"**选项卡中查找Event Blueprint Update Animation。在事件结束时，从SET Crouching节点的白色输出引脚拖出引线，然后添加SET Proning节点。

（4）从Cast To Ue4ASP_Character节点的蓝色输出引脚拖出引线，然后添加Get Proning节点。将Get Proning的输出引脚连接到SET Proning的输入引脚，如下页图17-39所示。

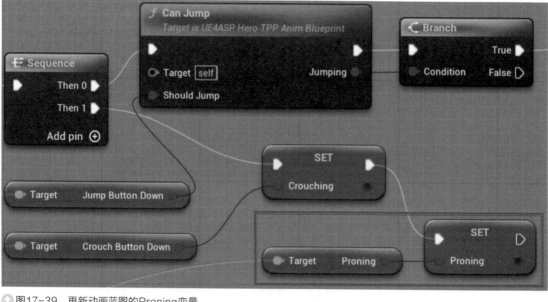

↑图17-39 更新动画蓝图的Proning变量

（5）在"**我的蓝图**"面板中双击Locomotion打开状态机，如图17-40所示。

↑图17-40 打开运动状态机

（6）图17-41显示了当前的Locomotion状态

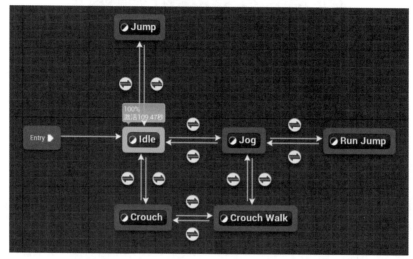

↑图17-41 Locomotion状态

（7）接下来将添加3个与俯卧操作相关的状态，如下页图17-42所示。

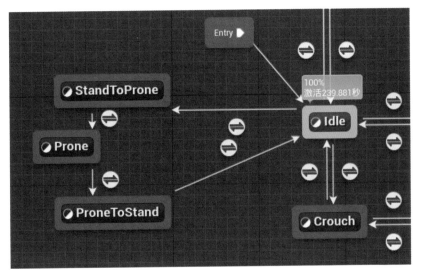

图17-42　新的状态

（8）接下来，我们开始创建这3个状态。在图表的空白处右击，并在打开的上下文菜单中选择"添加状态"选项。将状态重命名为StandToProne。再创建两个状态，分别命名为Prone和ProneToStand。

（9）从Idle状态节点的外部边界拖出引线，并连接到StandToProne状态节点的外部边界。从StandToProne的外边框拖出引线，并连接到Prone状态节点的外边框。

（10）从Prone状态节点的外边框拖出引线，并连接到ProneToStand状态节点的外边框。从ProneToStand的外边框拖出另一根引线，并将其连接到Idle状态节点的外边框。

（11）双击Prone状态节点来编辑状态。从"资产浏览器"中拖动Prone_Idle动画序列，并将其放到AnimGraph选项卡中，如图17-43所示。

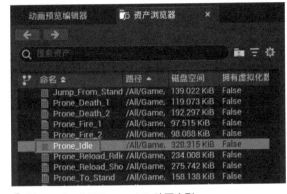

图17-43　使用Prone_Idle动画序列

（12）连接Prone_Idle和Output Animation Pose节点的白色图标，如图17-44所示。

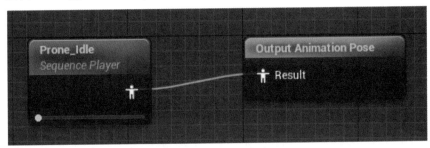

图17-44　连接节点

（13）切换至Locomotion以返回到上一个图形，双击ProneToStand状态。

（14）从"**资产浏览器**"面板中拖动Prone_To_Stand动画序列，放到AnimGraph选项卡中。连接Prone_To_Stand和Output Animation Pose节点的白色图标，如图17-45所示。

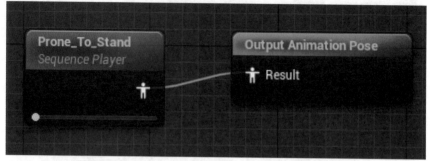

⬆ 图17-45　ProneToStand状态

（15）选择Prone_To_Stand节点。在"**细节**"面板的"**设置**"类别中取消勾选"**循环动画**"复选框，因为这个动画应该只运行一次，如图17-46所示。

⬆ 图17-46　取消勾选"循环动画"复选框

（16）切换至Locomotion图表，返回到上一个图形，然后双击StandToProne状态。

（17）从"**资产浏览器**"面板中拖动Stand_To_Prone动画序列，然后将其放置在AnimGraph选项卡中。连接Stand_To_Prone和Output Animation Pose节点的白色图标，如图17-47所示。

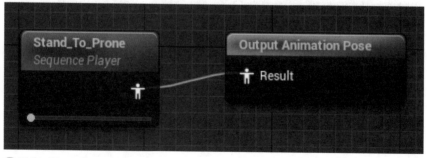

⬆ 图17-47　StandToProne状态

（18）选择Stand_To_Prone节点。在"**细节**"面板的"**设置**"类别中取消勾选"**循环动**

画"复选框。

（19）切换至Locomotion图表中。

我们已经定义了每个状态的内容。现在，只需要定义状态的过渡规则。

17.5.3 定义过渡规则

在新状态中，我们将使用两种类型的过渡规则。在Idle和Prone状态的过渡规则中，我们将检查Proning变量的值。在StandToProne和ProneToStand的过渡规则中，过渡发生在动画结束时。

以下是定义过渡规则的步骤。

（1）双击"Idle到StandToProne"过渡规则图标，添加一个Get Proning节点并连接到Result节点，如图17-48所示。

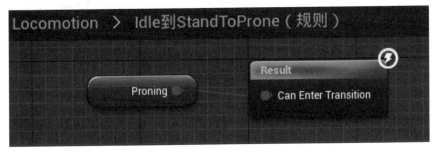

⬆ 图17-48　Idle到StandToProne过渡规则

（2）返回Locomotion图表，双击"StandToProne到Prone"过渡规则图标。在图表的空白处右击，并添加Time Remaining（ratio）（Stand_To_Prone）节点。

（3）从Return Value输出引脚拖出引线，然后添加一个Less节点。在Less节点的底部参数中键入0.1。将Less节点的输出连接到Result节点，如图17-49所示。

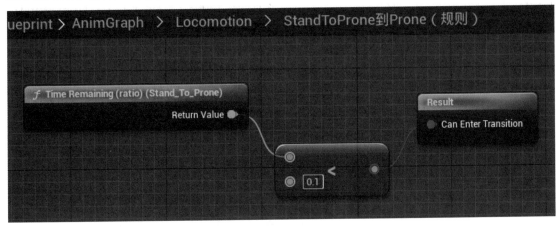

⬆ 图17-49　StandToProne到Prone过渡规则

（4）返回到Locomotion图形，双击"Prone到ProneToStand"过渡规则图标。添加一个Get prooning节点和一个NOT Boolean节点，并连接节点，如下页图17-50所示。

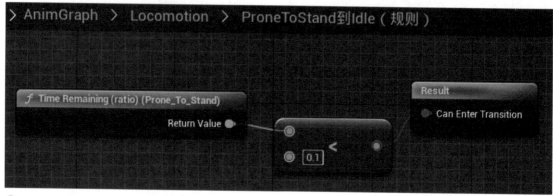

⬆ 图17-50　Prone到ProneToStand过渡规则

（5）返回到Locomotion图形，双击"ProneToStand到Idle"过渡规则图标。右键单击图形并添加一个Time Remaining（ratio）（Stand_To_Prone）节点。

（6）从Return Value输出引脚中拖出引线并添加Less节点。在Less节点的底部参数中键入0.1。将Less节点的输出连接到Result节点，如图17-51所示。

⬆ 图17-51　ProneToStand到Idle转换规则

（7）编译、保存和关闭动画蓝图。

（8）单击关卡编辑器的"**播放**"按钮。按下C键时角色蹲下，按下X键时角色俯卧。图17-52为按下C键角色蹲下的效果。

⬆ 图17-52　按下C键角色蹲下

动画蓝图具有特定的工具，我们可以通过将其分解为多个状态来控制复杂动画。动画蓝图的一大优势在于实现了项目中动画逻辑和游戏逻辑的分离。

17.6 本章总结

本章介绍了动画的相关概念，重点聚焦于动画蓝图。我们学习了动画编辑器、骨骼、骨骼网格体、动画序列和混合空间等内容。

本章展示了如何使用动画蓝图中的"事件图表"和AnimGraph选项卡，还学习了如何在AnimGraph选项卡中创建状态机。

在本章的最后，我们学习了一个实例应用，了解了如何将状态添加到动画角色的初学者内容包中。

在下一章，我们将学习如何创建可以在整个项目中使用的蓝图库和组件。

17.7 测试

（1）混合空间允许基于参数混合动画。（　　）

    A. 对　　　　　　　　　　　　　　　B. 错

（2）动画蓝图有AnimGraph选项卡，但没有"事件图表"选项卡。（　　）

    A. 对　　　　　　　　　　　　　　　B. 错

（3）Output Pose节点是动画图表的最后一个节点。（　　）

    A. 对　　　　　　　　　　　　　　　B. 错

（4）状态机是一种独立的辅助资产，包含一组固定的命名常量。（　　）

    A. 对　　　　　　　　　　　　　　　B. 错

（5）从一种状态到另一种状态的过渡由过渡规则控制。（　　）

    A. 对　　　　　　　　　　　　　　　B. 错

第 18 章

创建蓝图库和组件

在本章中，我们将学习如何创建可以在整个项目中使用的具有通用功能的蓝图宏和函数库。此外，我们还将详细地介绍组件的概念，以及如何创建具有封装行为的Actor组件和具有基于位置行为的场景组件。

以下是本章所涵盖的内容。

- 蓝图宏和函数库
- 创建Actor组件
- 创建场景组件

在本章结束时，我们将创建一个蓝图函数库来模拟掷骰子的游戏，其中包括一个Actor组件来管理经验值和升级以及一个围绕Actor旋转的场景组件。

18.1 蓝图宏和函数库

在项目中，有时我们会在多个蓝图中使用相同的宏或函数。虚幻编辑器允许我们创建蓝图宏库，以便收集要在所有蓝图之间共享的宏。同样地，我们也可以创建一个蓝图函数库，在所有蓝图之间共享实用程序的函数。

在内容浏览器中单击**"添加"**按钮，在列表中将光标定位在**"蓝图"**选项上，在子列表中包含**"蓝图函数库"**和**"蓝图宏库"**选项，如图18-1所示。

在创建蓝图宏库时，需要选择父类。蓝图宏库中的宏可以访问所选父类的变量和函数，但是蓝图宏库只能被所选父类的子类使用。在大多数情况下，**"Actor类"**是最好的选择。

● 图18-1　用于创建蓝图宏和函数库的菜单选项

接下来，我们将创建一个蓝图函数库，以便在实践中探索如何在所有蓝图之间共享相关函数。

18.1.1 蓝图函数库示例

本小节，我们将为掷骰子游戏创建一个名为BP_DiceLibrary的蓝图函数库，其中包含3个函数，分别为RollOneDie、RollTwoDice和RollThreeDice。所有函数都有相同的输入参数NumberOfFaces，并返回每个骰子的结果的总和。

这个蓝图函数库可以在创建数字桌游或基于掷骰子的角色扮演游戏（Role-Playing Games，简称RPGs）时使用。

请按照以下步骤创建蓝图函数库。

（1）创建一个基于第三人称游戏模板的项目，并勾选**"初学者内容包"**复选框。

（2）在内容浏览器中访问**"内容"**文件夹。在文件夹的空白处右击，然后在快捷菜单中选择**"新建文件夹"**命令，将该文件夹命名为"Chapter18"。我们将使用这个文件夹来存储本章的资产。

（3）打开刚刚创建的"Chapter18"文件夹，然后在内容浏览器中单击**"添加"**按钮，将光标悬停在**"蓝图"**选项上，在子列表中选择**"蓝图函数库"**选项，如图18-2所示。

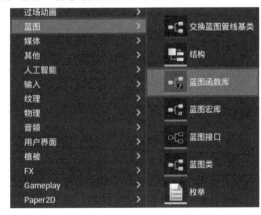

● 图18-2　创建蓝图函数库

（4）将蓝图命名为BP_DiceLibrary并双击，打开蓝图编辑器。

（5）蓝图编辑器将以默认功能打开，然后将函数重命名为RollOneDie。

（6）在"**细节**"面板中添加一个名为NumberOfFaces的"**整数**"类型的输入参数。单击三角符号展开选项，再将"**默认值**"设置为6，如图18-3所示。

（7）在"**细节**"面板中添加"**整数**"类型的输出参数Result，如图18-4所示。

图18-3　创建输入参数并设置默认值

图18-4　添加输出参数

（8）在"**事件图表**"选项卡中添加图18-5的节点。这些节点检查NumberOfFaces是否大于1。验证输入参数是避免意外或难以发现的错误的一种很好的做法，如图18-5所示。

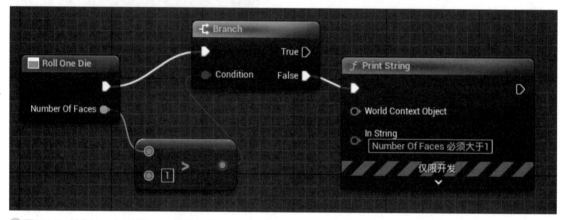

图18-5　检查NumberOfFaces是否大于1

注意事项

我们可以用等于2的NumberOfFaces来模拟抛硬币。

（9）在"**事件图表**"选项卡的空白处右击，在打开的上下文菜单中添加Random Integer in Range节点。此节点将返回一个大于或等于Min且小于或等于Max的随机整数值。在Min输入参数中键入1，如图18-6所示。

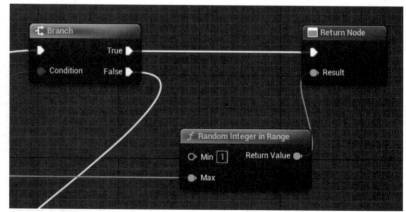

图18-6　添加Random Integer in Range节点

（10）从Number Of Faces参数中拖出引线，并连接到Max输入引脚。将Return Value输出引脚连接到Result输入引脚。将Branch节点的True输出引脚连接到Return Node节点的白色引脚。

（11）接下来创建蓝图函数库的第2个函数。在"**我的蓝图**"面板中单击"函数"右侧的加号图标，如图18-7所示。

图18-7 创建另一个函数

（12）将函数命名为RollTwoDice。创建一个名为NumberOfFaces的"**整数**"类型的输入参数。单击右侧三角符号展开选项，将"**默认值**"设置为6。

（13）创建名为Sum、Die1和Die2的"**整数**"类型的输出参数，如图18-8所示。

图18-8 创建输出参数

（14）在"**事件图表**"选项卡中，我们将对RollOneDie函数进行相同的验证。添加图18-5中的节点，以检查Number of Faces是否大于1。我们还可以访问RollOneDie函数，选择并复制验证节点以粘贴到RollTwoDice函数中。

（15）将两个Random Integer in Range节点添加到"**事件图表**"选项卡中。在两个节点的Min输入参数中键入1，如图18-9所示。

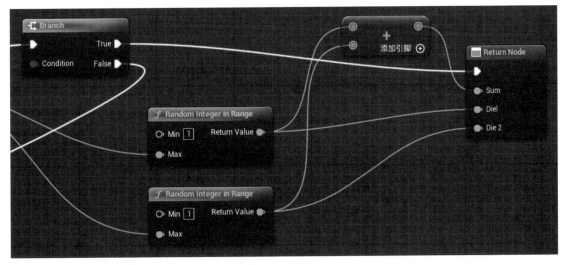

图18-9 生成两个随机整数

（16）从Number Of Faces参数中拖出引线，并连接到两个节点的Max输入引脚。

（17）将第1个Random Integer in Range节点中的Return Value输出引脚连接到Die 1的输入引脚。将第2个Random Integer in Range节点中Return Value输出引脚连接到Die

2的输入引脚。

（18）在"**事件图表**"选项卡的空白处右击，在打开的上下文菜单中添加一个Add节点。将Range节点中第1个Random Integer in Range节点的Return Value输出引脚连接到Add节点的顶部输入引脚。将第2个Random Integer in Range节点的Return Value输出引脚连接到Add节点底部的输入引脚。

（19）将Add节点的输出引脚与Return Node节点的Sum输入引脚连接。将Branch节点的True输出引脚连接到Return Node节点的白色引脚。

（20）编译并保存蓝图。

通过这些步骤，我们已经完成了函数库的第2个函数。在下一节，我们将创建第3个函数，并以与第2个函数不同的方式执行，以展示另一个示例。然后，我们将测试蓝图函数库。

$18.1.2$ 创建第3个函数并进行测试

在第3个函数中，我们将使用局部变量来存储临时值。局部变量仅在定义它们的函数中可见，而且在函数执行结束时被丢弃。

创建另一个函数需要注意的是，我们将只使用Random Integer in Range节点来生成3个骰子的值。

以下是创建第3个函数和测试的步骤。

（1）在"**我的蓝图**"面板中单击"**函数**"右侧的加号图标。将新建的函数命名为RollThreeDice，如图18-10所示。

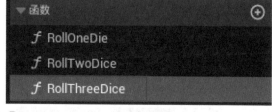

（2）创建一个名为NumberOfFaces的"**整数**"类型的输入参数。单击三角符号展开选项，将"**默认值**"设置为6。

🔼图18-10　创建RollThreeDice函数

（3）创建名为Sum、Die1、Die2和Die3的"**整数**"类型的输出参数，如图18-11所示。

（4）"**我的蓝图**"面板显示了正在编辑的函数的局部变量。单击"**局部变量**"右侧的加号图标，创建"**整数**"类型的Die1Var、Die2Var和Die3Var局部变量。局部变量的名称必须与函数的输入和输出参数的名称不同，如图18-12所示。

🔼图18-11　创建输出参数

🔼图18-12　创建局部变量

（5）在"**事件图表**"选项卡中，我们将对**RollOneDie**函数进行相同的验证，以检查Number of Faces是否大于1。请添加图18-5中的节点。

（6）添加**Random Integer in Range**节点到"**事件图表**"选项卡中。在**Min**输入参数中输入1。添加**SET Die1Var**、**SET Die2Var**和**SET Die3Var**节点并连接，如图18-13所示。

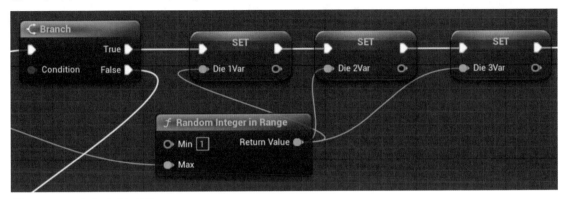

● 图18-13　生成3个随机整数

注意事项

在执行每个SET节点时，将再次执行Random Integer in Range节点以生成一个新的随机数。

（7）将**SET Die3Var**节点的白色输出引脚连接到**Return Node**节点的白色引脚。添加**GET Die1Var**、**GET Die2Var**、**GET Die3Var**和**Add**节点。单击"添加引脚"按钮，添加**Add**节点的第3个引脚。根据图18-14所示连接节点。

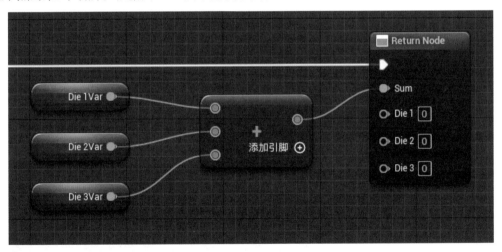

● 图18-14　返回局部变量的值

（8）编译并保存蓝图，关闭蓝图编辑器。

（9）我们将使用关卡蓝图来测试创建**BP_DiceLibrary**函数库。单击工具栏上的蓝图按钮 ，在列表中选择"**打开关卡蓝图**"选项，如下页图18-15所示。

（10）在"**事件图表**"选项卡中**Event BeginPlay**事件附近的空白处右击，在打开的上下文菜单的搜索框中输入roll。蓝图库的函数将在**BP Dice Library**类别中显示，如下页图18-16所示。

图18-15 选择"打开关卡蓝图"命令

图18-16 BP Dice Library函数可用于项目的所有蓝图

（11）选择Roll Three Dice函数，将Event BeginPlay的白色引脚连接到Roll Three Dice节点的白色输入引脚。在"**事件图表**"选项卡空白处右击，并依次添加Format Text和Print Text节点，如图18-17所示。

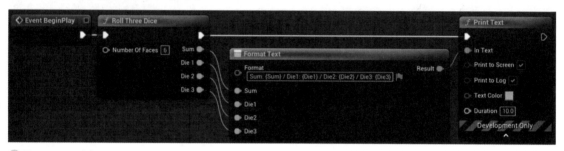

图18-17 测试Roll Three Dice函数

（12）在Format Text节点的Format输入参数中添加以下表达式：

Sum:｛Sum｝/Die1:｛Die1｝/Dee2:｛Die2｝/Dei3:｛Die3｝

（13）"｛｝"之间的名称将在Format Text节点中转换为输入参数。有关此节点的更多信息，请参照"第15章 蓝图技巧"中的相关内容。

（14）将Roll Three Dice节点的输出白色引脚连接到Print Text的输入白色引脚。将Roll Three Dice的其他输出引脚连接到Format Text节点的等效输入引脚。

（15）将Format Text节点的Result输出引脚连接到Print Text节点的In Text输入引脚。单击Print Text节点底部的小箭头以展开可选参数。将Duration参数设置为10.0秒。

（16）编译、保存并关闭关卡蓝图编辑器。

（17）单击关卡编辑器的"**播放**"按钮。掷3个骰子的结果将显示在屏幕上，如图18-18所示。

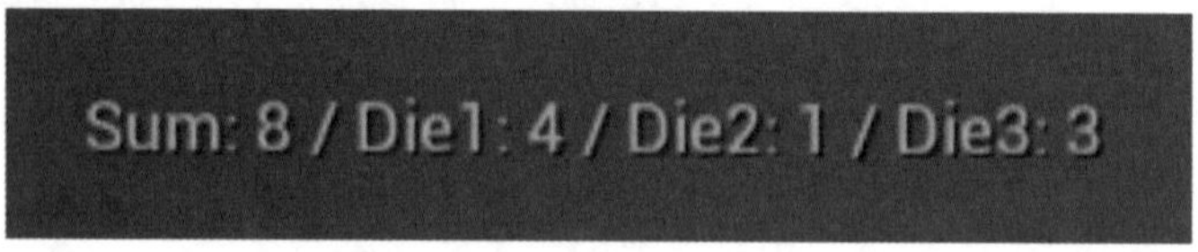

BP_DiceLibrary的函数可以

Sum: 8 / Die1: 4 / Die2: 1 / Die3: 3

图18-18 掷三个骰子的结果

在任何蓝图中使用。蓝图宏库的功能与此相同，但是我们创建的不是函数，而是宏。有关宏和函数之间差异的更多信息，请参照"第2章 使用蓝图编程"中的相关内容。

在下一节，我们将学习通过创建Actor组件来共享通用功能的另一种方式。

18.2 创建Actor组件

创建Actor蓝图时，我们经常会添加具有封装功能的组件，以便随时使用，如投射物运动、静态网格体和碰撞组件。我们也可以使用蓝图创建自己的**Actor组件**。

创建蓝图时，在"**选取父类**"对话框中，有两个常见的类可以用来创建组件，即"**Actor组件**"和"**场景组件**"，如图18-19所示。

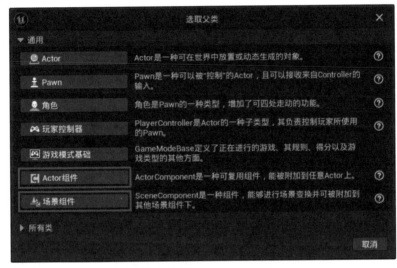

⬆ 图18-19　创建Actor组件和场景组件

"**场景组件**"是"**Actor组件**"的子类，具有"**变换**"结构（位置、旋转和缩放）。由于具有"**变换**"结构，场景组件可以附加到另一个场景组件。我们将在下一节介绍场景组件。

在"**事件图表**"选项卡中编写组件脚本时，我们可以通过Get Owner节点获取正在使用该组件的Actor的引用，如图18-20所示。

⬆ 图18-20　获取正在使用该组件的Actor的引用

本节，我们将创建一个名为BP_ExpLevelComp的Actor组件，它有一个整数数组，用来存储升级所需的每个级别的经验值。该组件有一个名为IncreaseExperience的函数，用于增加经验值并检查Actor是否应该升级。

如果要向Actor添加升级管理器，只需向Actor中添加BP_ExpLevelComp组件，根据升级所需的经验值调整数组，然后使用该组件的功能即可。

下面是创建Actor组件的步骤。

（1）单击内容浏览器中的"**添加**"按钮，然后在列表中选择"**蓝图类**"选项。

（2）在打开的"**选取父类**"对话框中，选择"**Actor组件**"作为父类。将创建的蓝图命名为BP_ExpLevelComp并双击，打开蓝图编辑器。注意，此时未显示"**组件**"面板，因此我们无法在另一个组件中添加组件。

（3）在"**我的蓝图**"面板中创建"**整数**"类型的CurrentLevel和CurrentXP变量，如图18-21所示。

图18-21　创建组件的变量

注意事项

在CurrentXP变量名中，缩写XP表示经验值。

（4）创建另一个名为ExpLevel的"**整数**"类型的变量。在"**细节**"面板中单击"**变量类型**"右侧的图标，然后选择"**数组**"选项，如图18-22所示。

（5）编译蓝图。在"**默认值**"类别的ExpLevel数组中添加10个元素。在BP_ExpLevelComp中，CurrentLevel变量将用作ExpLevel数组的索引。为每个元素键入对应的值，如图18-23所示。

（6）要创建一个名为IncreaseExperience的函数来增加经验值并升级，首先我们将创建两个宏来简化函数图。

（7）在"**我的蓝图**"面板中创建一个名为CanLevelUp的宏，如图18-24所示。

（8）在"**细节**"面板中创建宏的输入和输出参数，具体参数设置如图18-25所示。

图18-23　每个关卡所需的经验值

图18-22　创建一个数组来存储每个关卡所需的经验值

图18-24　创建CanLevelUp宏

图18-25　创建CanLevelUp宏的输入和输出参数

（9）在CanLevelUp宏中添加相关节点，如下页图18-26所示。此宏通过将Current level变量与Exp level数组的最后一个索引进行比较来检查Actor是否处于最大级别。

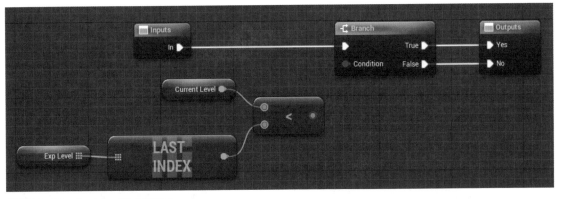

● 图18-26　CanLevelUp宏的节点

（10）在**"我的蓝图"**面板中创建另一个名为XpReachsNewLevel的宏。在**"细节"**面板中创建与CanLevelUp宏相同的输入和输出参数。请参照图18-25进行设置。

（11）在XpReachsNewLevel宏中添加相应的节点，如图18-27所示。我们需要使用Exp Level数组的Get（a copy）节点，因为需要读取存储在数组中的值。此宏检查Current XP是否大于或等于存储在Exp Level数组的下一个索引中的经验值。

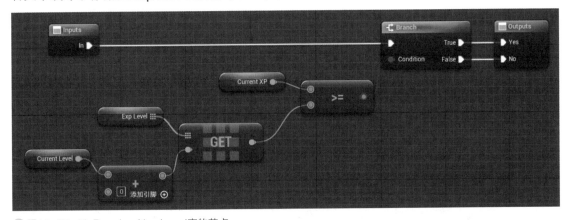

● 图18-27　XpReachesNewLevel宏的节点

（12）编译蓝图。在**"我的蓝图"**面板中创建一个名为IncreaseExperience的函数，如图18-28所示。

（13）在**"细节"**面板中创建函数的输入和输出参数，如图18-29所示。

● 图18-28　创建IncreaseExperience函数

● 图18-29　创建输入和输出参数

（14）在"**我的蓝图**"面板中创建一个名为LevelUpVar的布尔类型的局部变量。此局部变量将存储函数返回的值，指示Actor是否已升级。布尔变量的默认值为False，如图18-30所示。

⬆图18-30　创建局部变量

（15）图18-31显示了Increase Experience函数的第1部分，该函数使用创建的两个宏。将Can Level Up节点的No输出引脚连接到Return Node的白色输入引脚。

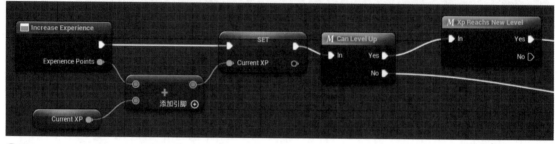

⬆图18-31　IncreaseExperience函数的第1部分

（16）图18-32显示了IncreaseExperience函数的第2部分。如果Xp Reaches New Level宏的Yes输出引脚被执行，那么将Current Level变量增加1，并将Level Up Var变量设置为True。连接相关节点后编译蓝图。

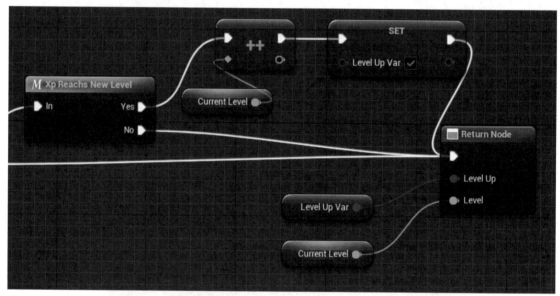

⬆图18-32　IncreaseExperience函数的第2部分

（17）编译蓝图并关闭蓝图编辑器。

我们已经完成了BP_ExpLevelComp组件。为了测试它，还需要将组件添加到Actor组件中。

在本小节，我们将在ThirdPersonCharacter蓝图中添加BP_ExpLevelComp组件，并使用计时器每秒增加经验值。每次ThirdPersonCharacter升级时，都会在屏幕上显示一条消息。

请按照以下步骤测试BP_ExpLevelComp组件。

（1）打开位于"内容/ThirdPerson/Blueprints"文件夹中的ThirdPersonCharacter蓝图类。

（2）在"**组件**"面板中单击"**添加**"按钮并搜索level，选择BP Exp Level Comp选项，如图18-33所示。

◆图18-33　添加BP Exp Level Comp

（3）在创建组件的"**细节**"面板的"**默认**"类别下，我们可以修改Exp Level数组的默认值或添加更多数组元素，如图18-34所示。

◆图18-34　Exp Level数组是可编辑的

（4）在"**事件图表**"选项卡中增加Event BeginPlay节点和Set Timer by Event节点。我们将使用计时器每秒调用一次事件，这将增加经验值。设置Time参数为1.0，并勾选Looping复选框，如图18-35所示。

◆图18-35　创建计时器以每秒运行一次事件

（5）从Set Timer by Event节点的Event输入引脚拖出引线，然后在打开的上下文菜单中添加自定义事件，并将自定义事件重命名为GainXP。此事件将运行BP Exp Level Comp组件的Increase Experience函数，传递值100作为输入参数。以下是将添加到GainXP事件中的节点，如图18-36所示。

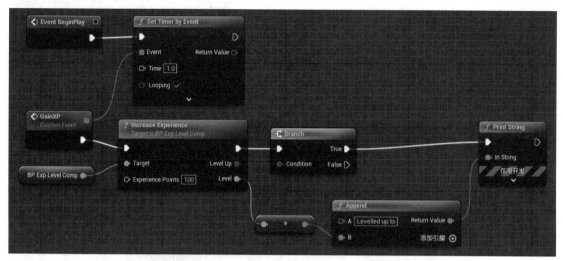

⬆ 图18-36 GainXP自定义事件的节点

（6）从"**组件**"面板拖动BP Exp Level Comp，并将其放置在"**事件图表**"选项卡中，创建Get节点。

（7）从BP Exp Level Comp节点拖出引线，然后添加Increase Experience节点。设置Experience Points参数值为100。

（8）要添加Branch节点来检查Actor是否已升级，则将Print String和Append节点添加到"**事件图表**"选项卡中，并将它们连接起来。连接不同类型的节点时，会自动创建转换节点。

（9）在Append节点的A引脚中键入"Levelled up to"（末尾有空格）。此节点将使用A和B引脚的值创建一个字符串。

（10）编译蓝图，然后单击关卡编辑器的"**播放**"按钮。每次ThirdPersonCharacter升级时，屏幕上将显示一条消息，如图18-37所示。

⬆ 图18-37 当角色升级时在屏幕上显示信息

如果需要在屏幕上显示角色的经验值和级别，可以使用BP Exp level Comp组件的Get Current XP和Get Current level节点来获取值，如图18-38所示。

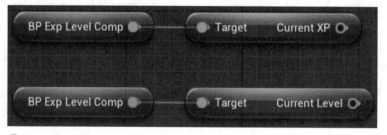

⬆ 图18-38 获取Current XP和Current Level变量值

我们已经学习了如何创建一个**Actor组件**。接下来，我们将创建一个**场景组件**，将其他组件附加到该组件上。

18.3 创建场景组件

本节，我们将创建一个名为BP_CircularMovComp的场景组件，用于围绕Actor旋转。然后，我们将附加一个静态网格体组件到BP_CircularMovComp组件，以模拟一个旋转的盾牌。

请按照以下步骤创建场景组件。

（1）首先访问本章第一个示例中创建的"Chapter18"文件夹。

（2）单击内容浏览器中的**"添加"**按钮，在列表中选择**"蓝图类"**选项。

（3）在打开的**"选取父类"**对话框中选择**"场景组件"**作为父类。将蓝图命名为BP_CircularMovComp并双击，打开蓝图编辑器。

（4）在**"我的蓝图"**面板中创建**"浮点"**类型的RotationPerSecond和DeltaAngle变量，如图18-39所示。

（5）编译蓝图并选择RotationPerSecond变量。在**"细节"**面板中将**"默认值"**类别中的参数值设置为180.0，如图18-40所示。该值以度为单位，因此组件将在2秒内完成围绕Actor的旋转。

⊕图18-39　创建组件的变量

⊕图18-40　设置Rotation Per Second的值为180

（6）使用**Event Tick**事件为组件创建一个平滑的移动。**Event Tick**每帧执行一次，它具有**Delta Seconds**参数，该参数用于存储自上次执行**Event Tick**以来经过的时间。我们用**Delta Seconds**乘以**Rotation Per Second**变量来计算**Delta Angle**，也就是在当前坐标系中旋转的角度的值。在**"事件图表"**选项卡中添加图18-41所示的节点。

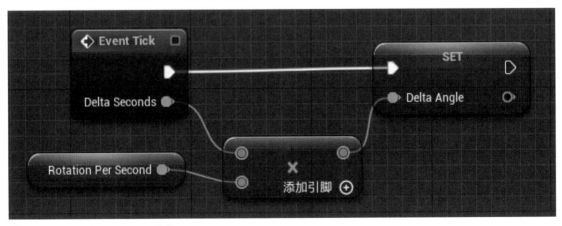

⬆图18-41　计算Delta Angle的值

（7）下页图18-42显示了将添加到**Event Tick**事件的其他节点。这些节点用于计算和设置场景组件的新相对位置，并修改局部旋转，使场景组件始终指向旋转中心。在AddLocalRotation

节点的**Delta Rotation**参数上右击，然后在快捷菜单中选择**"分割结构体引脚"**命令来访问**Delta Rotation Z（Yaw）**引脚。

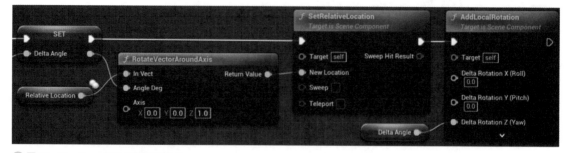

⬆图18-42　Event Tick的其他节点

（8）编制蓝图。这就是**BP_CircillarMovComp**的全部功能，下一步是将此组件添加到**Actor**中，并将静态网格体组件与之关联。

（9）打开位于"内容/ThirdPersonBP/Blueprints"文件夹中的ThirdPersonCharacter蓝图。

（10）在**"组件"**面板中选择**"胶囊体组件"**，以确保**"场景组件"**附加到根组件。单击**"添加"**按钮并搜索circular，选择BP Circular Mov Comp组件，如图18-43所示。

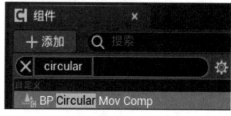

⬆图18-43　添加BP Circular Mov Comp组件

（11）在**"组件"**面板中选择已添加的**BP_Circular Mov Comp**组件，然后再单击**"添加"**按钮，选择StaticMesh组件，并将其附加到BP_Circular Mov Comp上。应用于**BP_Circular Mov Comp**上的移动和旋转将影响StaticMesh，如图18-44所示。

（12）接下来，我们需要进行组件配置。切换到**"视口"**选项卡，以便我们可以看到下一次更改的结果。在**"组件"**面板中选择BP_Circular Mov Comp。在**"细节"**面板中将**"位置"**的X（红色）值设置为70.0。我们还可以修改**"默认"**类别中Rotation Per Second的值，如图18-45所示。

⬆图18-44　将StaticMesh组件附加到场景组件

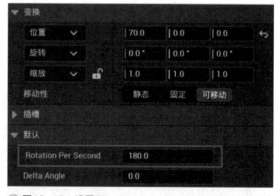

⬆图18-45　设置BP_Circular Mov Comp的相对位置

（13）在**"组件"**面板中选择StaticMesh组件。在**"细节"**面板的**"静态网格体"**类别中单击右侧下三角按钮，在列表中选择Shape_Cube选项。编译蓝图，在**"材质"**类别中设置"M_Tech_Hex_Tile_Pulse"作为材质。我们可以在**"视口"**选项卡中查看组件。将**"位**

置"的Z（蓝色）值设置为-80.0，将"**缩放**"设置为X=0.1、Y=1.0和Z=1.5，如图18-46所示。

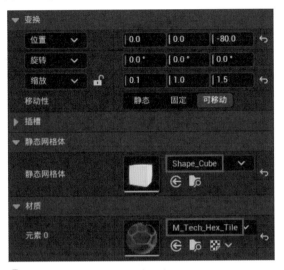

图18-46　设置静态网格体组件

（14）编译蓝图，然后单击关卡编辑器的"**播放**"按钮。BP_Circular Mov Comp将使盾牌围绕角色旋转，如图18-47所示。

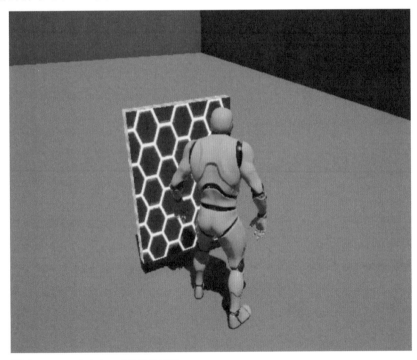

图18-47　角色有一个旋转的盾牌

场景组件作为其他组件的参考位置，我们可以通过将场景组件相互连接来创建层次结构。Actor需要有一个指定为root组件的场景组件。Actor的转换是从root组件获得的。

18.4 本章总结

在本章中，我们学习了如何创建蓝图宏和函数库，以便在整个项目中使用。我们创建了一个蓝图函数库来模拟掷骰子的游戏。

本章介绍了Actor组件和场景组件之间的区别，还介绍了如何创建一个Actor组件来管理经验值和升级。

此外，我们还创建了一个围绕角色旋转的场景组件，并附加了一个静态网格体组件来模拟旋转的盾牌。

在下一章中，我们将学习如何使用蓝图的构造脚本来编写程序化生成的脚本，还将探讨如何使用样条曲线工具以及如何创建编辑器实用工具蓝图。

18.5 测试

（1）蓝图宏库中的宏可以访问父类的变量和函数。（   ）

    A. 对   B. 错

（3）蓝图函数库可以包含函数和宏。（   ）

    A. 对   B. 错

（3）Actor组件是场景组件的子类。（   ）

    A. 对   B. 错

（4）在Actor组件中，可以使用Get Owner节点获取正在使用该组件的Actor的引用。（   ）

    A. 对   B. 错

（5）场景组件可以直接放置在关卡中。（   ）

    A. 对   B. 错

第19章

程序化生成

本章将介绍几种自动生成关卡内容的方法。我们可以使用蓝图的构造脚本来编写程序化生成脚本，并使用样条曲线工具来定义路径，该路径将用作实例位置的参考。此外，我们还可以创建编辑器工具蓝图，以便在编辑模式下操作资产和角色。

以下是本章所涵盖的内容。

- 使用构造脚本进行程序化生成
- 创建蓝图样条曲线
- 编辑器工具蓝图

在本章结束时，我们将了解如何使用构建脚本生成关卡内容，以及如何创建蓝图样条曲线并将Actor放置在预定义的路径上。我们还可以创建在编辑器中运行的蓝图函数。

19.1 使用构造脚本进行程序化生成

程序化生成是一种使用脚本而不是手动创建关卡内容的方法，可以用来避免关卡编辑中的重复任务。在蓝图中进行程序化生成的主要工具是Construction Script（构造脚本）。

我们在"第3章 面向对象编程和游戏框架"中学习了如何使用构造脚本，以允许关卡设计师在关卡编辑器中更改蓝图的静态网格体。

程序化生成的一个有用组件是实例化静态网格体组件。该组件经过优化，可以在关卡中渲染多个相同的网格体副本。

> **注意事项**
>
> 层次实例静态网格体组件与实例静态网格体类似，在网格体具有详细程度（LOD）时很有用。

下面，我们在组件中设置静态网格体，并使用**Add Instance**函数在使用**Instance Transform**的关卡中添加一个实例，如图19-1所示。

⬆图19-1　Add Instance函数

我们将创建一个名为BP_ProceduralMeshes的蓝图，来查看程序化生成的效果。这个蓝图将在关卡上添加静态网格体实例的行。关卡设计师将能够指定所使用的静态网格体、行数以及每行有多少实例。

我们将使用一个"**空白**"（Blank）项目，因为能够在本章蓝图的关卡编辑器中看到运行的结果。

请按照以下步骤创建程序化生成蓝图。

（1）在"**虚幻项目浏览器**"中创建"**空白**"项目，并勾选"**初学者内容包**"复选框，如图19-2所示。

⬆图19-2　创建"空白"项目

（2）在内容浏览器中访问"**内容**"文件夹。在文件夹的空白处单击鼠标右键，在快捷菜单中选择"**新建文件夹**"命令，并将文件夹命名为"Chapter19"。我们将使用此文件夹存储本章的资产。

（3）打开刚刚创建的"Chapter19"文件夹，然后在内容浏览器中单击"**添加**"按钮，在列表中选择"**蓝图类**"选项。

（4）打开"**选取父类**"对话框，选择Actor作为父类。将创建的蓝图命名为BP_PoceduralMeshes并双击，打开蓝图编辑器。

（5）在"**我的蓝图**"面板中创建一个名为StaticMeshVar的变量。单击"**变量类型**"下三角按钮，在打开的列表中搜索"**静态网格体**"，将光标悬停在"**静态网格体**"选项上，然后在子列表中选择"**对象引用**"选项，如图19-3所示。

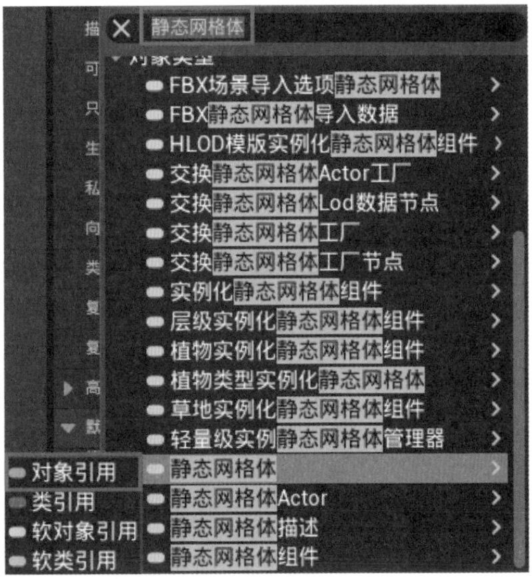

↑图19-3 创建一个变量来引用静态网格体

（6）在"**细节**"面板中勾选"**可编辑实例**"复选框，以便我们可以在关卡编辑器中更改实例使用的静态网格体，如图19-4所示。

（7）编译蓝图。在静态网格体的"**默认值**"类别中，选择SM_Chair静态网格体，如图19-5所示。

↑图19-4 勾选"可编辑实例"复选框

（8）在"**我的蓝图**"面板中创建图19-6所示的变量。所有变量都必须设置为"**可编辑实例**"，我们可以单击眼睛图标以使变量实例可编辑。

↑图19-5 选择生成中使用的默认静态网格体

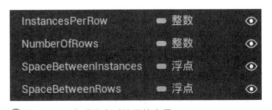
↑图19-6 生成脚本时使用的变量

（9）编译蓝图，并为创建的变量设置以下默认值：

⊙ InstancesPerRow：1
⊙ NumberOfRows：1
⊙ SpaceBetweenInstances：100.0
⊙ SpaceBetweenRows：150.0

（10）在"**组件**"面板中单击"**添加**"按钮，在打开的列表框中搜索"实例"，在列表中选择"**实例化静态网格体组件**"选项，如图19-7所示。

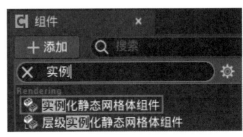
↑图19-7 添加实例化静态网格体组件

现在，我们有了这个蓝图所需的变量和组件，接下来开始编写脚本吧！

本节的蓝图脚本将全部在Construction Script选项卡中完成。下面我们将按照以下步骤创建程序化生成脚本。

（1）切换至Construction Script选项卡，该选项卡位于"**事件图表**"选项卡的右侧，如图19-8所示。

⬆图19-8　切换至Construction Script选项卡

（2）在"**我的蓝图**"面板中，创建名为InstanceLocationX的"**浮点**"类型的局部变量，如图19-9所示。

⬆图19-9　创建"浮点"类型的局部变量

（3）图19-10显示了添加到Construction Script选项卡的节点的第1部分。获取存储在静态网格体变量中的静态网格体，并将其设置为应用于实例静态网格体组件。For Loop节点将根据Number Of Rows进行循环，我们通过将For Loop节点的Index乘以Space Between Rows变量来计算Instance Location X。

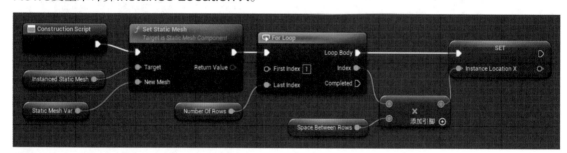

⬆图19-10　Construction Script选项卡中的第1部分

（4）在Construction Script节点附近添加Get Instance Static Mesh和Get Static Mesh Var节点。

（5）从Get Instance Static Mesh节点中拖出引线，然后添加Set Static Mesh节点。从Get Static Mesh Var节点中拖出引线，并将其连接到New Mesh输入引脚。

（6）从**Set Static Mesh**节点的白色输出引脚上拖出引线，并添加一个**For Loop**节点。在**First Index**参数输入框中输入1。从**Last Index**参数中拖出引线，并添加一个**Get Number Of Rows**节点。

（7）添加**Get Space Between Rows**节点。从**Index**输出节点拖出引线，并添加一个**Multiply**节点。从**Get Space Between Rows**中拖出引线，并将其连接到**Multiply**节点的底部引脚。引脚将自动从整数转换为浮点类型。

（8）从**Loop Body**输出引脚拖出引线，并添加一个**Set Instance Location X**节点。将**Multiply**节点的输出引脚连接到**Instance Location X**的输入引脚。

（9）图19-11显示了将添加到**Construction Script**选项卡中的第2部分。第2个**For Loop**节点将根据**Instances Per Row**进行循环。**Add Instance**节点将在关卡上添加一个静态网格体实例。相对**Location X**对于当前行的所有实例都是相同的。相对**Location Y**是通过将第2个**For Loop**节点的当前索引乘以**Space Between Instances**变量来计算的。

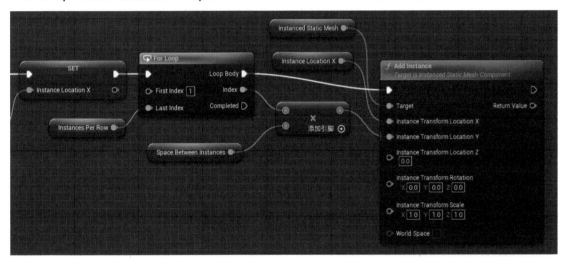

⬆图19-11　Construction Script选项卡中的第2部分

（10）从**Set Instance Location X**节点的白色执行引脚上拖出引线，并添加一个**For Loop**节点。在**First Index**参数输入框中输入1，从**Last Index**参数拖出引线，并添加**Get Instances Per Row**节点。

（11）添加**Get Space Between Instances**节点。从**Index**输出节点拖出引线，并添加一个**Multiply**节点。从**Get Space Between Instances**中拖出引线，并将其连接到**Multiply**节点的底部引脚。引脚将自动从整数转换为浮点类型。

（12）添加**Get Instance Static Mesh**节点，从其输出引脚拖出引线，并添加**Add Instance**节点。将**Loop Body**输出引脚连接到**Add Instance**节点的白色执行引脚。

（13）在**Instance Transform**参数上右击，在快捷菜单中选择"**分割结构体引脚**"命令。在**Instance Transform Location**参数上右击，再次选择"**分割结构体引脚**"命令。

（14）从**Instance Transform Location X**拖出引线，并添加**Get Instance Location X**节点。

（15）将**Multiply**节点的输出引脚连接到**Instance Transform Location Y**的输入引脚。

（16）编译蓝图并关闭蓝图编辑器。从内容浏览器中拖动BP_ProceduralMeshes并放到关卡中。

（17）切换至关卡编辑器的"**细节**"面板，在"**默认**"类别中设置Instances Per Row为10，设置**Number Of Rows**为10，如图19-12所示。

⬆图19-12　在关卡上设置BP_ProceduralMeshes属性

（18）程序化生成的结果，如图19-13所示。

⬆图19-13　生成10排、每排10把椅子

（19）我们可以使用相同的BP_PoceduralMeshes实例生成种植园。切换到关卡编辑器的"**细节**"面板，在"**默认**"类别中将Static Mesh Var更改为SM_Bush，并将Space Between Instances设置为300.0、Space Between Rows设置为300.0，如图19-14所示。

⬆图19-14　修改关卡上的BP_ProceduralMeshes属性

（20）使用新参数程序化生成的结果，如下页图19-15所示。

⬆ 图19-15　生成种植园

正如我们所看到的，参数的微小变化会导致截然不同的结果。这个例子只是揭示了程序化生成功能复杂性的冰山一角。

在下一节中，我们将学习如何沿着路径生成实例。

19.2 创建蓝图样条曲线

样条曲线是用来定义曲线的一种特殊的数学函数。蓝图样条曲线组件可以用来定义在关卡中移动Actor的路径，还可以获得放置实例的路径上的位置。我们可以在关卡编辑器中通过添加、平移和旋转样条点来编辑样条曲线。

图19-16显示了样条曲线组件的3个常用函数。

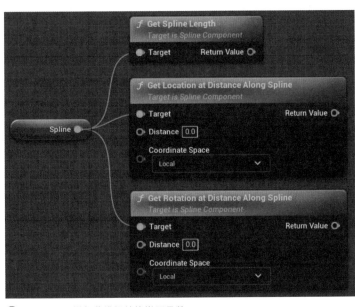

⬆ 图19-16　样条曲线组件的常用函数

下面是这些函数的功能描述。

- ⊙ **Get Spline Length：**该函数可以返回一个带有样条曲线长度的浮点值。
- ⊙ **Get Location at Distance Along Spline：**该函数可以接收Distance作为输入参数，并返回在样条曲线中找到的位置。**Coordinate Space参数**可以设置为Local（相对的）或者World。
- ⊙ **Get Rotation at Distance Along Spline：**与上一个函数的概念相同，但它的返回结果为旋转。

接下来，我们将创建一个名为BP_SplinePlacement的蓝图，用于沿着样条曲线添加静态网格体实例。关卡设计师可以在关卡编辑器中编辑样条曲线并指定实例之间的间距。

以下是创建蓝图的步骤。

（1）单击内容浏览器中的"**添加**"按钮，选择"**蓝图类**"选项。在打开的对话框中选择Actor作为父类。将蓝图命名为BP_SplinePlacement并双击，打开蓝图编辑器。

（2）在"**我的蓝图**"面板中创建一个名为StaticMeshVar的变量，单击"**变量类型**"按钮并搜索"**静态网格体**"，将光标悬停在"**静态网格体**"选项上，然后在子列表中选择"**对象引用**"选项。单击眼睛图标，使变量实例可编辑。

（3）编译蓝图。在Static Mesh Var默认值中选择**SM_FieldArrow静态网格体**，如图19-17所示。

⬆图19-17　选择生成中使用的默认静态网格体

注意事项

如果列表中没有出现SM_FieldArrow静态网格体，可以单击内容浏览器的设置图标，选择"显示引擎内容"选项。

（4）在"**我的蓝图**"面板中创建一个名为SpaceBetweenInstances的"浮点"类型变量。单击眼睛图标使实例可编辑。

（5）编译蓝图，然后将"**默认值**"类别中SpaceBetween-Instances的值设置为100.0。

（6）在"**组件**"面板中单击"**添加**"按钮，搜索"**样条**"，然后选择"**样条组件**"选项，如图19-18所示。

⬆图19-18　添加样条组件

（7）在"**组件**"面板中选择DefaultSceneRoot组件，然后添加InstancedStaticMesh组件，如图19-19所示。

（8）接下来，我们将创建一个宏来简化构造脚本。首先在"**我的蓝图**"面板中创建一个名为CalculateNumberOfInstances的宏，如图19-20所示。

⬆图19-19　BP_SplinePlacement使用的组件　⬆图19-20　创建一个宏

（9）在"**细节**"面板中创建一个名为Number Of Instances的"**整数**"类型的输出参数，如图19-21所示。

⬆图19-21　创建输出参数

（10）在CalculateNumberOfInstances宏中添加图19-22所示的节点。这个宏用于获取样条曲线的长度，并将其除以Space Between Instances变量，以找到将沿着样条曲线创建的实例数量。Floor节点用于向下取整的除法的结果。

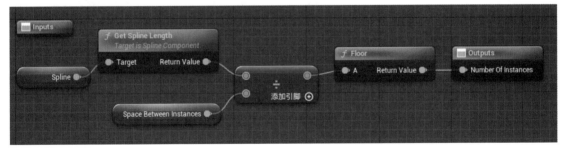

⬆图19-22　CalculateNumberOfInstances宏的节点

注意事项

如果除法运算中的分母为零，将会导致运行错误，产生一个结果为0的异常。蓝图中有一个名为Safe Divide的节点，如果分母为零，则返回零，但它不会产生错误。

（11）切换至Construction Script选项卡。下页图19-23显示了要添加到Construction Script中的节点的第1部分。我们获取存储在静态网格体变量中的静态网格体，并将其设置为由实例化静态网体格组件使用的静态网格体。For Loop节点将根据Number Of Instances进行循环。我们通过将For Loop节点的当前Index乘以Space Between Instances变量来计算沿样条曲线的距离。

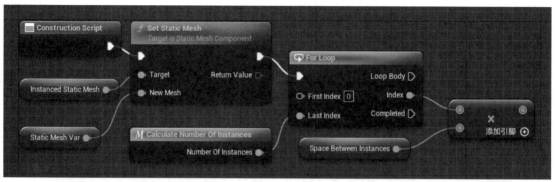

⬆ 图19-23　Construction Script的第1部分

（12）图19-24显示了要添加到Construction Script中的节点的第2部分。Add Instance节点将使用从样条曲线接收的位置和旋转，在关卡上添加一个静态网格体实例。需要注意，Coordinate Space必须是本地的，需要在Instance Transform参数上右击，在快捷菜单中选择"分割结构体引脚"命令。

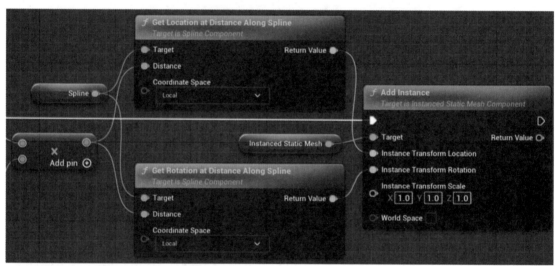

⬆ 图19-24　Construction Script的第2部分

（13）编译蓝图并关闭蓝图编辑器。从内容浏览器中拖动BP_SplinePlacement并将其放到关卡中。

（14）在关卡编辑器中，样条曲线的样条点由白色点表示。我们可以选择一个样条点来平移和旋转。要添加样条点，在样条曲线上右击，并在快捷菜单中选择"在此处添加样条点"命令，如图19-25所示。

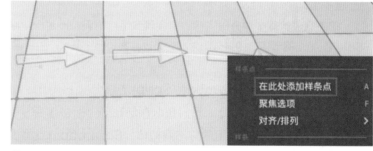

⬆ 图19-25　添加样条点

（15）我们可以通过添加、平移和旋转样条点来创建路径。静态网格体实例将沿着样条曲线添加，如图19-26所示。

⬆图19-26　静态网格体实例跟随样条曲线

关卡设计师可以灵活地定义围绕关卡内容的样条路径。

样条曲线也可以用来变形静态网格体，我们将在下一节继续学习。

还有另一个使用样条曲线的组件，名为样条曲线网格体组件。该组件用于沿两点样条曲线变形静态网格体。我们可以在关卡编辑器中编辑样条的点，也可以使用蓝图函数设置它们的外观形状。

我们可以在Construction Script选项卡中使用**Set Start and End**函数来定义样条曲线网格体，如图19-27所示。

图19-28显示了由样条曲线变形的静态网格体的示例。

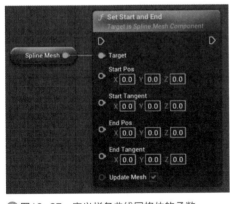

⬆图19-27　定义样条曲线网格体的函数

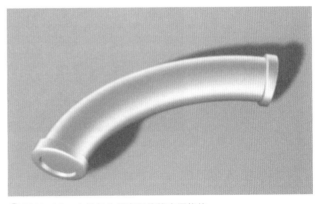

⬆图19-28　由样条曲线变形的静态网格体

我们可以修改前一节的例子，添加样条曲线网格体组件，而不是静态网格体实例，从而在关卡上创建弯曲的管道。不过，计算样条曲线实例的切线所需的数学概念超出了本书的范围，此处不再展开说明。

在下一节中，我们将学习一些扩展虚幻编辑器的方法。

19.3 编辑器工具蓝图

编辑器工具蓝图是一种仅在虚幻编辑器中执行的蓝图，我们可以使用它们来操作内容浏览器中的资产和关卡中的Actor。

我们还可以使用**编辑器工具的UMG控件**，来为虚幻编辑器创建具有新功能的面板。

在内容浏览器中单击"**添加**"按钮，其列表的"**编辑器工具**"子列表中包含"**编辑器工具蓝图**"或"**编辑器工具控件**"，如图19-29所示。

🔼 图19-29 创建编辑器工具蓝图的菜单选项

切换至编辑器工具的蓝图"**事件图表**"选项卡，在其空白处右击，查看**编辑器脚本**类别，了解编辑器脚本可用的功能，如图19-30所示。

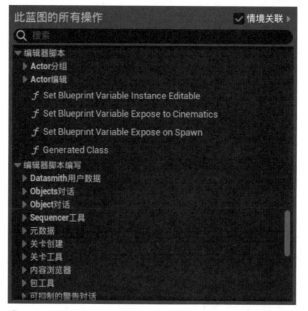

🔼 图19-30 编辑器脚本类别和子类别

我们可以在关卡中右击资产或Actor，在菜单的"脚本化Actor行为"子菜单中显示了在编辑器工具蓝图中创建的函数。要创建在内容浏览器中操作资产的函数，需要选择**ActorActionUtility**作为父类。要在关卡中操作Actor，也需要使用**ActorActionUtility**作为父类。

本小节，我们将使用**ActorActionUtility**作为父类创建一个名为**BPU_ActorAction**的编辑器工具蓝图。使用该蓝图的**AlignOnXAxis**函数，可以获得第一个被选中的Actor的LocationX，并在其他被选中的Actor中设置相同的值。

以下是创建蓝图的步骤。

（1）单击内容浏览器中的**"添加"**按钮，将
光标悬停在**"编辑器工具"**选项上，然后在子列
表中选择**"编辑器工具蓝图"**选项，如图19-31
所示。

⬆图19-31　创建编辑器工具蓝图

（2）在打开的**"选取父类"**对话框中展开
"所有类"，选择ActorActionUtility作为父类，如图19-32所示。

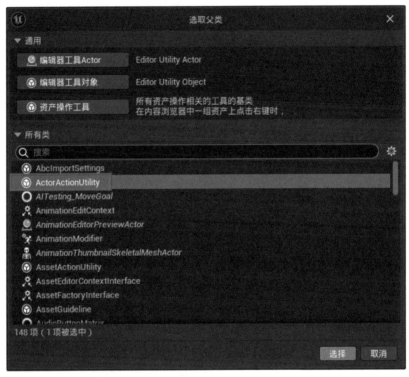

⬆图19-32　选择父类

（3）将创建的蓝图命名为BPU_ActorAction并双击，打开蓝图编辑器。

（4）在**"我的蓝图"**面板中创建一个名为AlignOnXAxis的函数，如图19-33所示。

（5）在**"我的蓝图"**面板的**"局部变量"**类别中，创建**"浮点"**类型的名为LocationX的局
部变量，如图19-34所示。这个变量将存储第一个选定的Actor的LocationX，以便在其他选定的
Actor中设置。

⬆图19-33　创建将在编辑器中调用的函数　　⬆图19-34　创建"浮点"类型的局部变量

（6）添加下页图19-35中显示的节点，其中显示了**Align on XAxis**的第1部分。**Get
Selection Set**节点返回在关卡编辑器中选定的Actor的数组。我们获取数组的第一个Actor
（index0），并存储其Location X。

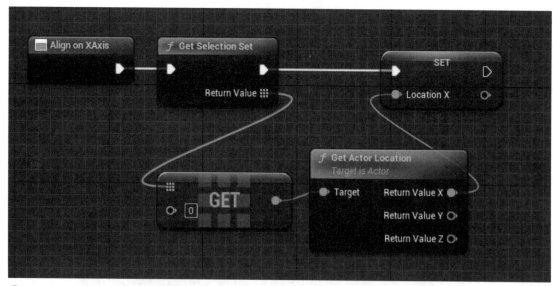

⬆图19-35　Align on XAxis函数的第1部分

（7）添加**Align on XAxis**函数第2部分的节点，如图19-36所示。**For Each Loop**节点对**Get Selection Set**返回的数组进行迭代。对于每个Actor，若要更新**Location X**，则需要右击**Location**参数，并在菜单中选择"分割结构体引脚"命令来查看*X*、*Y*和*Z*引脚。

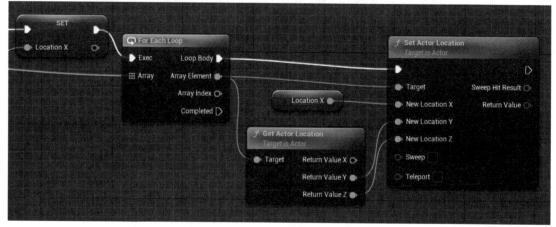

⬆图19-36　Align on XAxis函数的第2部分

（8）编译蓝图并关闭蓝图编辑器。拖放3次SM_TableRound资产到关卡中，该资产位于"内容/StarterContent/Props"文件夹中，效果如图19-37所示。

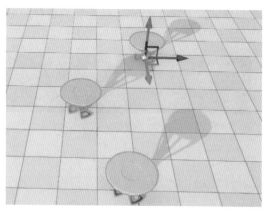

⬆图19-37　添加3个SM_TableRound实例

（9）按住Ctrl键并单击SM_TableRound实例，将3个实例全部选中。然后在任意一个实例上右击，将光标悬停在"**脚本化Actor行为**"命令上，然后在子菜单中选择Align on XAxis函数，如图19-38所示。

⬆图19-38　在编辑器中运行实用程序函数

（10）执行函数后，所有选定的实例都将具有相同的**Location X**，如图19-39所示。

⬆图19-39　所有实例具有相同的Location X

通过使用编辑器工具蓝图和编辑器工具控件，我们可以扩展虚幻编辑器的新功能，从而加快开发具有特定性项目的速度。

19.4 本章总结

本章介绍了如何使用Construction Script选项卡进行程序化生成。我们创建了一个蓝图，在关卡中添加静态网格体实例。此外，静态网格体、行数以及每行实例数，都可以在关卡中更改。

我们还学习了如何创建蓝图样条曲线来沿路径生成实例，并介绍了一个可用于变形静态网格体的样条曲线网格体组件。

编辑器工具蓝图对于创建在编辑器中运行的函数是非常有用的，并且可以在编辑模式下操作资产和Actor。我们创建了一个编辑器工具蓝图，其中包含一个对齐选定角色的函数（Align on XAxis）。

下一章将介绍什么是产品配置器。我们将学习如何使用"变体管理器"面板和关卡变体集来定义产品配置器。

19.5 测试

（1）编写过程生成脚本的最佳位置是在Event Begin Play事件中。（　　　）

    A. 对　　　　　　　　　　　　　　B. 错

（2）我们只能在蓝图编辑器的"视口"中编辑样条曲线。（　　　）

    A. 对　　　　　　　　　　　　　　B. 错

（3）我们可以使用样条曲线网格体组件来变形静态网格体。（　　　）

    A. 对　　　　　　　　　　　　　　B. 错

（4）编辑器工具蓝图的功能只能在内容浏览器中操作资产。（　　　）

    A. 对　　　　　　　　　　　　　　B. 错

（5）我们可以使用编辑器工具控件为虚幻编辑器创建面板。（　　　）

    A. 对　　　　　　　　　　　　　　B. 错

第 20 章

使用变体管理器创建
产品配置器

产品配置器是一种在行业中用于吸引消费者使用特定产品的应用程序，本章介绍如何创建产品配置器。我们将学习如何使用"变体管理器"面板和变体集来定义产品配置器。产品配置器模板是研究实践中各种蓝图概念的绝佳资源。我们将分析BP_Configurator蓝图是如何使用带有变体集的UMG控件蓝图来动态地创建用户界面的。

以下是本章所涵盖的内容。

⊙ 产品配置器模板

⊙ 变体管理器和变体集

⊙ BP_Configurator蓝图

⊙ UMG控件蓝图

在本章结束时，我们将学会如何使用产品配置器模板、变体管理器面板和变体集创建产品配置器，还会了解BP_Configurator蓝图和UMG控件蓝图是如何工作的，以便能够使它们适应我们的应用程序。

20.1 产品配置器模板

"产品配置器"应用程序的核心理念是让用户在产品的不同选项之间切换，并通过实时三维体验将其可视化。目前，这种类型的应用程序在行业中变得越来越普遍。

虚幻引擎有一个**"产品配置器"**模板，可以作为制作产品配置程序的起点。我们可以按照以下步骤使用**"产品配置器"**模板。

（1）在**"新建项目"**对话框中选择**"汽车、产品设计与制造"**类别，然后选择**"产品配置器"**模板，如图20-1所示。

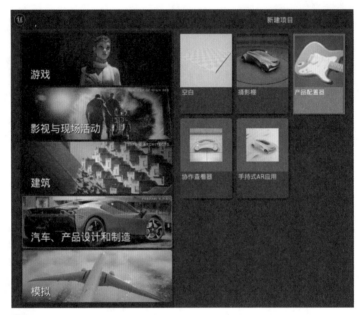

⬆ 图20-1 选择"产品配置器"模板

（2）在该对话框中为项目创建一个文件夹并命名，然后单击**"创建"**按钮。

（3）在虚幻编辑器中加载项目后，单击**"播放"**按钮来运行模板。图20-2显示了"产品配置器"模板中的吉他示例的主界面。

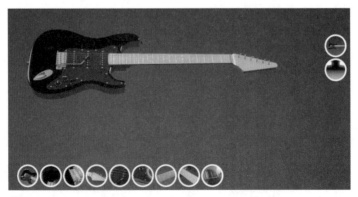

⬆ 图20-2 "产品配置器"模板中吉他示例

（4）右侧的两个按钮可以改变**相机**和**环境照明**。单击其中一个按钮，会在右侧显示对应的按钮组。单击Camera按钮并在右侧选择另一个Camera，如图20-3所示。

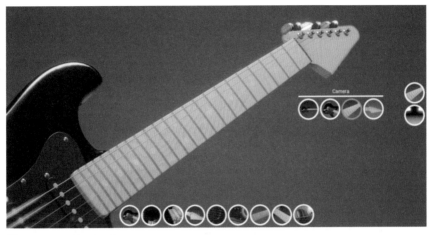

⬆图20-3 选择另一个Camera

（5）底部的按钮可以改变吉他的各个部分。我们可以尝试单击每一个按钮，了解产品配置器的功能，如图20-4所示。

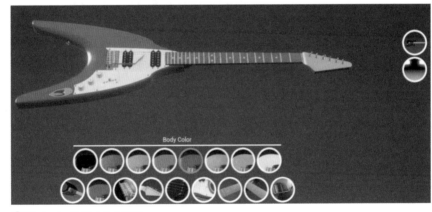

⬆图20-4 选择吉他的颜色

了解了"**产品配置器**"模板的相关功能后，接下来我们将分析在"**产品配置器**"中使用的工具。

 20.2 变体管理器和变体集

产品配置器背后的主要工具是变体管理器。我们使用"**变体管理器**"面板来编辑关卡变体集资产，以便对关卡中角色的属性进行修改。产品部分的每个配置都是一个变体，我们可以将变体分组为变体集。

在"**产品配置器**"模板中，启动应用程序时屏幕上出现的每个按钮都代表一个变量集。单击

其中一个变量集按钮，将显示其他按钮，这些按钮表示属于当前变体集的变量。

请根据以下步骤使用"变体管理器"面板。

（1）双击位于"内容/ProductAssets"文件夹中的VariantSet资产，打开Variant Manager面板，如图20-5所示。

（2）**"变体集"** 按钮和变体列表在**"变体管理器"** 面板的左侧。在图20-6中，我们可以看到Body Shape是一个变体集，有三个变体，分别为Strat Type、I Type和V Type。选择I Type，在右侧可以查看具体的属性。

⬆图20-5　模板的关卡变体集

![变体管理器面板]

⬆图20-6　"变体管理器"面板

（3）对于每个变体，我们可以从关卡中添加由变体修改的Actor。在图20-6中，Body是一个StaticMeshActor，它的静态网格体被变体修改。

（4）使用**"变体集"** 按钮添加变体集，单击变体集名称右侧的加号按钮，可以在变体集中添加变体。

（5）双击一个变体以激活它，更改后将立即应用于关卡中。

（6）表示吉他部分的静态网格体Actor由关卡中名为GuitarRoot的Actor进行分组，因此可以将它们一起移动。切换至关卡编辑器的**"大纲"** 面板，其GuitarRootActor组的内容如图20-7所示。

⬆图20-7　吉他的静态网格体Actor

为了能够在运行时更改变体，我们可以将VariantSet资产拖放到关卡中，从而创建关卡变体集Actor。

"**产品配置器**"模板非常灵活，我们只需要学习使用"**变体管理器**"面板并导入静态网格体来创建自己的产品配置器。

在下一节中，我们将分析BP_Configurator蓝图。虽然使用"产品配置器"模板并不需要理解它的工作原理，但这是一个在实践中了解高级蓝图技术的好机会。

20.3 BP_Configurator蓝图

"**产品配置器**"模板有一个名为BP_Configurator的蓝图，它利用关卡变体集的数据来创建UMG控件蓝图界面。这是一个非常有趣的蓝图，因为我们将看到多个蓝图概念在一起使用。

在"**大纲**"面板中选择BP_Configurator蓝图，可以看到"**细节**"面板的"**默认**"类别下有两个实例可编辑变量。其中，**LVSActor**变量是对**LevelVariantSetsActor**的引用，而**Camera Actor**是对**ConfigCamera**的引用，如图20-8所示。

在打开BP_Configurator蓝图之前，我们先了解位于"内容/ProductConfig/Blueprints"文件夹中的STRUCT_VarSet结构，如图20-9所示。

图20-8　BP_Configurator实例可编辑变量

打开STRUCT_VarSet，在"结构"类别中有两个变量，其中**VariantSet**是对"**变体集**"的引用；**currentIndex**是一个"**整数**"变量，用于存储变体集中所选变量的索引。

打开位于"内容/ProductConfig/Blueprints"文件夹中的BP_Configurator蓝图。首先，从"**我的蓝图**"面板中的变量开始，如图20-10所示。

图20-9　STRUCT_VarSet变量

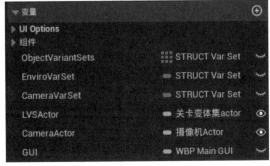

图20-10　BP_Configurator变量

以下是每个变量的作用。

- ⊙ **ObjectVariantSets**：是一个STRUCT Var Set数组，用于存储产品的所有变体集。
- ⊙ **EnviroVarSet**：是一个STRUCT Var Set类型的变量，用于存储环境照明的变体集。
- ⊙ **CameraVarSet**：是STRUCT Var Set类型的变量，用于存储摄像机变体集。
- ⊙ **LVSActor**：用于对关卡变体集Actor的引用。
- ⊙ **CameraActor**：用于可视化产品的摄像机的引用。
- ⊙ **GUI**：用于对主UMG控件蓝图的引用。

注意事项

UI Options类别中有几个变量可用于修改产品配置器的外观。这些变量是可编辑实例，因此可以在关卡的实例中修改对应的变量。

接下来，展开**"函数"**类别，查看相关函数，如图20-11所示。

⬆ 图20-11 BP_Configurator中的函数

以下是每个函数的作用介绍。

- ⊙ **initConfigVarSets**：用于获取关卡变体集Actor的变体集，并将它们存储在Object-VariantSets数组、EnviroVarSet变量和CameraVarSet变量中。
- ⊙ **resetAllVariables**：为EnviroVarSet、CameraVarSet和ObjectVariantSets数组的每个元素调用resetVariant函数。
- ⊙ **resetVariant**：通过激活变体集的第一个元素重置一个变体集。
- ⊙ **callVariantActorAction**：为当前变体使用的所有实现BPI_RuntimeAction接口的Actors和组件调用Variant Switched on函数。这允许Actors在变体被激活时运行脚本。
- ⊙ **callVariantActorInit**：为当前变体使用的所有实现BPI_RuntimeAction接口的Actors和组件调用Variant Initialize函数。
- ⊙ **activateVariant**：激活一个给定变体集的变体。

◉ initCamera：初始化摄像机。

Event BeginPlay的Sequence节点有3条输出。第1条输出连接到BP_ConfigGameMode中存储BP_Configurator引用的节点，以便其他蓝图可以通过访问游戏模式获得BP_Configurator引用，如图20-12所示。

⬆ 图20-12　在游戏模式下存储BP_Configurator引用

第2条输出连接到初始化函数，这些函数负责存储变体集、初始化摄像机，并将所有变体集重置为第一个（默认）变体，如图20-13所示。

⬆ 图20-13　初始化函数

在第2条输出上，还有一些节点创建WBP Main GUI控件的实例，并将引用存储在GUI变量中。控件被添加到"视口"选项卡中，输入模式被设置为Game and UI，如图20-14所示。

⬆ 图20-14　配置用户界面

第3条输出连接到执行GUI事件绑定的节点，这就是奇迹发生的地方。在下一节中，我们将学习WBP Main GUI控件蓝图中名为Variant Selected的事件分发器。下页图20-15中的节点将一个名为GUIVariantSelected的自定义事件绑定到VariantSelected事件分发器。

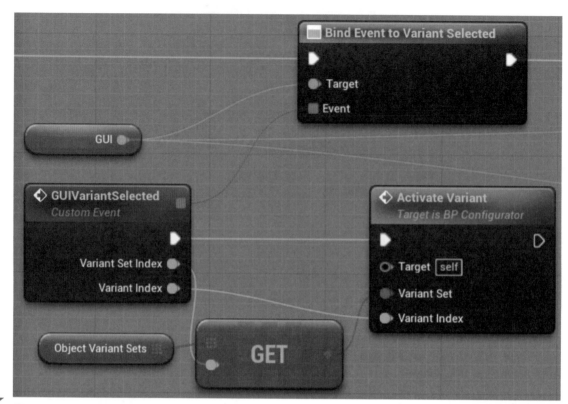

　　当用户单击按钮以激活一个变量时，WBP Main GUI调用Variant Selected事件分发器。GUIVariantSelected自定义事件将被执行，因为该事件被绑定到VariantSelected事件分发器上。

　　有关事件分发器和绑定的更多信息，请参阅"第4章 理解蓝图通信"中的相关内容。

　　GUIVariantSelected自定义事件调用Activate Variant函数，使用选择的Variant Set和Variant Index参数。变体的Switch On函数用于激活变体，如图20-16所示。

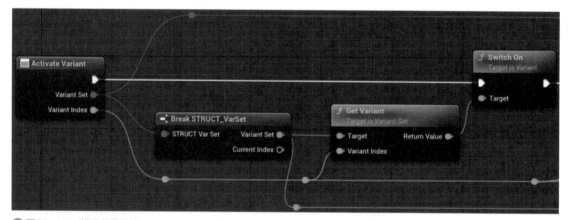

↑ 图20-16　激活变量函数

　　动态接口是由一些UMG控件蓝图创建的，这些蓝图协同工作并使用BP_Configurator中的变量。

20.4 UMG控件蓝图

产品配置器界面中使用了5个UMG控件蓝图。有关UMG的更多信息，请参阅"第7章 创建屏幕UI元素"中的相关内容。

以下是UMG控件蓝图的描述。

- ⊙ WBP_MainGUI：包含其他控件的主控件蓝图。
- ⊙ WBP_MainSelector：是负责读取关卡变体集并创建相应按钮的控件。
- ⊙ WBP_VariantRibbonSelector：用于显示所选变体集的变体选项。
- ⊙ WBP_PopupSelector：此控件类似于WBP_VariantLibbonSelector，但用于摄像机和环境照明。
- ⊙ WBP_Button：此控件表示用于选择变体或变体集的按钮。

图20-17展示了各控件之间的关系。

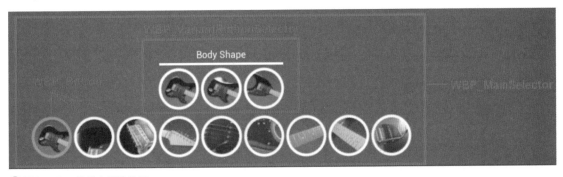

⬆ 图20-17　控件之间的关系

控件蓝图位于"内容/ProductConfig/UMG"文件夹中，让我们从WBP_MainGUI开始。图20-18是WBP_MainGUI的"层级"面板。

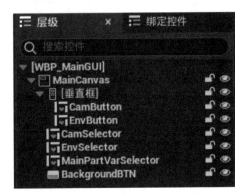

⬆ 图20-18　WBP_MainGUI的"层级"面板

WBP_MainGUI使用两个WBP_Button控件和两个WBP_PopupSelector控件来管理摄像机和环境照明选项。MainPartVarSelector是一个WBP_MainSelector控件，用于管理产品的变体的。

变体集和每个变体的按钮都是在WBP_MainSelector控件的Event Construct事件中创建的。Populate Options函数使用关卡变体集的缩略图创建按钮，相关节点如下页图20-19所示。

⬆ 图20-19　WBP_MainSelector的事件构造

所有5个控件蓝图都有事件分发器。用户单击**WBP_Button**时，会触发第1个事件分发器，相关节点如图20-20所示。

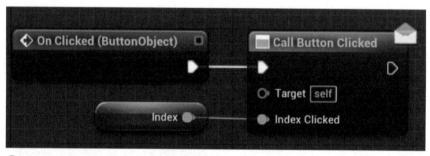

⬆ 图20-20　WBP_Button的On Clicked事件

WBP_VariantRibbonSelector将一个事件绑定到**WBP_Button**的**Button Clicked**事件分发器上。新的事件会触发**Ribbon Option Selected**事件分发器，相关节点如图20-21所示。

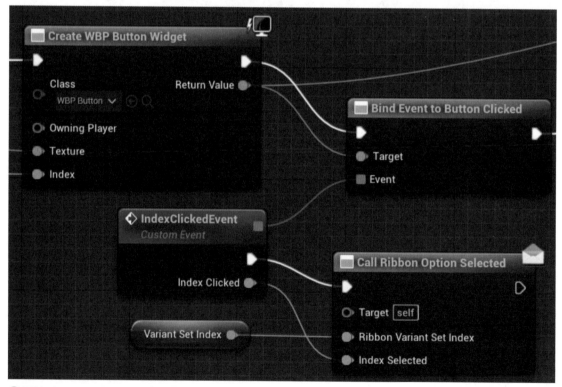

⬆ 图20-21　WBP_VariantLibbonSelector将事件绑定到Button Clicked事件

WBP_MainSelector具有PartSelectedEvent自定义事件以触发PartSelected事件分发器，相关节点如图20-22所示。

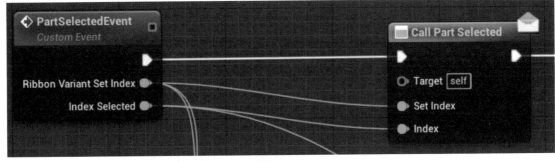

⬆ 图20-22　WBP_MainSelector触发PartSelected事件分发器

PartSelectedEvent与Ribbon Option Selected事件分发器的绑定是在Create Event Bindings函数中使用Create Event节点完成的，如图20-23所示。

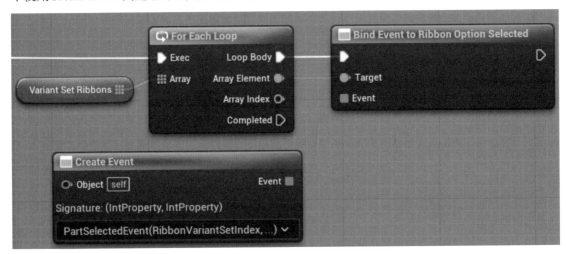

⬆ 图20-23　使用Create Event节点绑定事件

要使用Create Event节点，需要从Bind Event节点的Event输入引脚拖出引线，然后在打开的上下文菜单中添加Create Event节点，如图20-24所示。

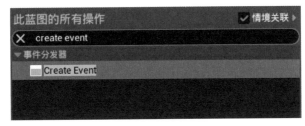

⬆ 图20-24　使用Create Event节点绑定事件

在Create Event节点中，我们能够选择与事件分发器具有相同类型输入参数的事件。

最后一个事件分发器来自WBP_MainGUI，它将一个自定义事件绑定到WBP_MainSelector的Part Selected事件分发器，如下页图20-25所示。

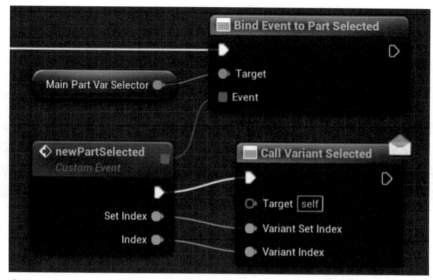

↑图20-25　WBP_MainGUI将事件绑定到Part Selected

Variant Selected事件分发器是绑定在**BP_Configurator**蓝图中的。

在本节中，我们学习了如何使用UMG控件蓝图来创建动态的、可配置的界面。

20.5 本章总结

在本章中，我们学习了什么是产品配置器，并展示了如何使用"产品配置器"模板。接着，我们学习了如何使用"变体管理器"面板来创建变体和变体集。

我们学习了BP_Configurator蓝图如何存储创建动态界面所需的关卡变体集Actor的所有信息，还对BP_Configurator函数进行概述，并介绍了如何在蓝图中激活变体。

然后，我们学习了WBP_MainGUI控件是如何使用其他UMG控件蓝图来创建用户界面。最后，学习了如何使用多个事件分发器协同工作，在单击按钮时BP_Configurator能够作出响应。

20.6 测试

（1）"产品配置器"模板允许用户修改产品、摄像机和环境照明的各个部分。（　　）

    A. 对　　　　　　　　　　　　　　B. 错

（2）在"变体管理器"面板中所做的更改，只会在运行时对关卡产生影响。（　　）

    A. 对　　　　　　　　　　　　　　B. 错

（3）变体被组织成变体集中，每个集只能有一个活动变体。（　　）

    A. 对　　　　　　　　　　　　　　B. 错

（4）BP_Configurator蓝图会将产品的不同变体集存储在一个数组中。（　　）

    A. 对　　　　　　　　　　　　　　B. 错

（5）"产品配置器"模板的用户界面只在一个UMG控件蓝图中定义。（　　）

    A. 对　　　　　　　　　　　　　　B. 错

后记

难以置信，我们已经完成了这本书的阅读。编写本书耗时颇长，我将本书视为自己在蓝图方面的代表作。1993年，那时只有14岁的我便开启了用C语言编写游戏的漫长旅程。我的第一款游戏采用文本模式，与Epic Games创始人蒂姆·斯威尼（Tim Sweeney）的《ZZT》游戏相似。

1999年，我在巴西北部的帕拉州创办了第一家游戏开发公司，公司名称是RH Games。2001年，开发了MRDX框架，该框架使用C/C++语言进行2D游戏编程。2002年，在首届巴西游戏研讨会上展示了MRDX框架。2003年，成立了名为Beljogos的当地组织，旨在促进巴西北部地区的游戏发展。

2011年我创办了Romero UnrealScript博客，并通过该博客教授虚幻引擎编程知识。2013年6月，我受邀参与了Epic Games的虚幻引擎4封闭测试计划，提前体验了虚幻引擎4版本的功能。2014年3月虚幻引擎4发布，我开始运营Romero Blueprints博客。

2015年8月，因我在Romero Blueprints博客上帮助人们学习虚幻引擎4脚本方面所做的工作，Epic Games授予我Unreal Engine Educational Dev Grant（教育开发补助计划）。2016年，我为Epic Games编写了蓝图纲要，并在游戏开发者大会（Game Developers Conference，GDC）上向公众分发。2017年6月，我完成了蓝图纲要第三卷的撰写。

2018年，Epic Games聘请我撰写官方*Blueprint Instructor Guide*（蓝图讲师指南）。2019年，我撰写了由Packt出版的*Blueprints Visual Scripting for Unreal Engine-Second Edition*［《虚幻引擎蓝图可视化编程（第二版）》］。2020年，我在虚幻引擎中教授C++编程的教学项目被选为Epic MegaGrants项目。2020年8月，Epic Games邀请我参加了一场名为*Teaching & Learning Blueprints with Marcos Romero*（教学与学习蓝图：与马科斯·罗梅罗一起）的直播活动，该直播视频可以在Unreal Engine的YouTube频道上观看。

很荣幸能够有机会撰写本书，希望它能为下一代虚幻引擎开发者的学习之旅提供有益指导。

附录

测试答案

以下是所有测试问题的答案，按章节排列。

第1章 探索蓝图编辑器：（1）A；（2）B；（3）B；（4）B；（5）C。

第2章 使用蓝图编程：（1）C；（2）B；（3）A；（4）C；（5）A。

第3章 面向对象编程和游戏框架：（1）B；（2）B；（3）A；（4）B；（5）C。

第4章 理解蓝图通信：（1）A；（2）B；（3）A；（4）B；（5）A。

第5章 与蓝图的对象交互：（1）B；（2）A；（3）A；（4）B；（5）A。

第6章 增强玩家能力：（1）A；（2）B；（3）A；（4）A；（5）B。

第7章 创建屏幕UI元素：（1）B；（2）A；（3）B；（4）A；（5）A。

第8章 创造约束和游戏目标：（1）B；（2）A；（3）A；（4）B；（5）A。

第9章 用人工智能构建智能敌人：（1）C；（2）B；（3）A；（4）A；（5）B。

第10章 升级AI敌人：（1）B；（2）A；（3）A；（4）B；（5）A。

第11章 游戏状态和最后一击：（1）A；（2）C；（3）B；（4）A；（5）A。

第12章 构建和发行：（1）A；（2）B；（3）A；（4）C；（5）A。

第13章 数据结构和流控制：（1）B；（2）A；（3）B；（4）A；（5）B。

第14章 数学和跟踪节点：（1）A；（2）A；（3）B；（4）B；（5）A。

第15章 蓝图技巧：（1）B；（2）A；（3）A；（4）B；（5）A。

第16章 虚拟现实开发：（1）B；（2）A；（3）A；（4）B；（5）A。

第17章 动画蓝图：（1）A；（2）B；（3）A；（4）B；（5）A。

第18章 创建蓝图库和组件：（1）A；（2）B；（3）B；（4）A；（5）B。

第19章 程序生成：（1）B；（2）B；（3）A；（4）B；（5）A。

第20章 使用变体管理器创建产品配置器：（1）A；（2）B；（3）A；（4）A；（5）B。